振荡水柱波能发电装置
冲击式透平

刘 臻 崔 莹 著

科 学 出 版 社

北 京

内 容 简 介

振荡水柱技术与自整流冲击式透平是波浪能乃至整个海洋可再生能源领域的前沿研究热点，国内起步较晚，但追赶速度很快。本书系统梳理和总结了作者十数年来在振荡水柱波能发电技术与冲击式透平领域的研究成果与工程实践，简述了该领域的发展历程与趋势，深入探讨了冲击式透平的基础科学问题。全书共六章，概述了波浪能、振荡水柱技术及自整流空气透平，详细介绍了冲击式透平定常与非定常试验与数值模拟的研究方法与成果、全过程全瞬态模拟方法的构建及其在实海况工程实例中的应用。

本书可供海洋可再生能源、海洋工程、流体机械等学科或专业的高年级本科生与研究生阅读，也可供海洋能特别是波浪能领域的研究人员、工程技术人员及管理人员参考。

图书在版编目(CIP)数据

振荡水柱波能发电装置冲击式透平/刘臻，崔莹著. —北京：科学出版社，2021.11

ISBN 978-7-03-068945-0

Ⅰ. ①振… Ⅱ. ①刘…②崔… Ⅲ. ①波浪能–水力发电–发电设备–空气透平–波动力学–研究 Ⅳ. ①O413.1②TM612

中国版本图书馆 CIP 数据核字 (2021) 第 101230 号

责任编辑：赵敬伟 赵 颖 / 责任校对：彭珍珍
责任印制：吴兆东 / 封面设计：无极书装

科 学 出 版 社 出版
北京东黄城根北街 16 号
邮政编码：100717
http://www.sciencep.com

北京虎彩文化传播有限公司 印刷
科学出版社发行 各地新华书店经销

＊

2021 年 11 月第 一 版 开本：B5(720×1000)
2021 年 11 月第一次印刷 印张：16 1/2
字数：332 000

定价：158.00 元
(如有印装质量问题，我社负责调换)

前　言

波浪能储量巨大，分布广泛，装置可灵活布置，受昼夜变化影响小，能流密度高，理论可开发量与全球电力消耗处于同一数量级水平，是当今海洋可再生能源的开发主体之一。它在发电过程中无温室气体排放，完全绿色，联合国政府间气候变换专门委员会与国际能源署等机构均视其为未来能源结构中的重要组成部分。

中国海岸线绵长，波浪能资源丰富。沿海地区的人类活动频繁，而资源相对匮乏，客观上开发波浪能可在未来缓解该地区能源供给的不足。我国海岛众多，有一些地处南海的偏远海岛，能源与基本生活物资极度匮乏。波浪能可实现基础物料在当地的综合供给，除了电力之外，还可实现制淡、制氢与制冷制热等，服务于岛上生产生活。"海能海用、就地取能、多能互补、独立供电"对于保障国防安全、维护祖国权益、支撑深远海开发等具有不可替代的战略意义。

振荡水柱波能发电是目前世界上开发最成功的一类波浪能利用技术。截至目前，运行时间超过 10 年的波浪能电站全部采用了振荡水柱技术。振荡水柱装置无水下活动部件，而作为能量二次转换的主要部件，空气透平可将相对慢速变化的波浪能量转换为发电机所需的高速旋转轴功。由于空气透平需要在波浪产生的复杂往复气流中工作，因此相关研究与开发始终是振荡水柱装置乃至波浪能领域内的前沿热点内容。冲击式透平是近年来新出现的一类自整流式透平，它工作范围宽、自启动性能好、噪声小、平均效率高，特别适用于中国海域的波浪能资源，具有极高的工程应用价值与开发前景。

本书作者在这一前沿领域已经进行了十余年的探索性研究，在国内外高水平权威期刊发表了多篇论文，申请了多项专利，部分成果已应用于工程实践。本书正是两位作者多年来在该领域内研究成果的系统梳理，旨在总结与展示中国海洋大学团队在振荡水柱波能发电装置冲击式透平领域的探索进程与研究进展，希望通过分享研究成果促进国内外同行间的学术交流，共同推动我国相关技术的快速进步与发展。

本书围绕"振荡水柱波能发电装置冲击式透平"的主题展开内容介绍，第 1 章将简介海洋能，特别是波浪能的资源开发利用；第 2 章重点介绍振荡水柱装置与空气透平的工作原理与开发历程；在第 3 章试验研究成果的基础上，关于冲击式透平定常与非定常数值模拟研究的内容将在第 4、5 章介绍；第 6 章关注的内容是冲击式透平的全过程试验与数值模拟研究的最新进展。

感谢国家自然科学基金 (U1906228、51909127、51311140259、51279190、50909089)、国家重点研发计划 (2018YFB1501900)、中央高校基本科研业务项目 (201822010)、高等学校学科创新引智计划 (B14028)、国家 "万人计划" 青年拔尖人才项目等对本书研究与出版的支持,感谢科学出版社的领导与编辑在本书撰写与出版过程中给予的大力支持。

特别感谢本人的两位恩师,中国海洋大学李华军院士、海洋能团队负责人泰山学者特聘教授史宏达老师,多年以来对相关研究给予的耐心包容、热心帮助与鼎力支持。感谢中国海洋大学在双一流学校与学科建设中给予的支持。感谢我的博士研究生许传礼、张晓霞在本书撰写中的倾力付出。感谢我的妻子和女儿,没有你们的理解与支持,本书将无法完成。

由于作者水平有限,书中难免存在疏漏,恳请各位读者批评指正。

刘　臻

2020 年 9 月于青岛

目　　录

第 1 章 波浪能的开发与利用

1.1 海洋可再生能源

海洋占据地球表面近 71% 的表面积，承载了地球上 97% 的水量，而真正被详细测绘过的海洋面积还不到 20%。人类从未停止过对海洋的探索，21 世纪甚至被称为海洋的世纪。面临人口数量继续膨胀、陆上资源持续枯竭、生存条件逐渐恶化等问题，我们不得不将发展的希望寄托于尚未得到充分开发的海洋。据估计，22 世纪初的人口数量将达到 100 亿。人类生存的基础要素，包括空间、食物及能源均要面临巨大的供需挑战。未来我们可以依靠海洋解决空间、食物甚至是能源的巨大需求。

可再生能源将在未来能源供给体系中扮演重要角色，在减少传统能源消耗对气候变化影响过程中也将发挥关键作用。未来陆上可再生能源的开发将越来越受到环境、经济甚至是社会因素的掣肘，而海洋可再生能源 (简称海洋能) 的开发利用受到的影响则相对较小。联合国政府间气候变化专门委员会 (Intergovern- mental Panel on Climate Change, 简称 IPCC) 与国际能源署 (International Energy Agency，简称 IEA) 的报告都认为海洋能将在未来扮演重要角色。据估算，海洋能可提供的电力远超目前全世界电力消耗水平的数倍。

海洋能完全绿色环保，无温室气体排放、分布广泛、储量丰富。海洋能开发方兴未艾，不仅可提供绿色、可持续的电力，还将在未来形成一个全新的可再生能源产业与商业增长点，培育巨大的市场与上下游产业链，带动多个行业进入新的发展空间，创造更多的就业岗位，还将拉动促进更多的相关学科融合发展，并可能取得意外的新突破。

广义上讲，所有与海洋相关的可再生能源均可被称为海洋能。例如，海上风能、海上太阳能、海上生物质能等，但本质上承载上述可再生能源的介质并非海水本身。按照 IEA 海洋能系统 (Ocean Energy System，简称 OES) 委员会给出的定义，狭义上讲，海洋能是指依附于海水本身，并通过海洋中的各种物理过程吸收、传递与发散的可再生能源。据此，海洋能主要包括：潮汐能、海流能、海洋温差能、盐差能与波浪能。

下面将对上述各类海洋能及其开发利用现状进行简要介绍。

1.1.1 潮汐能

潮汐能是在海水水面昼夜间的涨落中蕴含的能量。为了区别于潮流能，此处仅考虑潮涨与潮落引起的水体势能。因此，潮汐能开发的主要形式与水力发电类似。潮汐能的能量与潮量及潮差成正比，或者说，与潮差的平方及蓄水水库的面积成正比。化石能源、传统水能发电、风能、太阳能、生物质能以及波浪能，其能量本质上均来自太阳，而多数地区的潮汐能来自地月系统间的引潮力。与传统水力发电相比，潮汐能发电受制于潮差的范围，潮汐能利用相当于低水头发电。另一方面，潮汐的可预测性甚至强于风能与太阳能，这为潮汐发电的设计与控制提供了良好的基础。

潮汐能是人类最早利用海洋能的形式。潮汐磨坊 (Tide Mill) 利用近岸地形建设小型蓄水池，涨潮时水体通过闸门进入水池。落潮时闸门关闭，经过一段时间后，闸门内外形成水头差，打开水车处的闸门，水体即可驱动水车旋转，并通过简单机构转换，实现机械碾米或磨面。潮汐磨坊的历史可追溯至欧洲的中世纪，甚至是罗马时代。现存较有代表性的潮汐磨坊位于英国东南部汉普郡 (Hampshire) 的拓顿与伊灵镇 (Totton & Eling)，该磨坊也是伊灵当地著名的景点之一。

潮汐能发电目前仍是现代海洋能利用中技术最成熟、开发规模最大的发电形式。据估计，潮汐能的全球总储量约为 1 TW。虽然也有人提出潮汐泻湖、动态潮汐能等概念，但目前主流的应用技术型式仍是潮汐堰坝：在近岸海湾或河口位置的有利地形处，修筑堤坝形成大面积的拦蓄水库，利用潮汐涨落形成的内外水头差进行发电。根据建设模式与发电设计流向不同，潮汐能电站可分为单库单向型、单库双向型及双库单向型等。受限于水头差 (一般在 10 m 以下)，并考虑水库容积，为提高发电效率，潮汐能电站的水轮机必须适应 "低水头、大流量" 的特点，因此可采用灯泡贯流式水轮机等。

世界上建设最早、长期保持装机容量世界第一位，也是最著名的潮汐能电站，即为法国的朗斯电站 (Rance Tidal Power Station)，朗斯当地拥有众多的潮汐磨坊，而该电站的策划始于 20 世纪 20 年代。相关的可行性研究及设计工作在第二次世界大战期间已基本完成，但正式建设始于 1963 年，并于 1966 年完工。电站位于法国圣马洛湾的朗斯河口，最大潮差 13.4 m，平均潮差约 8.0 m，运行模式基本为单库单向型。大坝长度约为 750 m，横跨于河口之上，大坝上部为通行道路，下部建设有船闸、泄水闸及发电机房等。电站装配有 24 台 10MW 的灯泡式水轮机，年发电量约为 500GW·h，约为法国电力年需求量的 0.12%，该电站目前仍在正常运行之中。

超越朗斯电站，目前保持装机容量世界第一的是韩国始华湖潮汐能电站 (Sihwa Lake Tidal Power Station)，装机容量达 254MW，水轮机数量为 10 台，潮差约为 7.5 m，运行模式为单库单向型。早年间，韩国政府在安山市为了兴建淡水湖建设了一条 12.7 km 长的水坝，但由于湖中的水体受到污染，无法用于农业灌溉。为了净化水体，2004 年开始海水被重新引入，以期改善水体质量。基于上述潮汐堰坝的设计，潮汐能电站也同时被列入计划，并最终于 2011 年建成了目前世界上最大的潮汐能电站。

世界上其他正在规划研究的潮汐能电站项目选址还包括加拿大的芬迪湾、英国的塞文河口、美国的库克湾及韩国的加露林湾与仁川港湾。

我国的潮汐能资源主要集中在东海海域的浙江省、福建省及江苏省，尤以浙江、福建两省的海湾最为富集。据统计，我国潮汐能的技术可开发量约为 230 GW[1]。我国自 20 世纪 50 年代末至 80 年代初，建设了超过 40 座小型潮汐电站。由于选址不当、淤积严重等问题，多数电站已停运或废弃。目前仍在运行的代表性电站是位于浙江温岭的江厦潮汐能试验电站，运行模式为单库双向型，自 1980 年开始并网发电，装机容量为 3.2 MW，处于世界第三位。在国家 "863" 计划及国家海洋局海洋能专项资金的支持下，该电站对灯泡贯流式水轮机组进行了改造，其装机容量仍有提升的空间。我国规划的潮汐电站选址还包括浙江健跳港、山东乳山口、福建八尺门、福建马銮湾及浙江瓯飞电站等。

整体看，虽然潮汐能电站技术日趋成熟，但除了由于其他目的配套建设的始华湖电站外，全世界范围内近四十年未有大型潮汐能电站建成发电。这是因为堰坝模式投资巨大，但装机容量与相同投资成本下的火电站完全不可同日而语。此外，堰坝建设对于当地海域自然环境动力要素、泥沙冲淤的影响仍无法完全正确评估，这从英国对塞文河口建设潮汐能电站的长期论证评估也可见一斑。对于中国沿海而言，海岸线异常珍贵，若无法形成综合开发模式并大幅提高单位长度岸线的收益率，在近岸海域，与常规化石能源、甚至其他可再生能源发电项目相比，潮汐能电站将不具备任何的竞争力。

1.1.2 海流能

海流能是指海水流动的动能。海流能的原始驱动力来自太阳，由于太阳能在海洋中各区域的分布不均匀形成温差，并由此形成了海水的流动。此外，风、海底地形、潮汐、陆源输入、盐度差异、地转偏向力等都可能影响海流。海洋能中的海流主要是指狭长式海底水道与海峡中较为稳定的海水流动，以及潮汐导致的有规律的海水流动。海流能量与流速的立方成正比。海流能的能流变化较为平稳且规律。潮汐导致的海流一般会按照每天两次改变大小与方向。近岸海域的海流能大多来自潮汐变化，因此海流能也多被称为潮流能。

海流能的优点是能流稳定且可预测，一般不占用陆地面积，不影响海上景观。海流能开发始于 20 世纪 70 年代第一次石油危机之后，近年来在欧洲、日本及中国发展迅速。全球的海流能总功率约为 5000 GW，但大部分难以利用。由于工作原理与风力发电相似，从原理上讲，任何一台风力发电装置经过改造均可以成为海流能发电装置。

海流能装置大体可分为三类：水平轴式水轮机、垂直轴式水轮机及振荡水翼装置。水平轴式水轮机旋转轴与海流平行，一般采用两个或三个叶片，特点是发电效率高，但需要通过变桨距等技术手段对正来流，目前已成为大型海流能装置的主要选择；垂直轴式水轮机旋转轴垂直于海流，叶片一般为三个，叶片型式主要有直长形及螺旋形，其优点是水轮机旋转不受来流方向的影响，但工作效率相对较低，转轴固定端的切向作用力较大，因此多见于小型装置设计；振荡水翼装置通过不同控制策略实现直长形水翼在来流作用下的反复振荡，并由此完成能量摄取，控制策略针对两自由度运动分为主动型、半主动型及全被动型，该类装置发电效率与水轮机相当，对水深要求较小，扩展功率可通过简单加长水平叶片长度实现，但机械系统相对更复杂，工程样机开发进度落后于水轮机型装置。

由于目前仍缺乏水轮机长期实海况运行的数据，因此海流能开发过程中的环境影响仍未可知。海流能装置系泊安装可采用重力座底支撑、浮式系泊或者上述两者相结合的形式。

除了潮汐能电站，水平轴式水轮机是现今最接近商业化的海洋能利用形式。目前，欧美国家的水平轴式水轮机单机开发工作日趋成熟，装置在坐底支撑、叶片设计加工、传动系设计与制造、变桨距控制等方面均取得了长足的进步。下一步开发的重点是潮流能水轮机阵列场及其与环境动力场的相互作用，包括装置阵列的尾流干扰与阵列拓扑设计等。

我国潮流能资源的技术可开发量约为 1660 MW，且集中于近海的主要水道之中，尤以浙江省沿岸海域资源最为丰富[1]。我国的潮流能技术开发始于 20 世纪七八十年代，九十年代之后取得了快速发展。早期的潮流能水轮机开发主要由大学承担完成，包括哈尔滨工程大学、浙江大学、中国海洋大学及东北师范大学等，装置的技术水平可媲美欧美发达国家，但在工程化、实用化及商业化等方面距离先进国家水平仍有较大差距。在国家海洋局海洋可再生能源专项资金的支持下，越来越多的大型企业也参与到了潮流能装置的开发之中，相信也将推动相关产业的快速发展。

1.1.3　海洋温差能

海洋温差能转换 (Ocean Thermal Energy Conversion，简称 OTEC) 系统是指利用海洋表层海水和深层海水之间的温差进行热能转换的系统。海洋表面将太阳辐射能的大部分转化为热水并储存在海洋的上层。另外，接近冰点的海水在不到 1000 m 的深度大面积地从极地缓慢地流向赤道。这样，许多热带或亚热带海域终年存在 20 ℃ 以上的垂直海水温差。利用这一温差可实现热力循环并发电。除发电之外,利用海洋温差能系统还可以同时制淡、制氢,提取的深层海水富含营养物质及深海矿藏,因此还可用于水产养殖、冷土农业及扬矿系统。据估算,全球海洋温差能储量的数量级达到了 10 TW。

根据服役位置不同,海洋温差能电站可采用岸基式或离岸式设计。其中,岸基式电站需将深层海水通过传输管道运送至岸边,易使冷水升温而导致发电效率下降,因此此类电站宜建设在水深随离岸距离快速增加 (陡坡) 的海域,便于以更小的传输管道长度达到 1000 m 量级的深度。离岸式电站则建设于浮式平台之上,所有作业均在平台上完成,电力由海底电缆传输至岸上,或者制氢后运输回岸边。该类电站的特点是可任意选取作业位置,发电效率高,发电成本低,但电缆与平台作业系统也将导致投资费用较高。上述两类服役位置的折中方案为大陆架式电站,整个系统位于浅水大陆架边缘,水深在离开大陆架后将迅速变大。

根据工作原理不同,海洋温差能发电系统可分为闭式循环系统、开式循环系统及混合循环系统。在闭式循环系统中,首先抽取温度较高的海洋表层水,将热交换器中的低沸点工质蒸发气化,并推动透平发电;深层海水则在冷凝器中将工质转为液态,并完成热交换循环,如此周而复始。闭式循环系统所需的技术与设备相对成熟,且易于扩展至大功率机组。开式循环系统采用表层海水作为工质,将其引入接近真空状态的蒸发槽中,在低压条件下沸腾为水蒸气,再将水蒸气引入冷凝槽,采用深层海水使其冷凝为水。蒸发槽与冷凝槽之间的压力差将形成蒸汽气流,可驱动透平实现发电。在开式循环系统中,冷凝槽内可制成淡水作为副产品。混合循环系统在初始阶段类似开式循环系统,表层海水进入闪蒸室闪蒸成为蒸汽,蒸汽进入低温工质的蒸发器,使其气化并驱动透平发电,与闭式循环系统类似,因此混合循环系统兼具开式与闭式的特征。目前,世界各国学者也在提出其他具有不同特点的热力循环系统,以期提高热力循环与发电效率。

人类关于海洋温差能的探索起始于 19 世纪 80 年代,20 世纪 30 年代在法国建设了第一座试验性电站,发电功率约为 22 kW,但不久后被风暴毁坏。后续的研发工作中,日本、美国与印度等国家走在了前面。美国在 1974 年建设了夏威夷自然能源实验室 (Natural Energy Laboratory of Hawaii Authority, 简称 NELHA),依托当地得天独厚的资源条件,该实验室成了世界领先的温差能试验场。印度国家海洋技术中心 (National Institute of Ocean Technology, 简称 NIOT) 在卡瓦拉蒂岛 (Kavaratti Island) 建设了日产约 100 m³ 淡水的温差能制淡工厂。日本的佐贺大学 (Saga University) 是目前世界上领先的研究机构,该大学联合日本的多个机构于 2013 年在冲绳久米岛 (Kume Island, Okinawa) 建设了测试性的海洋温差能电站,是世界上仍在运行的两座电站之一。

我国南海海域的温差能资源丰富,开发利用价值大。据保守估计,南海海域的温差能理论装机容量约为 3.7×10^5 MW，技术可开发量约为 2.7×10^4 MW[1]。国内目前从事温差能研究的单位包括自然资源部第一海洋研究所 (简称海洋一所)、中国海洋大学、国家海洋技术中心及东南大学等单位。自然资源部一所在 "十一五" 期间曾经建设了 15 kW 的试验性装置，实验室系统的最高效率达到 3.07‰。

1.1.4 盐差能

盐差能 (Salinity Gradient Power) 又被称为渗透能 (Osmotic Power)，海洋盐差能是指海水和淡水之间或两种含盐浓度不同的海水之间的渗透差能，主要存在于河海交接处。近年来，海水淡化工厂的排水也为浓盐水。盐差能是海洋能中能量密度最大的一种可再生能源。通常，海水 (35‰ 盐度) 与河水之间的渗透差有相当于 240 m 水头差的能量密度。这种位差可利用半渗透膜 (水能通过，盐不能通过) 在盐水与淡水交接处实现。利用这一水位差可直接驱动水轮发电机发电。盐差能的利用形式主要是发电。其基本方式是将不同盐浓度的海水之间的差能转换为水体势能，再利用水轮机发电，具体模式主要有渗透压式、蒸汽压式和机械化学式等，其中渗透压式方案最受重视。

世界上首座盐差能试验电站是挪威国家电力公司在挪威贝鲁姆的托夫特依托当地的纤维素工厂厂房建设运行的盐差能装置。该装置的测试工作始于 2009 年，并由挪威王储亲自启动。在 2008 年夏天计划之初，每秒钟的耗水量约为 10 L 淡水与 20 L 咸水，输出功率在 2~4 kW 之间。若采用更好的半渗透膜，发电功率可提升至 10 kW。遗憾的是，2013 年挪威国家电力公司宣布不再开发该项技术，后续的商业化电站也不会再提上日程。目前，也未见其他国家在盐差能电站规划、设计及建设上出现突破性的进展。

我国海域辽阔、海岸线绵长、入海江河众多、入海径流量巨大，在沿岸各江河入海口附近蕴藏着丰富的盐差能资源。据计算，我国沿岸盐差能资源蕴藏量约为 3.9×10^{15} kJ，理论功率约为 1.3×10^5 MW[2]。2013 年，中国海洋大学在国家海洋局海洋能专项资金的支持下，启动了盐差能发电技术研究与试验项目，原理样机的功率不低于 100 W，系统效率不低于 3%。整体看，盐差能的技术仍处于原理样机的研发阶段，与规模化和商业化的应用差距较大。

1.1.5 波浪能

海洋波浪能是指海洋表面波浪所具有的动能和势能。波浪的能量与波高的平方、波浪的运动周期及迎波面的宽度成正比。波浪能是海洋能中能量最不稳定的一种能源。波浪能的主要利用形式为发电。此外，波浪能还可用于抽水、供热、制淡以及制氢等。

波浪中水粒子的运动形式多种多样，各形式之间可以相互转换。因此，波能的转换方式也存在多种形式，它们所具有的共同特点：利用并转换波浪能的基本形态——水粒子的旋转动能与位能，使波浪能装置与不同能流密度范围内的波能及各种不规则波浪相匹配，同时还要求整个系统在海洋环境下能够正常工作，在极端环境下能够维持生存。

与其他的海洋能资源相比，波浪能具有以下优点 [3]：

(1) 波浪能以机械能形式出现，品质较好，易于利用。

(2) 能流密度较大，是风能的 10~40 倍，在太平洋、大西洋东海岸纬度 40° ~ 60° 区域，波浪能能流密度可达 30~70 kW/m，某些地方可达 100 kW/m。

(3) 波浪能是海洋中分布最广泛的可再生能源，这意味着波浪能适用于偏远海域的岛屿、国防及海洋开发等活动。

(4) 波浪能装置可在已有设施及工程的基础上进行安装和建设，如护岸、防波堤；或与此类设施及工程同时建设，可明显地降低波能利用装置的开发及建设成本，并实现功能多元化。

(5) 波能利用装置结构一般较简单，建造和维护方便，便于进行阵列化开发。

其他与波浪能开发相关的内容，将在下文详细介绍。

1.2 波浪能资源

波浪可由不同的扰动力与回复力组合生成，如潮波或海啸，均可视为波浪的一种形式。在波浪能开发与利用领域，装置利用的一般为风生浪。在此情况下，波浪能可视为海上风能的一种副产品，而风能本身又是太阳能的副产品。在大洋中的开敞海域上，波浪来自风扰动条件下表层水体的运动变化、增长与组合，这其中还伴随着相应的能量交换。在某些条件下，风继续吹动而波浪将不再增长而达到极限，此时也可以认为风浪已充分成长。若风不再吹动，波浪将继续存在并以重力波的形式向前传播，在深水条件下波浪携带的能量几乎不再损失。在到达浅水并接近海岸的过程中，波浪能将由于不同的自然条件发生耗散。上述关于波浪的生成、传播及变化等物理过程，已有较完备的理论体系支撑，读者可查阅相关的专业书籍进行了解。

波浪携带的能量主要由两部分组成：与水质点速度相关的动能，以及与静水面附近水体变形相关的势能。如前所述，波浪能本质上是一种机械能。理想情况下，波功率可定义为通过某个垂直于波浪传播方向竖直平面的能流，对应的单位为 W/m²。人们一般更倾向于另外的常用单位是 W/m，即单位波峰线宽度上的能流，而这可以通过沿竖直方向由海底至水面对功率进行积分获得。在深水中，超过 95% 的能量集中于离水面不到半个波长的水深范围内。

采用 W/m 对波功率进行定义，意味着对垂直于波浪传播方向上的竖直平面内的所有波浪能流进行了时均化处理。通过计算单位表面积下垂直水柱的机械能并乘以波的群速即可获得能流值，而该水柱所有拥有的机械能为势能与动能的总和。对于传播过程中没有出现损失的理想波，如前所述，两种能量的时均值是相等的。对于规则正弦波，波浪含有的机械能可写作：

$$E_t = E_p + E_k = 2 \times \frac{\rho_w g H^2}{16} = \frac{\rho_w g H^2}{8} \tag{1-1}$$

其中，E_t、E_p 及 E_k 分别为波浪含有的机械能、势能与动能，单位为 J/m^2；ρ_w 为水体密度，g 为重力加速度，H 为波高。在深水条件下，波浪的群速即能量的传播速度，可写作：

$$C_g = \frac{gT}{4\pi} \tag{1-2}$$

其中，T 为正弦波周期。由此，可得沿波峰线上单宽条件下的正弦波功率：

$$P_w = E_t C_g = \frac{\rho_w g^2}{32\pi} H^2 T \tag{1-3}$$

实际海洋中的波浪是不规则的，但可以通过规则波线性叠加的方式进行近似表征，并进一步以能谱的形式开展后续的研究，这也与我们关心的波浪能量及其分布具有紧密关系。假设波浪的能谱为 $S(f)$，则其沿波峰线单位宽度上的波功率可写作：

$$P_w = \rho_w g \int_0^\infty S(f) C_g(f) \, \mathrm{d}f \tag{1-4}$$

能谱 $S(f)$ 的 n 阶谱矩可由下式定义：

$$m_n = \int_0^\infty f^n S(f) \, \mathrm{d}f \tag{1-5}$$

有效波高 H_s 则可由下式给出：

$$H_s = 4\sqrt{m_0} \tag{1-6}$$

而能量周期可写作：

$$T_e = \frac{m_{-1}}{m_0} \tag{1-7}$$

在深水条件下，式 (1-4) 可采用式 (1-2) 进行简化处理，并写作：

$$P_w = \frac{\rho_w g^2}{4\pi} m_{-1} \tag{1-8}$$

根据式 (1-6) 及式 (1-7)，式 (1-8) 可改写为

$$P_{\mathrm{w}} = \frac{\rho_{\mathrm{w}} g^2}{64\pi} H_{\mathrm{s}}^2 T_{\mathrm{e}} \qquad (1\text{-}9)$$

针对不规则波的平均跨零周期 T_{z} 进行谱估计，可得

$$T_{\mathrm{z}} = \sqrt{\frac{m_0}{m_2}} \qquad (1\text{-}10)$$

采用上述参量，还可以针对特定谱形的不同周期度量进行换算。例如，对于 JONSWAP 谱，当谱峰升高因子 $\gamma = 3.3$，波浪各周期间的比例关系为

$$T_{\mathrm{p}} = 1.12 T_{\mathrm{e}} = 1.29 T_{\mathrm{z}} \qquad (1\text{-}11)$$

其中，T_{p} 为谱峰周期。

此外，波浪的方向特征可能对于某些装置类型及阵列场具有显著的影响，我们可采用方向谱计算不同方向分布上的波功率变化。因此，平均全向波功率可能是评估波浪能资源的最常用方法。波功率在赤道附近较小，而在南半球的南部及北半球的北部海区资源相对丰富。一般而言，人们更倾向于将装置投放于资源丰富，即波功率较大的海区。因为在相同的吸收效率条件下，入射的波能越多，吸收的波能才能更多，但采用平均全向波功率可能会掩盖时域特征、方向特征、谱特征等对于装置发电出力的影响。目前，采用任何单一参量、甚至是多个参量的组合仍无法完全评估波浪能资源及其对装置发电的影响，这是由波浪的自然内在属性决定的，读者可参阅关于波浪水动力学的著作，此处不再赘述。

与其他海洋能类似，波浪能资源包含四个层面的解读，分别是理论可开发量 (Theoretical Resource)，即理论上该类资源的总量；技术可开发量 (Technical Resource)，即采用当前的技术可开发的资源总量；实际可开发量 (Accessible Resource)，即排除了外部各类限制因素 (不切实际的海域、使用上存在竞争性的水域、环境保护水域等) 后可开发的资源量；经济可开发量 (Economic Resource)，即基于市场条件可进行商业化开发的资源量。由定义也可以知道，以上各开发量的数值是依次递减的。据估算，全球的理论总量约为 3.0 TW，这其中已排除了波功率密度小于 5 kW/m 及可能被冰层覆盖的海域。如前所述，全球波浪能资源较好的海域包括南回归线以南的南海岸、西海岸及东海岸，美国的西海岸以及北大西洋两侧的欧洲沿岸及美国东海岸[4]。

我国近海处在东亚季风区，冬季盛行偏北气流，渤海、黄海及南海以偏北向风浪为主，东海则以东北向风浪与涌浪结合的混合浪为主；夏季近海多为南向风，在不受热带气旋的影响下，波浪一般也比冬季小。根据 2004 年原国家海洋局组织的 "908" 专项调查，我国近海离岸 20 km 一带的波浪能理论可开发量约为 1.6×10^4 MW，技术可开发量约为 1.47×10^4 MW[1]。与资源丰富的北大西洋沿

岸相比，我国波浪能资源能流密度偏小，且分布极不均匀。受到岛链的遮蔽作用，能流密度在我国北方沿岸比南方海域低，外海比近岸海域高，外海岛屿比近岸岛屿附近海域高。

　　一旦确定了波浪能装置的拟投放点位，便可以采用散点图 (Scatter Diagram) 对该点位波浪条件进行描述，如图 1-1 所示。散点图可用于表征代表性波高 (一般为有效波高 H_s) 与代表性周期 (如有效周期 T_s、能量周期 T_e、谱峰周期 T_p 及跨零周期 T_z 等) 组合出现的次数 (或频率占比)。最常出现的波浪条件组合可在散点图中一目了然，方便工程技术人员针对该点位进行装置的特殊设计或配置。散点图也存在一定的问题：首先，海洋中的波高与周期均是连续分布的，但散点图的各单元分辨率不可能无限提高，因此可能导致部分信息缺失；其次，散点图中各单元的波浪数据无法反映其时域、方向及谱特征，该问题可通过绘制分解或二级散点图进行改善，但依赖于原始数据的完备程度。

H_s/m	T_s/s											
	0~1	1~2	2~3	3~4	4~5	5~6	6~7	7~8	8~9	9~10	10~11	总和
0.0~0.5	112	415	592	720	324	114	46	11	0	0	0	2334
0.5~1.5	0	214	1625	2235	2416	612	85	25	1	0	0	7213
1.5~2.5	0	67	986	1254	3242	1121	112	56	21	3	0	6862
2.5~3.5	0	12	623	1124	1876	2129	256	186	45	7	0	6258
3.5~4.5	0	1	123	756	1065	1211	457	359	123	11	0	4106
4.5~5.5	0	0	14	286	865	731	563	687	457	23	0	3626
5.5~6.5	0	0	0	114	320	378	782	879	127	45	0	2645
6.5~7.5	0	0	0	42	124	82	323	542	78	65	3	1259
7.5~8.5	0	0	0	0	72	15	142	243	0	32	0	504
8.5~9.5	0	0	0	0	42	0	47	88	0	2	0	179
9.5~10.5	0	0	0	0	0	0	0	13	0	0	0	13
9.5~10.5	0	0	0	0	0	0	0	1	0	0	0	1
总和	112	709	3963	6531	10346	6393	2813	3090	852	188	3	35000

图 1-1　波浪条件散点图示例

　　为了更好地评价波浪能资源，必须拥有足够多的波浪数据。获取数据的途径很多，大体可分为两类：物理观测与数值模拟。物理观测即通过设备现场对某个点位或某片海域进行波浪数据采集，具体的设备包括波浪浮标、声学多普勒流速剖面仪 (ADCP)、坐底式压力传感器、岸基雷达及卫星雷达等，最常用的是前两种设备，而雷达也处于快速发展中。物理观测的优点是数据真实可靠，可作为数学模型的验证基础，特别是波浪浮标易于布放，可长期收集数据 (包括方向性在内的数据)，有利于准确评价投放点位的资源状况，且可与装置同时布放，便于进行同步评价；物理观测的缺点是费用较为昂贵，对于工期紧张的项目数据采集周期过长，波浪浮标及 ADCP 等设备难以对大面积海域进行同步测量。此外，若点位不适合安排观测设备或工期过于紧张，则可以使用波浪数学模型通过已知点位的数据推算其他任意点位的数据。此外，数学模型在理论上可根据要求推算任意长度年份的波浪数据用于资源评估。

1.3 装置的技术经济开发与评价

大功率潮流能装置的技术已趋于收敛，与风机类似，均采用三叶片水平轴式转轮机构。目前，波浪能装置的技术型式仍未收敛，也就是说仍未有一种技术能够占据主导地位，这与波浪复杂的内在特征有关。波浪能装置的开发需要平衡高效率、高可靠性及经济性等众多因素。从一个优秀的创意出发，直到实现商业化运行开发，至少需要十年以上的研发时间与不少于千万量级的开发资金。遗憾的是，至今仍未出现能够长时间运行的商业化装置。

波浪能装置的研发过程与其他一般工程产品基本相同，如图 1-2 所示。该研发过程可按照两个路径进行分解：① 以研发动作为路径，从提出创意想法开始，进而针对核心机理与基础原理开展研究，随后针对装置的关键部件及装置整体进行技术开发并开展实海况示范运行，根据示范结果完成系统整体优化后形成工程产品，进入商业化开发阶段并进行产品迭代；② 以研发对象为路径，首先以理论分析为主要工具针对概念模型开展可行性研究，一旦确定思路与创意可行，便需要对装置整体进行基本设计并开展研究优化，在完成 (子) 系统设计优化后进行样机制造及实海况运行验证，样机改进优化后可据此建造原型整机并进行长期示范，最终对工程产品进行定型。

图 1-2 波浪能装置的典型研发过程示例

必须指出的是，欧美国家对于海洋能装置特别是波浪能装置的投资开发方式与我国具有较大区别。我国的研发仍是公共资源在发挥主导作用，私人资本与商业公司的参与度较低。除了政策引导之外，我国的资金投入方式仍多以各级政府的科技开发项目为主。因此，项目对装置技术的开发要求较高，而对装置的经济性一般要求较低。虽然欧美国家的公共资金与激励政策也会覆盖研发的全过程，但他们更注重在两端发挥作用，特别是初期创意与示范及商业化阶段。欧美国家更注重私人资本与风险资金在整个研发过程中的投入，它们会在装置的整个研发过程中持续对其商业潜力进行评估，一旦证明其无法实现商业化或不确定性过高且无法排除，那么项目将不会继续推进。另外，由于波浪能产业尚未实现商业化，因此缺乏足够多的案例与数据对装置开发过程中的经济性做出准确的评价。虽然可借鉴海上风能的案例，但两个行业间仍有较大的差距。因此，本书将仅对经济性评价做简要介绍，详细内容可参考文献 [5]。

技术就绪水平 (Technology Readiness Level，简称 TRL)，也被称为技术就绪度或技术就绪等级。它利用基本的分级原理，针对特定技术或项目按照一定原则制定分级标准，使之按照所处的阶段对应不同的级别，量化区分技术或项目的成熟程度。对应不同的 TRL，级别越高代表其成熟度越高。

我国科学技术部已在重点研发计划的项目管理工作中开始试行全面引入 TRL 的管理方法，而重点研发计划是我国目前资助海洋能装置研发的最高等级项目。因此，在我国应用 TRL 评价波浪能装置的开发也将成为大势所趋，但由于波浪能装置研发仍未完全成熟，因此相应的评价标准与量化分配原则仍不明晰。

本书根据作者前期参与的装置研发经验，结合《科学技术研究项目评价通则》(GB/T 22900-2009)[6]，对图 1-2 中波浪能装置的研发阶段与 TRL 的对应关系进行了简要总结，如表 1-1 所示。上述各阶段不仅定义了由创意到商业化的典型路径，也给出了各阶段活动的主要特征。

需要注意的是：早期阶段的模型应根据测试与功能要求进行设计与简化，且在 TRL4 阶段之后不再对装置的整体配置与功能做重大修改，以便由研究阶段过渡至开发阶段；在进行发电性能评估时，应采用代表性的不规则波列作为输入开展测试；在研发的早期阶段，由于模型比尺较小，PTO 设备无法缩尺，必须寻找具有类似功能特征的替代物进行模拟；研发进入并完成 TRL9 阶段，意味着装置将实现商业化，形成真正意义上的工程产品。

由上面的分析可知，TRL 更关注技术与产品研发本身，对经济性几乎没有考虑。据此，人们提出了技术绩效等级 (Technology Performance Level，简称 TPL)，重点关注的是能源成本或发电成本，并综合考虑了社会、环境及法律接受度，发电性能，系统的可利用程度及投资费用与运营成本等的综合绩效。绩效评价的一个重要组成部分是技术经济的模拟与优化，即理想化地将波浪发电的物理过程模拟、运行模拟及财务评估等结合在一起 [7-9]。TPL 也可以分为 9 级，用以表征该技术在开发不同阶段的经济可行性与竞争力，如表 1-2 所示 [5]。此外，可构建 TRL-TPL 矩阵 (Weber 矩阵)，探索技术开发与经济可行性的协调发展。

表 1-1 波浪能装置典型研发内容与 TRL 等级划分

TRL 等级	TRL 等级特征描述[6]	研发过程(路径) 研发动作	研发对象	比尺范围(重力相似)	地点	波浪	对象特征	研发(测试)目标
1	观察到基本原理并形成正式报告	研究	概念模型	1:100 ~ 1:20	室内/桌面	代表性工作海况	理想化设计、可变设计参量、PTO* 可选	概念验证与优化、设计变量与环境参量影响评估
2	形成了技术概念或开发方案	研究	整体模型	1:50 ~ 1:10	室内/水池/测试台	代表性工作与极端海况	优化设计、模拟 PTO	发电性能评估
3	关键功能分析和试验结论成立							
4	研究室环境中的部件仿真验证		系统设计	1:10 ~ 1:3			最终设计、模拟 PTO	发电性能评估、PTO 工作条件设计、系泊与结构荷载、耐波性及最终设计方案
5	相关环境中的部件仿真验证	开发			测试场			
6	相关环境中的系统样机演示		样机验证	1.5:1 ~ 1:1		工作与极端海况	完整功能、真实 PTO 与发电机	发电性能评估、可靠性、生存性、控制策略评估
7	在实际环境中的系统样机试验结论成立							
8	实际系统完成并通过实验验证	示范	整机示范	1:1	开放水域	工作与极端海况	自主运行装备	产品自主运行能力、发电能力、生存能力等
9	实际系统成功并通过任务运行的考验、可销售	商业化	产品定型					

* PTO 为能量摄取机构 (Power Take-off) 的英文简称。

表 1-2   技术绩效等级 (TPL)

TPL 等级	经济可行性分类	绩效
1		多数关键性能特征与成本驱动因素尚不满足潜在的经济可行性，并存在障碍
2	低：技术不具备经济上的可行性	部分关键性能特征与成本驱动因素尚不满足潜在的经济可行性
3		少数关键性能特征与成本驱动因素尚不满足潜在的经济可行性
4		为了在特殊或有利的市场运行条件下实现经济可行性，需要改进部分关键技术，甚至是基础概念
5	中：在特殊市场与经营条件下，技术具有潜在的经济可行性。技术与/或概念仍需改进	为了在特殊或有利的市场运行条件下实现经济可行性，需要改进部分关键技术
6		在特殊或有利的市场运行条件下，多数关键性能特征与成本驱动因素满足潜在的经济可行性
7	高：技术在经济上具备可行性，作为一种可再生能源具备竞争性	在有利的支持机制下，与其他能种具备竞争性
8		在可持续支持机制下，与其他能种具备竞争性
9		不采用特别支持机制下，与其他能种具备竞争性

在进行设计、研究与开发过程中，应注意波浪能装置的如下特征：

(1) 良好的整体发电性能：装置应以较高的效率捕获波浪能并转换为电能，电力输出应尽量平滑并具有较高的容量因子。

(2) 较高的可靠性：装置的各部分子系统与整个系统应具有较高的鲁棒性及可靠性。在复杂波浪条件下，装置仍能保持较好的发电出力。

(3) 较好的可维护性：装置应易于接近。工程人员无需将装置整体拖曳回港，可在原位进行检修、维护，甚至是更换主要部件与设备。

(4) 优秀的生存性：在极限 (设计) 波浪条件下，装置主体结构 (壳体) 及漂浮式装置的系泊系统应能够有效卸荷或抵抗波浪荷载，通过合理设计被动式的安全系统有利于实现上述目标。

(5) 良好的可扩展性：考虑到大型装置有更好的经济性与安全性，装置应具备良好的扩展能力，即通过扩展尺寸达到显著提升装机容量的目的。当然，这对于高能流密度的海区更为重要。若能流密度较低，提升装机容量则很可能只有通过增加捕能体数量达到目的，即阵列式开发，但这也会显著增加装置的投资成本。

(6) 环境友好性：装置设计时应注意环境影响，虽然装置一般不会产生温室气体排放，但仍需注意液压油泄漏等可能出现的事故。此外，近岸装置还应注意视觉影响及对海洋生物的影响。

波浪能装置的技术评价参数可参考如下指标：

(1) 捕获宽度比 (Capturing Width Ratio，简称 CWR)，即装置吸收波功率与有效入射波功率的比值。该比值为无量纲量，也就是说可用于不同比尺的装置。其中，装置的有效入射波功率等于沿波峰线单位宽度上的波功率乘以装置的特征

(作用) 宽度，而该宽度对应于所有参与波能吸收的部件的宽度总和。

(2) 单位装机功率质量比，即装置达到一定功率所需的材料数。为了防止材料种类的不同而造成误解，该指标可按照活动结构材料 (钢材等) 与配重材料 (混凝土等) 分别给出。

(3) 容量因子，即装置平均输出功率与装机功率的比值。

(4) 全过程效率，即装置从波浪中吸收的功率传递至电网系统 (或简易终端用户) 的整体效率。该效率受到多个因素的影响，同时包含了从波浪到输出端的各级能量转换步骤的效率。

对于波浪能装置的经济性评价，由于目前其主要产品仍为电力，因此装置的收入将直接正比于其年发电量，而非装机功率。若需采用装机功率进行讨论，则必须配合容量因子进行讨论，否则将毫无意义。

衡量装置的经济表现还可采用单位投资费用年发电量，投资费用可以采用装置排水量或表面积作为替代指标，即单位排水量年发电量与单位表面积年发电量。上述指标没有考虑装置运行时产生的各项费用，即运营成本。因此，对于大型装置，特别是结构主体投资在整个装置投资中的占比较大时，该指标可较为直观地反映其经济性。

装置的平准化发电成本 (Levelized Cost of Energy，简称 LCoE)，也被称为度电成本。由于在计算能源成本时考虑货币的时间价值，因此是目前最可靠的经济性评价指标，也是多个海洋能或可再生能源组织推荐使用的指标。

$$度电成本 = \frac{波浪能项目全生命周期内所有成本的现值}{波浪能项目全生命周期内所生产的全部电力现值} \quad (1\text{-}12)$$

在式 (1-12) 中，采用发电量代替了实际收益，因此忽略了电力本身的市场价值。显然，度电成本也仅适用于电力项目之间的比较，且仅适用于经济条件可比较的发电项目。对于电力购买价格或税率不同的电力项目，则不宜进行比较。此外，度电成本也导致波浪能装置与发电领域之外的投资项目无法直接比较。

需要指出的是，包括波浪能在内的海洋能发电项目目前与常规化石能源项目甚至是多数可再生能源项目相比，能源成本不占优势。在我国，由于波浪能资源的能流密度较低 (约为欧洲富集海区的 1/10)，波浪能发电的能源成本可能更高。另外，在极具战略意义的偏远海岛及深远海开发过程中，传统能源乃至其他可再生能源的发电成本将显著提高，波浪能由于分布广泛，理论上讲有海洋的地方就有波浪，因此在上述情境下，波浪能综合供给将重新具有竞争力。通过综合系统建设，波浪能可为偏远海岛或海上平台提供电力、淡水、燃料等基础生活物料，明显改善生活条件。中国海洋大学的史宏达教授率先提出了"海能海用、就地取能、多能互补、独立供电"的十六字海洋能开发方针，有助于我们调整开发思路，为波浪能选择合适的应用场景与市场，推动其在现阶段实现综合利用与开发，并通过技术积累，为未来大规模近岸利用奠定基础。

1.4 工作原理与典型装置

1.4.1 波浪能装置开发简史

波浪能被称为发明家的乐园，各类关于波浪能发电及其他应用的发明专利可能已经超过 5000 件。据欧洲海洋能中心 (European Marine Energy Center，简称 EMEC) 统计，全世界已经或正在研发的波浪能装置已超过 200 种。

人类探索波浪能的历史可以追溯到 1799 年，法国巴黎的一对父子联合申请了关于波浪能装置的专利 (图 1-3)，装置的工作原理为振荡浮子，这也是目前已知最早的关于波浪能的专利，但他们是否根据该专利建造了样机并无相关的历史记载。

349.

12 juillet 1799.

BREVET D'INVENTION DE QÙINZE ANS,

Pour divers moyens d'employer les vagues de la mer,
comme moteurs,

Aux sieurs GIRARD père et fils, de Paris.

——————

La mobilité et l'inégalité successive des vagues, après s'être éle-
vées comme des montagnes, s'affaissent l'instant après, entrainant
dans leurs mouvemens tous les corps qui surnagent, quels que
soient leur poids et leur volume. La masse énorme d'un vaisseau
de ligne, qu'aucune puissance connue ne serait capable de soulever,
obéit cependant au moindre mouvement de l'onde. Qu'on suppose
un instant, par la pensée, ce vaisseau suspendu à l'extrémité d'un
levier, et l'on concevra l'idée de la plus puissante machine qui ait
jamais existé.

C'est principalement sur ce mouvement d'ascension et d'abais-
sement des vagues, qu'est fondée la théorie des nouvelles machines
que nous proposons.

图 1-3 世界上最早的波浪能装置专利 [4] (已获 Elsevier 授权)

进入 19 世纪后，包括爱迪生在内的众多科学家与工程师提出了不同的波浪能利用思路 [10]。有文献指出 [11]，1882 年，有人提出了利用浮子的垂向振荡压缩空气；1910 年，在法国已有人基于振荡水柱的原理，利用悬崖中的自然空洞进行了发电照明, 功率约为 1kW; 1895 年, 一家利用波浪能压缩空气的商业化公司在美国的加利福尼亚州成立。在后续的 20 年中, 陆续也有类似的工程样机提出, 例如, 阿姆斯特朗兄弟的波浪能马达 (Wave motor, 图 1-4) 运行了 12 年, 它利用振荡水柱原理泵送海水用于潮湿道路、防止扬尘。在 20 世纪 50 年代, 已有利用渐缩水道开发的越浪型装置, 虽然效率能达到 20%~30%, 但经济性较差 [12]。由此可见, 在 20 世纪 50 年代末之前, 振荡体式、振荡水柱式及聚波越浪式波浪能发电的工作原理均已被提出。

图 1-4 明信片上的波浪能马达 [4] (已获 Elsevier 出版社授权)

与其他可再生能源类似, 波浪能开发的现代时代也肇始于 20 世纪 70 年代的第一次石油危机。1974 年, 英国爱丁堡大学的斯蒂文·索尔特 (Stephen Salter) 教授在著名科学期刊《自然》(Nature) 上发表了题为 Wave Power 的论文, 并在其中提出了著名的 "索尔特鸭式装置"。1975 年, 索尔特针对同一装置再次在《自然》发文。

同样是在 1975 年, 挪威特隆赫姆大学的谢尔·布达尔 (Kjell Budal) 与约翰内斯·法尔内斯 (Johannes Falnes) 也在《自然》期刊发表题目为 A Resonant Point Absorber of Ocean-Wave Power(用于海洋波浪能的共振型点吸收式装置) 的文章, 介绍了点吸收式装置及其优化控制方法, 并给出了捕获宽度的定义。该文分析, 由于接收天线效应 (Antenna Effect), 捕获宽度可能大于装置的物理宽度。

日本的波浪能研究始自 1945 年, 日本海军军官益田良雄 (Yoshio Masuda) 采用振荡水柱式发电原理, 成功地领导开发了商业化波浪能供电航标灯, 他也被称为现代波浪能研究之父 [13]。1978~1979 年间, 益田团队采用后弯管振荡水柱技术开发了漂浮式工程样机 "海明号"(KAIMEI)。

由于石油危机的缓解以及波浪能装置开发成本始终居高不下, 1985~1998 年间, 波浪能装置的开发陷入低谷, 但仍有许多代表性概念被提出, 并建设了工程样机, 其中部分电站运行了接近 20 年。1998 年以后, 波浪能开发再次进入快车道。整体看，欧洲在其中处于绝对的领导地位，但波浪能发展仍然受到石油危机等国际政治经济环境的影响，呈现出波浪式发展的形态。

1.4.2　装置的工作原理与分类

波浪能装置种类繁多，创意概念不计其数。对上述装置进行分类，有利于对数量庞大的装置类型进行梳理，厘清不同装置的设计特点与特征归类，了解装置的技术特点及整体发展路径与趋势。

早期的一种基础性分类按照装置的水平尺度与入射波长的相对关系给出，分为衰减型 (Attenuator)、截止型 (Terminator) 及点吸收型 (Point Absorber)，如图 1-5 所示。其中，衰减型装置在平行于波浪方向上具有较大的水平尺度 (与主导波长在同一数量级上)，而截止型装置在垂直于波浪方向上具有较大的水平尺度，点吸收式装置在各个方向上相较于主导波长均较小。

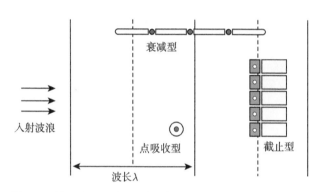

图 1-5　按照水平尺度与入射波长相对关系进行的装置分类

按照服役地点，装置可分为靠岸式 (Onshore)、近岸式 (Nearshore) 及离岸式 (Offshore) 三类，如图 1-6 所示。其中，靠岸式装置与岸基或海岸构筑物紧密相连，基础多采用重力式结构；近岸式装置相对于靠岸式波浪受水深变化影响较小，但水深仍不大，锚泊基本采用固定式结构；离岸式装置多为漂浮型结构，常采用松弛式悬链系统进行锚泊。

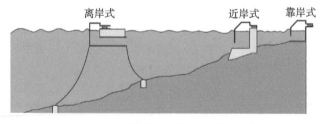

图 1-6　按照服役地点进行的装置分类

波浪能装置的系统设置根据其工作特征与能量转换环节可分为如下子系统：

(1) 水动力学子系统，用于与波浪直接接触、吸收波浪能量的机构；

(2) PTO 子系统，用于将吸收的波能转换为电能的机构；

(3) 支撑系统及其他附属设施子系统，用于为装置整体提供支撑、锚泊、反作用力及附属功能等的机构；

(4) 控制子系统，用于采集所有运行数据、控制所有机构的运行与装置动作等。

作者推荐按照工作原理对装置进行分类，因为这些装置虽然形态各异，但工作环境与目标相同，因此在原理及子系统设置上基本是相似的。本质上，波浪能装置的工作原理由水动力学子系统决定。按照工作原理，大致可分为三类 [13]：振荡水柱式 (Oscillating Water Column，简称 OWC)、聚波越浪式 (Overtopping) 及振荡体式 (Oscillating Body，简称 OB)。上述三类装置也分别具有固定式及漂浮式两种细分类型。

振荡水柱式装置原理示意图，如图 1-7 所示，主要包含一个空腔的气室结构，在迎 (背) 浪侧裙墙水下开口后，在气室内形成一个水柱并将上部空气封闭在气室内。在入射波浪的驱动下，气室内的水柱做垂向的振荡运动，气室则通过与外界大气相连的气管呼出与吸入空气，并形成往复气流。如此，波浪能便转换为空气动能。在气管中装配空气透平发电机作为 PTO 设备，便可将空气动能转换为电能。

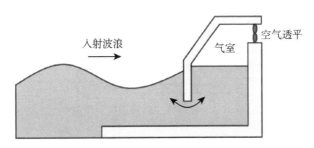

图 1-7 振荡水柱式装置原理示意图

聚波越浪式装置原理示意图，如图 1-8 所示，利用斜坡坡道将波浪引入到后方的蓄水池中，使蓄水池水位高于平均海平面，形成低水头水库，水体经由下泄管道返回大海的过程中，带动低水头水轮发电机实现最终的能量转换。为了更好地引导波浪水体进入蓄水池，坡道自远端向蓄水池应逐渐缩窄，或者直接根据需要设置不同方式的导流板形成聚波效果。

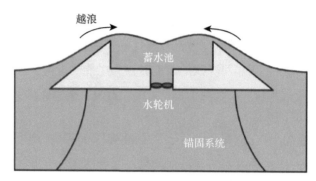

图 1-8　聚波越浪式装置原理示意图

振荡体式装置原理示意图，如图 1-9 所示，主要采用波浪激励体 (Wave-activated Body) 作为捕能单元，通过与波浪直接接触，在波浪激励作用下，将波浪所拥有的动能与势能转换为振荡体不同形式的运动动能，并通过相应的 PTO 机构进一步转换为电能。由图可知，该类装置形式多样，由于激励体与波浪直接接触，因此转换效率较高。

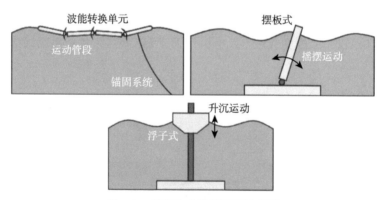

图 1-9　振荡体式装置原理示意图

1.4.3　典型装置

在三种波浪能转换类型中，振荡水柱式装置将在第 2 章中详细讨论，本节将重点对已开发的典型聚波越浪式与振荡体式装置进行简要介绍。

1.4.3.1　聚波越浪式装置

1985 年，挪威在托夫泰斯特伦 (Toftestallen) 海岸处建设了聚波越浪式装置，被称为 TAPCHAN(渐缩水道，即 Tapered Channel) 电站，如图 1-10 所示。该电站被置于海岸的岩质悬崖之上，入口宽度约为 60 m，波浪可沿一天然形成的喇叭形坡道向上爬升，两侧岸壁的高度与水库的水头高度均约为 3.0 m。波峰线在波浪爬升过程中逐渐升高，直至翻越进入蓄水池。蓄水池的水面面积约为 8500 m²，回流通道中采用的是传统的低水头卡普兰水轮机，装机容量为 350 kW。运行了约 3 年后，两侧大块岩石被风暴移动了位置，堵塞了坡道，导致电站无法工作，后续的修复工作也未能启动。

图 1-10 被破坏的渐缩水道聚波越浪式波能电站 [4] (已获 Elsevier 出版社授权)

TAPCHAN 电站依赖于特殊的海岸地形，其缺点是难以复制。意大利那不勒斯港的圣·温琴佐抛石防波堤内耦合了一台越浪式波浪能装置样机，宽度约为 6.0 m，如图 1-11 所示，自 2015 年开始运行。当地的年平均波功率约为 2.5 kW/m。

图 1-11 与防波堤耦合的聚波越浪式装置 [4]，位于意大利那不勒斯 (已获 Elsevier 出版社授权)

装置直接替代了边坡斜率为 1:2 的护面块石，占地面积约为 75 m²，位于防波堤的中部。装置蓄水池分为两部分，分别为 NW-Lab 与 RS-Lab，而其形状参量也有所不同，分别被用于高、低能流密度的海况测试。装置装配了三组固定式卡普兰低水头水轮机，并连接了装配有最大功率点追踪控制器的永磁发电机，总装机容量为 2.5 kW。

"波龙"(Wave Dragon) 装置是 21 世纪初最具代表性的装置之一，是 20 世纪末由丹麦开发的漂浮式装置。其 1:4.5 比尺的工程样机于 2003 年在丹麦的尼苏姆湾进行了投放，如图 1-12 所示。由于系泊系统的技术问题，样机一开始未能成功运行，但最终还是在 2003～2005 年及 2006～2007 年进行了测试，并于 2011 年在丹麦进行了拆除。该装置拥有一对抛物线形聚波墙，整体宽度为 57 m，同样采用低水头水轮机技术。其对应的原型装置特征尺度为 300 m，质量为 3.3 万吨，装机功率将达到 7 MW，这也是目前世界上单机容量最大的波浪能装置，但原型装置一直未能启动建造。

图 1-12   丹麦 "波龙" 聚波越浪式装置 [4](已获 Elsevier 出版社授权)

中国海洋大学史宏达教授团队综合了 "波龙" 装置与 TAPCHAN 电站的优点，提出了碟型聚波越浪式波能发电装置，在国家 "863" 计划的资助下研制了工程样机，并进行了海试，如图 1-13 所示。装置最大外径为 13.0 m，蓄水池上端直径为 4.0 m，呈倒锥形渐缩，出水管直径为 1.0 m，管长为 3.0 m。引浪面斜率为 2:3，干舷高度为 1.5 m，装置的额定功率为 6 kW，海试时的最大发电效率约为 33%。

其他的聚波越浪式装置的设计方案还包括海浪槽洞发电装置 (Sea wave Slot-cone Generator，简称 SSG)。为了提高捕获波浪能的效率而无需调整坡道高度 (水头)，SSG 装置在不同高度设置了多个蓄水池。

图 1-13 中国海洋大学开发的碟型聚波越浪式波能发电装置

聚波越浪式装置的优点在于工作原理简单，活动部件仅有低水头水轮机，而且来自成熟产业，效率超过了 90%。此外，由于采用低水头水库储存水体势能，因此其天然具有平滑波浪入射功率的功能。该类装置的缺点是尺度与质量大、造价昂贵，但可以通过与斜坡式防波堤耦合开发有效降低工程成本。

1.4.3.2 振荡体式装置

振荡体式装置虽然原理相似，但具体的开发型式众多，有限篇幅内难以全面介绍。此处仅选择最具代表性的装置进行简要介绍，其他装置可参考相关中外文书籍。

"海蛇"(Pelamis) 是波浪能领域内最负盛名的装置，如图 1-14 所示，由索尔特教授的博士研究生理查德·叶姆 (Richard Yemm) 发明。"海蛇"P1 装置是欧洲海洋能中心运营后第一个在英国奥克尼岛测试场进行海试的原型样机。装置由四段管节构成，管节呈圆柱形，直径为 3.5 m，各管节间的相对多自由度运动可驱动液压装置发电，装置总长 120 m，装机容量达到 750 kW。自 2004 年开始，该样机在欧洲海洋能中心海试了约三年，并与另外两台装置于 2008 年在葡萄牙投入并网运行，成为世界上首个波浪能阵列场。遗憾的是，阵列场受到经济危机的影响，开发者无法进行必要维修，在运行两个月后便被迫关闭。"海蛇" 的升级版 P2 装置管节数为 5，长度为 180 m，直径为 4.0 m，装机容量达到 820 kW。P2-001 与 P2-002 分别被售卖与德国 (E-on Company) 及英国 (Scottish Power Renewables) 的公司，并一直测试至 2014 年。据统计，"海蛇" 装置获得的总投资达到了 1 亿欧元，但开发公司仍然在 2014 年宣布破产。

图 1-14 "海蛇" 装置 [4](已获 Elsevier 出版社授权)

自 1994 年起，美国海洋能技术 (Ocean Power Technologies，简称 OPT) 公司开始开发波能浮子 (Power Buoy) 装置，如图 1-15 所示，采用单体式结构，浮子在波浪作用下沿导向柱体做垂荡往复运动，并驱动不同种类的 PTO 机构实现发

图 1-15 OPT 公司的 Power Buoy 装置 [4](已获 Elsevier 出版社授权)

电。早年，PB40(40 kW) 在西班牙、美国的新泽西海岸及夏威夷群岛均进行过海试实测；2011 年，PB150(150 kW) 在英国进行了测试。近年来，OPT 公司开始主推 PB3 装置 [14]，装机容量为 3 kW，主要用于离岸系统 (如 ROV，AUV) 供电与通信，海上特定点位监察 (Site Surveillance) 及水下井口监测 (Subsea Well Monitoring)。

波浪之星 (Wavestar) 公司成立于 2003 年。该公司开发的装置采用陀螺体式浮子链接于固定在近海的支撑平台之上，浮子在波浪作用下做纵摇与垂荡组合运动，并推动液压油通过液压马达做功。支撑平台可安装若干浮子，波浪依次通过浮子可实现连续发电。装置的 1/10 比尺样机于 2006 年在丹麦的尼苏姆湾进行了海试。2010 年，1/2 比尺样机在丹麦的汉斯托姆波浪能测试场进行了并网发电，装机容量为 110 kW，如图 1-16 所示，海试一直持续到 2013 年。直至 2016 年，波浪之星获得了超过 4000 万欧元的资助，但由于资金不足，装置只能逐步减少工作直至拆除。

图 1-16　Wavestar 装置 [4] (已获 Elsevier 出版社授权)

2005 年，一直从事振荡水柱研究的北爱尔兰贝尔法斯特大学的特雷弗·惠塔克 (Trevor Whittaker) 教授与马特·福利 (Matt Folley) 教授在苏格兰成立了海蓝宝石 (Aquamarine) 公司，致力于开发被称为 "Oyster" 的底铰链式摆板装置，如图 1-17 所示。该装置的镂空板露出水面，在波浪作用下往复摆动，并推动液压缸泵送海水至岸上的高位水库，水库中的水体返回大海过程中驱动水轮发电机完成能量转换。2009 年，首个工程样机 Oyster 1 的高度与宽度分别为 12 m 与 18 m，装机容量为 350 kW，并在欧洲海洋能中心进行了海试。2011 年，二代样机 Oyster 800 将宽度增加到 26 m，装机容量达到了 800 kW，测试一直持续到 2015 年。

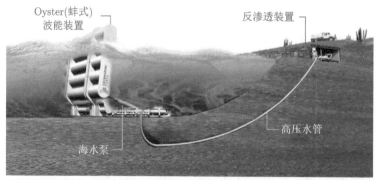

图 1-17 Oyster 装置 [4](已获 Elsevier 出版社授权)

  中国海洋大学史宏达教授团队根据我国波浪能资源特征，开发了全新的、拥有自主知识产权的组合式振荡浮子装置。在国家海洋局海洋可再生能源专项资金项目与国家 863 计划主题项目的资助下，分别开发了装机容量为 10 kW 和 2×100 kW 的工程样机 (图 1-18)，并开展了实海况测试。

  其他比较具有代表性的振荡体式装置还包括国外的 McCabe Wave Pump 装置、AWS 装置、Waveroller 装置、Lifesaver 装置、Oceanus 装置、Wello Penguin 装置、CETO 装置、Wavebob 装置及中国科学院广州能源研究所开发的鹰式系列装置。

  振荡体式装置由于水动力学子系统与波浪直接接触，因此能量转换效率较高，而且多配合液压系统,适合波浪低频高载荷的工作特征,这也是其受到众多开发者

10 kW 样机

2×100 kW 样机

图 1-18 中国海洋大学开发的组合式振荡浮子波能发电装置

欢迎的原因。在极端波浪或偶然大浪作用下，振荡体捕能机构的运动易超出正常的工作行程范围，并对装置造成不可挽回的损失，"海蛇"装置即出现过类似问题。因此，合理设计终端止动机构对于该类装置非常重要。

1.5 PTO 设备

能量摄取机构 (PTO) 是将水动力子系统捕能体吸收的能量转换为电能的关键设备。PTO 的设备非常重要，因为它不仅影响到装置能量转换的效率，还将影响到装置整体配置、重量、动力学特征乃至建造与维护成本。

针对不同的水动力学系统，设计一台 (套) 高效、低廉、可靠的 PTO 设备将是非常具有挑战性的任务。挑战性主要来自波浪的内在属性：一方面，PTO 设备需要将慢速、往复的大荷载转换为快速旋转发电机所需的轴功；另一方面，PTO 设备必须适应波浪的高时变性，首先是水面升沉呈现出的随机不规则特征，其次水面可能在某些时刻存在大位移、速度及加速度特征，而在其他时刻可能出现微幅变动的特征。若要 PTO 设备在上述不同情况下始终保持高效率，显然是十分困难的。

此外，PTO 设备还应具有以下功能：临时储能与平滑功率，抵抗短时过载，提供系统的控制策略，处理意外故障及控制损失等。装置的工作环境严苛，长时间保持瞬变状态，因此要求装置抵抗磨损能力强，鲁棒性好。此外，部分装置的 PTO 系统可能难以接近与维护，也要求该类设备具有较高的可靠性。

必须指出的是，波浪能技术尚未收敛，按工作原理即可分为三大类，而 PTO 设备往往取决于装置的工作原理且难以简单定型。此外，多数装置需根据其设计、配置及结构等特征，设计新 PTO 设备。在研发过程中，PTO 设备难以在小比尺模型中设计重现，摩擦及阻尼效果难以评估；在大比尺模型中，PTO 设备将显著增加研发成本，PTO 系统的开发往往也困难重重。

在早期的开发中，人们更重视水动力学系统的设计，PTO 系统则采用现成设备，往往造成两系统间的不匹配，导致装置的整体效率严重下降。另外，可靠性也受到显著影响，PTO 设备损坏率高，且难以维护，影响装置整体寿命与工作时长。因此，必须提高对于 PTO 设备设计与系统匹配的重视程度，以确保装置整体的高效性、鲁棒性与可靠性。

在聚波越浪式装置中，PTO 设备为低水头水轮机，其中卡普兰式机构采用的最多。针对不同的设计水头，往往还可以使用不同型式的导流叶片与转轮叶片。该类水轮机在水电行业已应用多年，技术已趋于成熟，在额定水头与流量条件下，工作效率可达 90% 以上。

在振荡体式装置中，根据设计原理不同，PTO 设备可分别采用液压系统、机械直驱系统或直线电机等设备。在液压系统中，浮子的往复运动使液压杆推动活塞内的液压油驱动马达实现能量转换，为了平滑功率，系统中还常常添加蓄能器。直线电机或机械直驱系统则可以直接将捕能体的往复运动转换为电能。

空气透平作为振荡水柱装置中采用的 PTO 设备，将在后续章节中详细讨论。

参 考 文 献

[1] 国家海洋技术中心. 中国海洋能技术进展 (2014). 北京：海洋出版社, 2014.

[2] 刘臻. 岸式振荡水柱波能发电装置的试验及数值模拟研究. 中国海洋大学博士学位论文, 2008.

[3] 孙洪，李永祺. 中国海洋高技术及其产业化发展战略研究. 青岛：中国海洋大学出版社, 2003.

[4] Aurélien Babarit. Ocean Wave Energy Conversion: Resource, Technologies and Performance. Oxford: Elsevier Ltd, 2017.

[5] Arthur P, Jens P K. Handbook of Ocean Wave Energy. Germany: Springer, 2017.

[6] 中华人民共和国国家标准. 科学技术研究项目评价通则 (GB/T 22900-2009). 武汉：中国质检出版社, 2009.

[7] Weber J, Costello R, Ringwood J. WEC Technology Performance Levels (TPLs)—Metric for Successful Development of Economic WEC Technology. 4th International Conference on Ocean Energy, 2013.

[8] Teillant B, Costello R, Weber J, et al. Productivity and economic assessment of wave energy projects through operational simulations. Renewable energy, 2012, 48: 220-230.

[9] Padeletti D, Costello R, Ringwood J V. A multi-body algorithm for wave energy converters employing nonlinear joint representation. USA: Proceedings of the ASME International Conference on Ocean, Offshore and Arctic Engineering, 2014.

[10] Ross D. Power from the Waves. Hong kong: Oxford University Press, 1995.

[11] Damy G, Gauthier M. Production d'énergie à partir de la houle. Report, CNEXO - COB, 1981.

[12] Dhaill R. Technique et rentabilité des dièdres à houle. La houille blanche, 1956, 2: 421-429.

[13] Falcão A F O. Wave energy utilization: A review of the technologies. Renewable and Sustainable Energy Reviews, 2009.14 (3): 899-918.

[14] https://oceanpowertechnologies.com/pb3-powerbuoy. Accessed on Jul. 15th, 2020.

第 2 章　OWC 装置与空气透平

2.1　OWC 装置工作原理

2.1.1　OWC 装置的能量转换过程

OWC 波能发电装置的基本结构型式及工作原理如图 2-1 所示。装置主体为一空腔结构，被称为气室，部分浸入水中，气室底部开口，水体进入气室形成自由水面与水柱。气室上方或后方安装有输气管道，管道内装配空气透平及发电机。OWC 装置具有三个能量转换过程。

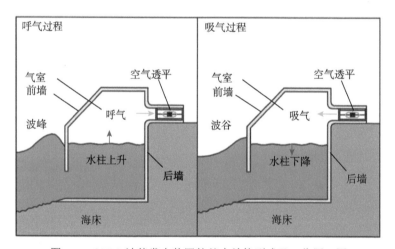

图 2-1　OWC 波能发电装置的基本结构型式及工作原理图

(1) 入射波到达气室后带动水柱上下振荡，振荡水柱带动气室上方的空气呼出与吸入，形成往复气流，将波浪能转换为空气动能，完成能量一次转换：当波峰到达气室前墙时，气室内水柱上升，自由水面上方空气容积变小，气室内气压高于外界大气压，空气流出气室，完成呼气过程；当波谷到达气室前墙时，气室内水柱下降，自由水面上方空气容积变大，气室内气压低于大气压，外界空气流入气室，完成吸气过程。

(2) 安装在输气管道内的空气透平在往复气流的驱动下，将气室产生的低压气动能转化为转轴轴功，实现能量的二次转换。

(3) 空气透平轴端连接扭矩峰均值比较高的发电机，将转轴轴功转换为电能，完成能量的三次转换。

由于空气透平与发电机连接在一起，因此过程 (2) 与 (3) 可合并为一个转换过程。

如前所述，与其他波浪能发电装置相比，OWC 装置结构相对简单，对地形的依赖性较小，没有水下活动部件，透平发电机与海水不直接接触，一定程度上降低了波浪对系统破坏的可能性，避免了海水腐蚀及发电机组密封的问题。在有维护的情况下，部分电站运行时间超过了 10 年。自 1980 年以来，OWC 装置得到了快速发展，建造水平日臻成熟，能量转换效率日益增加，是目前世界范围内应用最为广泛、建成使用最多的波能发电装置。

在能量一次转换过程中，装置气室的几何形状是影响转换效率的重要参数。通常情况下，振荡水柱会被设计为 J 型，如图 2-2(a) 所示，气室的尾端朝向入射

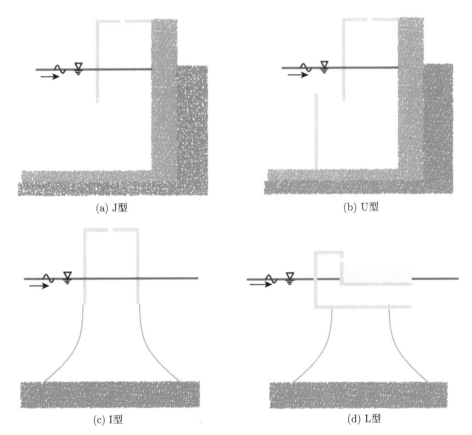

(a) J型　　　　　　　　　　　　　(b) U型

(c) I型　　　　　　　　　　　　　(d) L型

图 2-2　OWC 装置气室的几何型式分类

波，该类结构多用于岸式装置；在 J 型基础上，有人提出了改进的 U 型结构，如图 2-2(b) 所示，有研究表明，该设计可在不增加气室开口深度的前提下提升水柱长度并延长共振周期，装置性能较 J 型结构有明显提高 [1]；对于漂浮式结构，有一种结构型式为 I 型，如图 2-2(c) 所示；另一种结构型式为 L 型，如图 2-2(d) 所示，该型式也被称为后弯管浮子 (Back-Bent Duct Buoy，简称 BBDB)。

除此之外，气室前墙的倾斜角度、前墙吃水深度、气室底部形状、气室来波方向上的宽度、气室输气管径等对一次能量转换也具有显著影响 [2-6]。前墙的形状和厚度应保证装置能够抵御极端海况冲击，特别是波浪荷载。当海水流经前墙尾端时，尖角附近会出现涡旋脱落及强湍流现象，将其设计为圆弧形可在一定程度上减弱上述不利影响。气室内形成的往复气流不可能为层流，且极有可能含有悬浮水滴。鉴于 OWC 装置的水动力特征复杂，影响因素众多，未来在形状参数优化与配合设计等方面仍具有较大理论探索空间及工程科学价值。该部分内容不在本书的讨论范围之内，故不再赘述。

在能量二次转换过程中，空气透平的设计与控制也具有明显的难度。这是因为，相较于多数传统的空气透平，OWC 装置透平的工作气流来自入射波浪驱动，因此也天然具有与波浪类似的动力特征，如不规则性及高时变性。如何根据工作气流特征，深入探索透平在复杂波浪条件下的工作机理，合理设计透平结构型式与控制策略，提高装置能量二次转换效率，将是本书重点讨论的内容。

2.1.2   OWC 装置工作原理的理论分析

在进行 OWC 装置工作原理分析时，水一般被认为是无黏、无旋、不可压缩的，因此通常基于势流理论考虑具体问题。对 OWC 的水动力学机理进行理论解析时，对气室内的自由水面通常有两种假设：一种是将自由水面假设简化成为刚性活塞推板 [7]；第二种方法较为接近现实情况，将自由水面作为一个等压面处理 [8]。

在第一种假设条件下，由于将 OWC 气室内的自由水面视为刚性活塞平面 [7]，基于线性波理论，活塞的控制方程可写为

$$m_{\mathrm{p}} \frac{\mathrm{d}^2 y}{\mathrm{d}t^2} = -\rho_{\mathrm{w}} g A_{\mathrm{c}} y + f_{\mathrm{r}} + f_{\mathrm{e}} - A_{\mathrm{c}} p \tag{2-1}$$

式中，y 代表活塞的位置坐标，$y = 0$ 时，表示静水面，$y > 0$ 时，表示气室处于呼气阶段，$y < 0$ 时，表示气室吸气阶段；m_{p} 代表活塞的质量；A_{c} 为活塞 (即自由水面) 的面积；ρ_{w} 为水的密度；g 为重力加速度；f_{r} 为水体对于活塞的辐射力；f_{e} 为入射波作用下，活塞受到水体的激励力；p 为气室内空气的压强，$p = 0$ 表

示无入射波作用。气室内空气的体积可表示为

$$A_c x = V_0 - V \tag{2-2}$$

V_0 和 V 分别为当水面为静水面和 t 时刻气室内的空气瞬时体积。

若将自由水面看作分布均匀相等的等压面[9]，此时可引入空气流量 $q(t)$。同样地，当 $q > 0$ 时，表示自由水面向上运动，即呼气阶段，反之为吸气阶段。且有

$$q = -\mathrm{d}V/\mathrm{d}t \tag{2-3}$$

空气流量可线性分解为两部分：

$$q(t) = q_r(t) + q_e(t) \tag{2-4}$$

式中，q_r 为辐射力作用下产生的空气流量；q_e 为波浪激励作用产生的空气流量。

在 OWC 系统中，影响气室内空气压强 p 的因素主要有：气室内的瞬时气体体积 V，空气透平的动力特性，以及在吸气和呼气过程中由气体压缩产生的热力学效应[10]。若不考虑空气的可压缩性，压强 p 与水面振荡引起的空气流量 q 之间的关系是线性的，即可通过正弦信号进行相互变换。在此情况下，整个 OWC 系统 (从波浪能到空气动能) 也是线性的。若入射波为规则波，入射波浪圆频率为 ω_w，则在频域上有

$$\{y, f_r, f_e, q, q_r, q_e, p\} = \{Y, F_r, F_e, Q_{\mathrm{AMP}}, Q_r, Q_e, P\}\,\mathrm{e}^{\mathrm{i}\omega_w t} \tag{2-5}$$

其中，Y、F_r、F_e、Q_{AMP}、Q_r、Q_e 及 P 分别表示上述物理量的振幅。若物理量为复数表达式，在线性关系下取实部即可。当考虑空气压缩性时，压强 p 与流量 q 的关系更为复杂，在振幅上有 $P/Q_{\mathrm{AMP}} = \alpha - \mathrm{i}\beta$，并且二者之间会产生相位差，无法再进行线性化假设。

在频域分析中，活塞受到的辐射力和产生的辐射流量可进一步表达为

$$F_r = \left(\omega_w^2 A_m - \mathrm{i}\omega_w B\right) Y \tag{2-6}$$

$$Q_r = -\left(G_r + \mathrm{i}H_r\right) P \tag{2-7}$$

A_m、B、G_r、H_r 均为实数，其中 A_m 为附加质量，B 为辐射阻尼系数，G_r 与 H_r 为水动力学辐射系数，上述四个系数均与波浪圆频率 ω_w 有关[11]。由式 (2-1) 易得

$$Y \left[-\omega_w^2 \left(m_p + A_m\right) + \mathrm{i}\omega_w B + \rho_w g A_c\right] = F_e - A_c P \tag{2-8}$$

或

$$Y \left[-\omega_w^2 \left(m_p + A_m\right) + \mathrm{i}\omega_w \left(B + A_c^2 \alpha\right) + \rho_w g A_c + A_c^2 \omega_w \beta\right] = F_e \tag{2-9}$$

由式 (2-4) 可得

$$P\left(\frac{1}{\alpha - \mathrm{i}\beta} + G_{\mathrm{r}} + \mathrm{i}H_{\mathrm{r}}\right) = Q_{\mathrm{e}} \tag{2-10}$$

上述方程需在频域中进行求解计算。

随着气室体积的增大，气室内空气的热力学效应将越来越明显，空气在吸气与呼气过程中，是可被压缩的 [12,13]。此时，可认为气室是一个绝热系统，即空气与透平之间的热量交换，相比于它们各自做功而言，可忽略不计 [14]。在此情况下，气室在每次吸气过程中均从大气中吸入新的空气，因此气室内温度与外界大气温度相差也不大，则有

$$\frac{p_{\mathrm{at}} + p}{\rho_{\mathrm{ch}}^{\gamma_{\mathrm{a}}}} = \frac{p_{\mathrm{at}}}{\rho_{\mathrm{at}}^{\gamma_{\mathrm{a}}}} \tag{2-11}$$

其中，p_{at} 为大气压强，ρ_{ch} 为气室内空气密度，ρ_{at} 为大气中的空气密度，γ_{a} 为系数，其数值与空气透平转换效率 η 有关 [15]，具体关系为

$$\gamma_{\mathrm{a}} = 0.13\eta^2 + 0.27\eta + 1 \tag{2-12}$$

由式 (2-11) 可得气室内空气的密度：

$$\rho_{\mathrm{ch}} = \rho_{\mathrm{at}}\left(1 + \frac{p}{p_{\mathrm{at}}}\right)^{\frac{1}{\eta}} \tag{2-13}$$

将气室内空气密度对时间 t 求导，有

$$\frac{\mathrm{d}\rho_{\mathrm{ch}}}{\mathrm{d}t} = \frac{\rho_{\mathrm{at}}}{\eta p_{\mathrm{at}}}\frac{\mathrm{d}p}{\mathrm{d}t} \tag{2-14}$$

当气室内体积为 V 时，气室空气的质量可表示为

$$m = \rho_{\mathrm{ch}}V \tag{2-15}$$

流经空气透平的质量流量 w 则可表示为

$$w = \frac{\mathrm{d}m}{\mathrm{d}t} = V\frac{\mathrm{d}\rho_{\mathrm{ch}}}{\mathrm{d}t} + \rho_{\mathrm{ch}}q \tag{2-16}$$

上述公式中，$\mathrm{d}\rho_{ch}\,/\,\mathrm{d}t$ 即可表示空气的可压缩性带来的弹簧效应 [16]。若要保持气室动力相似，则式 (2-14) 右边两项的比值 τ 需在模型及原型中保持相等，且

$$\tau = \frac{V}{\rho_{\mathrm{ch}}q}\frac{\mathrm{d}\rho_{\mathrm{ch}}}{\mathrm{d}t} \tag{2-17}$$

将式 (2-14) 代入式 (2-17)，则有

$$\tau = \frac{V}{\eta q\,(p + p_{\mathrm{at}})} \frac{\mathrm{d}p}{\mathrm{d}t} \tag{2-18}$$

假设透平的转换效率 η 在原型与模型中也相等，则有

$$\frac{V_{\mathrm{m}}}{V_{\mathrm{pro}}} = \frac{q_{\mathrm{m}}}{q_{\mathrm{pro}}} \frac{p_{\mathrm{m}} + p_{\mathrm{at,m}}}{p_{\mathrm{pro}} + p_{\mathrm{at,pro}}} \frac{(\mathrm{d}p/\mathrm{d}t)_{\mathrm{pro}}}{(\mathrm{d}p/\mathrm{d}t)_{\mathrm{m}}} \tag{2-19}$$

式中，下标 m 表示模型，下标 pro 表示原型，根据佛汝德相似准则，模型与原型中流量和压强的比尺分别为

$$\frac{q_{\mathrm{m}}}{q_{\mathrm{pro}}} = \lambda_L^{2.5}, \quad \frac{p_{\mathrm{m}}}{p_{\mathrm{pro}}} = \lambda_L \lambda_\rho, \quad \frac{(\mathrm{d}p/\mathrm{d}t)_{\mathrm{m}}}{(\mathrm{d}p/\mathrm{d}t)_{\mathrm{pro}}} = \lambda_L^{0.5} \lambda_\rho \tag{2-20}$$

其中，λ_L 为模型与原型间的长度比尺，λ_ρ 为水的密度比尺。假设模型与原型中，大气压强 p_{at} 及水的密度保持相等，且假设气室内空气压强的变化 p 远小于大气压强 p_{at}，将式 (2-20) 代入式 (2-19)，则有

$$\frac{V_{\mathrm{m}}}{V_{\mathrm{pro}}} = \lambda_L^2 \tag{2-21}$$

由此可见，当考虑空气的压缩性时，气室的体积应该按照长度比尺的平方，而非三次方进行缩放，否则模型试验将带来预测结果上的误差 [17]。在气室模型试验中，可在原有模型气室的基础上，添加额外的储气体积以满足此平方比尺关系。对于透平而言，上述可压缩性关系的影响较小。

2.2 OWC 装置的工程应用

2.2.1 OWC 装置开发简史

尽管振荡水柱原理诞生很早，除了个别用于发电之外，早期的大部分装置多用于压缩空气或泵送海水。如第 1 章所述，真正的产业化发电应用出自 "现代波浪能研究之父" 日本海军军官益田良雄，他于 20 世纪 40 年代率先研发了一种由波浪能供电的航标，航标内安装了空气透平，这也是浮式 OWC 装置的原型，如图 2-3 所示 [18]。在 20 世纪 90 年代之前，各国研究人员已经提出了不同型式的 OWC 装置，探索了它们的工作性能及效率，并建设了工程样机或试验电站，为后续的研究开发奠定了基础。

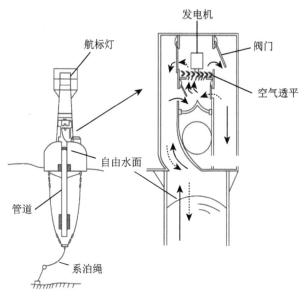

图 2-3　益田良雄研发的波浪能供电航标

1978~1979 年间，日本海洋科学技术中心 (简称 JMSTC) 开发了"海明号"(KAIMEI) 示范装置 (图 2-4)[19]，并由益田良雄团队进行了测试。该漂浮装置形如船舶，包含了数组振荡水柱测试装置，并首次引入了 BBDB 的概念。

图 2-4　日本"海明号"装置 [18](已获 Elsevier 授权)

1985 年，挪威的 Kvaerner Brug 公司在 TAPCHAN 装置 (详见 1.4.3.1 节) 旁建设了一座振荡水柱试验电站，被称为 Kvaerner 水柱，如图 2-5 所示。该电站早期测试过程中，采用了可变孔板结构评估了发电功率。后期安装透平与发电机后，装机容量达到了 500 kW。水柱的宽度为 10 m，运行了大约三年时间，总发

图 2-5 挪威 Kvaerner 水柱装置 [18](已获 Elsevier 授权)

电量约为 29 MW·h。由于固定装置在地基上的螺栓在风暴中发生断裂,上部结构被冲走,装置整体被破坏后无法继续工作。

20 世纪 90 年代,OWC 波浪能发电技术日益受到重视,多个 OWC 型波浪能试验电站开工建设,并投入使用,部分电站并入了当地电网,实现了产业化应用。上述典型电站将在后文详述,并按照服役位置分类介绍。

2.2.2 离岸式装置

离岸式装置多工作在水深 40 m 以上的波能富集海区,一般为漂浮式结构,需要进行系泊锚固。"巨鲸号"(Mighty Whale) 波能发电船是由 JMSTC 继"海明号"之后开发的波能发电试验平台。"巨鲸号"长 50 m,宽 30 m,外形像一只巨鲸,如图 2-6 所示。"巨鲸号"的嘴是海浪的入口,"巨鲸号"的腹中前部并排设有 3 个气室。"海明号"的 8 台发电机是纵向排列的,排在前面的发电机由于浪大,发电能力也大,越到后面发电能力也越小。"巨鲸号"号采用了并排设置,提高了波能利用率。此外,其背部可提供用于养殖的平静水面。

该装置于 1997 年末在日本五个莊 (Gokasho) 湾离岸海域下水,1998 年 9 月起开展了持续两年的实海况试验,装置的各部分工作正常,能量二级转换部件选

图 2-6   日本 "巨鲸号" 波能发电船 [18](已获 Elsevier 授权)

用了安装有导流叶片的威尔斯式透平，额定功率为 110 kW。该装置不仅能吸收波浪能发电，提供独立能源平台，还可以起到平稳波浪的作用 [20]。

2016 年，由 Oceantec Energias Marinas 开发的 MARMOK-A-5 装置受到了地平线 2020—基于公开海域测试降低波浪能成本项目 (Horizon 2020 funded Open Sea Operating Experience to Reduce Wave Energy Cost，简称 OPERA) 的资助，工程样机在西班牙比斯开湾海洋能测试平台 (Biscay Marine Energy Platform，简称 BiMEP) 进行了海试，如图 2-7 所示，离岸约 7 km，水深约 85 m，浮筒最宽处直径 5m，高 42m(其中吃水 36 m，干舷高度 6 m)，重 80 t，排水量 162 t，总额定功率 60 kW。装置上方安装了双向径流自整流式透平，透平在 Mutriku 电站测试后投入使用。MARMOK-A-5 于 2016 年 12 月并入电网，经受住了最大波高为 14m 的恶劣波况考验，于 2019 年 6 月退役 [21]。

图 2-7   MARMOK-A-5 装置 [21](已获 Elsevier 授权)

爱尔兰科克大学的著名教授托尼·刘易斯的团队开发了基于 BBDB-OWC 技术的波能装置，被称为海洋能浮子 (Ocean Energy Buoy，简称 OEbuoy)，如

图 2-8 所示。2007~2009 年间，该装置的 1/4 比尺模型样机在爱尔兰的戈尔韦湾进行了海试。该团队后续成立了 Ocean Energy 公司继续开发该技术，2011 年在欧盟 FP7-CORES 项目支持下再一次进行了海试，1/4 比尺样机也被称为 OE 12。

图 2-8　OEbuoy 装置 [18](已获 Elsevier 授权)

在美国能源部水力发电技术实验室和爱尔兰可持续能源部项目的联合资助下，Ocean Energy 公司又建设了 OE 35 装置 [22]。2018 年，工程样机在美国的俄勒冈州开始建设，耗资 1200 万美元。该装置长约 38 m，宽约 18 m，重 826 t，使用西门子公司自主研发的轴流式空气透平 HydroAir，额定功率为 500 kW。目前装置已下水，原计划在 2020 年第一季度投入运行，但受到新冠疫情影响，计划被搁置。该公司后续还计划建设 OE 50 装置，装机容量达到 2.5 MW，将成为世界上装机容量最高的波浪能装置。

2.2.3　近岸式装置

近岸式装置的服役点位一般距海岸 1 km 以内，工作水深在 10~20 m。相比靠岸式装置，近岸式装置背后的海岸线水深较浅，波浪到达岸线前已破碎，波能耗散强烈。因此，将装置布置在水深相对较大的位置，即可保证装置安全，波能资源也将明显优于靠岸位置。

英国 OSPREY(Ocean Swell Powered Renewable Energy) 装置 [7]，可解释为海洋涌浪动力可再生能源装置。在欧盟项目的资助下，英国在 1995 年制造了第一座工程样机，称为 OSPREY 1，是 2 MW 沉箱式振荡水柱–风力发电站，具有一个气室，两个直立气管，如图 2-9 所示。该装置下水时受到损坏，九个沉箱隔舱中的两个破损，加之遇到恶劣海况，致使装置下沉，无法上浮。最后只能将装置上的透平及其余设备拆除，而装置主体则于 8 月份破坏沉没。随后，英国又建造了 OSPREY 2000，装机容量仍为 2 MW。该装置采用低成本的钢和混凝土标准件结构，以实现迅速安装和拆卸，并尽量减少工程对环境的影响。

图 2-9   OSPREY 装置 [18](已获 Elsevier 授权)

2005 年，澳大利亚的 Energetech 开发了坐底式 OWC 装置，采用钢制整体，并增加了抛物线聚波墙，如图 2-10 所示。2010 年，Oceanlinx 公司在 2010 年 2 月至 5 月间，在肯布拉港外投放了 2.5 MW 的 Mk3 装置的 1/3 比尺样机，在浮式平台上安装了多个气室，但在测试期间只安装了两组不同的透平。在澳大利亚可再生能源理事会 (Australian Renewable Energy Agency，简称 ARENA) 的资助下，Oceanlinx 公司开发了绿波 (Green Wave) 装置，以前述装置为基础，采用振荡水柱技术，装置长、宽约为 24 m、21 m，质量约为 3000 t，装机容量 1 MW。2014 年 3 月，装置在气囊浮运至服役地点的过程中不幸沉没且无法修复，项目在 2014 年随即终止。

LEANCON 波浪能公司成立于 2004 年。经过多年的研发，1/10 比尺的 LEANCON 工程样机在 2015 年 7 月完成加工并在丹麦近海进行投放海试，该装置呈 V 字形，在近海固定支撑结构上安装气室，开口面对来波方向，双臂单边长度约为 16.4 m，但由于采用了玻璃钢复合材料，质量仅有 1.5 t，如图 2-11 所示。装置在面对极端波浪时，可提升气室高度以减小波浪载荷冲击。

图 2-10 Oceanlinx 公司坐底式 OWC 装置 [22](已获 Elsevier 授权)

图 2-11 LEANCON 装置 [18](已获 Elsevier 授权)

韩国船舶与海洋工程研究院的洪起庸博士团队，自 2003 年开始，在韩国海洋与水产部等机构的资助下，一直致力于 OWC 装置的开发。2015 年，该团队在韩国济州岛 Yongsoo 海域建设了坐底式的 OWC 示范电站，电站距岸边约 1 km，长约 37 m，宽约 31 m，整体采用沉箱式结构，后方堆料回填，前方迎浪侧用作气室，上部装配有两台 250 kW 冲击式透平，总装机容量为 500 kW，如图 2-12 所示。电站通过海底电缆与陆上变电站相连，并入济州岛当地电网。自 2017 年 10月份，电站开始示范运行，截至书稿完成之日，仍在正常运行之中。

图 2-12 韩国 Yongsoo OWC 电站 [18](已获 Elsevier 授权)

2.2.4　靠岸式装置

靠岸式装置依托海岸线的有利地形建设，服役点位多为陡岸或海岸峭壁，水深满足波浪传播要求，波能耗散在到达装置之前相对较小。该类位置也对装置的施工建造提出了要求，由于地形相对险峻，施工难度通常较大。

葡萄牙研究团队在欧盟资助下，自 1986 年开始研究、设计靠岸式 OWC 电站，最终选址为亚速尔群岛的皮考 (Pico) 岛[23]。气室建造采用现场施工的方法，依托陡岸上一个小的天然港湾，尺寸为 12 m×12 m，混凝土结构坐底在基岩之上，如图 2-13 所示。装置采用直径为 2.3 m、安装有导流叶片的威尔斯式透平发电机组，透平年平均功率为 124 kW，最大瞬间功率为 525 kW，转速为 750~1500 r/min。电站采用全自动系统控制，并网至皮考岛的当地电网，一直运行并为当地供电至 2018 年。由于当地建筑承包商缺乏水下施工经验，造成气室主体结构的水下部分成了整个电站的最薄弱之处之一，这也对电气设备造成了巨大影响。2017 年，电站维护团队已做出了在 2018 年关闭电站的决定。2018 年 4 月，电站的部分基础在风暴中损毁，导致部分结构坍塌，电站随之被关闭。

图 2-13　葡萄牙皮考岛 (Pico) 波能电站[7](已获 Elsevier 授权)

由福伊特水电 (Voith Hydro) 公司成立的 WaveGen 公司与英国女王大学合作，以 1990 年开发的 75 kW 装置为基础，于 2000 年在苏格兰伊莱岛建造了 Islay

LIMPET(Land Installed Marine Power Energy Transmitter, 岸基海洋能功率转换器) 装置 [24]，如图 2-14 所示。站址选择在已有岸线的陡峭岸壁处，试验水域平均波能密度为 15~25 kW/m，初始装置配备两台功率为 250 kW 的反转威尔斯式透平发电机组，整体装机容量为 500 kW，后降为 250 kW。该电站并入了英国国家电网，是世界上首台商业化的波能装置。电站目前已退役，空气透平等部件均已拆除，仅余混凝土结构。

图 2-14　苏格兰 LIMPET 波能电站 [7](已获 Elsevier 授权)

　　中国科学院广州能源所早期是振荡水柱装置开发的重要参与单位。该所在 1989 年于珠海市大万山岛建设了一座 3 kW 的靠岸式 OWC 波能电站，并采用了威尔斯式透平。在该电站基础上，1996 年完成了 20 kW 的电站升级改造。"九五" 期间，在科技部科技攻关计划支持下，广州能源研究所在广东汕尾市遮浪镇最东部建设了 100 kW 的岸式 OWC 电站，实现了并网运行，如图 2-15 所示。该电站采用钢模建造法，首先开挖基坑，在基坑内安放钢模，然后在钢模内建造气室。气室为圆柱形，厚为 0.5 m，内径为 6.4 m，前港开口迎波宽度为 18 m。为了稳定转速，电站采取了永磁异步发电机。工程于 1997 年开始施工，2001 年 2 月结束后进入海试阶段，电站设有过压自动卸载保护、过流自动调控、水位限制、断电保护、超速保护等功能 [25]。

图 2-15   汕尾 100 kW 波能电站 [7](已获 Elsevier 授权)

2.2.5   防波堤耦合式装置

传统 OWC 装置气室体积庞大、施工复杂、困难多，对海岸地形及海洋环境影响大，单体结构建设的综合成本高，显著削弱了该类装置及工程电站的商业竞争力。值得注意的是，OWC 装置与传统海岸工程中的防波堤具有如下相似之处：

(1) 两者的工作水域相似，均是波能集中、波浪能流密度高的海域；

(2) 两者的结构型式相似，特别是 OWC 装置气室与直立式防波堤的沉箱结构；

(3) 两者的工作特征相似，OWC 装置需要吸收波能而防波堤需要耗散、抵消波能；

(4) 两者的结构受力相似，均需要承受极端波浪荷载。

因此，将 OWC 装置与防波堤进行耦合式、复合式开发，使装置同时具有抵抗波浪、吸收波能、防护港池的功能，提高 OWC 装置的可行性与可靠性，并显著降低装置的工程造价，提高其商业竞争力。

OWC 装置与防波堤耦合的方式也可分为两种：强耦合与弱耦合。强耦合模式是防波堤的一部分或全部采用 OWC 装置的气室结构替代，装置与防波堤共同建设完成，并进入服役阶段；弱耦合模式一般是防波堤已建成，OWC 装置依托已有防波堤段，在防波堤迎浪侧进行建设。例如，在印度特里凡得伦 (Trivandrum) 港防波堤外侧建设的装机容量为 125 kW 的 OWC 波能电站 [7]。早期的强耦合 OWC 装置，也是世界上第一座防波堤耦合式 OWC 波能电站是在日本酒田 (Sakata) 港防波堤上建设的防波堤波力电站 [7]。

穆特里库 (Mutriku) 港位于西班牙的比斯开湾，为了抵御风暴，自 2006 年开始建设了一条 440 m 长的抛石斜坡防波堤。当地的巴斯克政府批准了开发波能电站，但同时强调不能破坏防波堤的原有主要功能。电站占用了 100 m 的防波堤长度，如图 2-16 所示，包含了 16 个气室，前方开口宽度与高度分别为 4.0 m 与 3.2 m，采用威尔斯式透平，未安装变速箱，单机功率为 18.5 kW，总装机容量约为 300 kW，可为 250 户人口供电。

图 2-16　建设中的穆特里库防波堤耦合式 OWC 电站 (2008 年)[7](已获 Elsevier 授权)

意大利的 Waveenergy.it 公司在多个项目的支持下，开发了 REWEC3 装置，自 2012 年开始在奇维塔韦基亚 (Civitavecchia) 港建设与防波堤耦合的 OWC 电站，气室结构型式由保罗·博科尼 (Paolo Boccotti) 提出 [26]，几何形状为 U 型，可在不增加气室开口深度的前提下增加水柱的长度。装置采用了额外的直立管道，其固有周期超过了原始 OWC 装置，可在没有相位控制的前提下实现共振，并提高 OWC 的整体性能。目前该电站仍在建设中，包括 17 个沉箱，每个沉箱长 33.94 m，共 136 个气室，如图 2-17 所示。

图 2-17　建设中的意大利 REWEC3 电站 (2014 年)[7](已获 Elsevier 授权)

2.2.6   小结

OWC 装置在早期探索的基础上，进入 20 世纪 90 年代后，登上了发展快车道，建设、建造水平日臻成熟，并具有向大规模利用与独立稳定发电方向发展的趋势。整体看，OWC 装置目前仍是服役时间最长、并网时间最长、可靠性最高波浪能发电技术。通过与防波堤耦合开发，OWC 电站装机容量可实现显著提升，这对于我国偏远海岛开发将具有重大战略意义。

固定式 OWC 装置服役年限长，在复杂海况下具有较高的可靠性及稳定性，波能电站还可为转换机制与透平控制研究提供实海况测试与数据支撑服务。与防波堤进行耦合开发将是 OWC 装置未来重要的发展方向，该模式将显著降低工程造价，提高工程的可靠性，但仍需综合考虑防波堤的类型、选址以及入射波的方向等因素。

离岸式装置目前主要集中于 BBDB-OWC 的型式，由于没有水下活动部件，漂浮结构与压舱水配合可充分借鉴船舶设计经验，显著提高其可靠性、可维护性及鲁棒性。在装置型式上，呈现出了两种趋势：一种是以 OE 35 与 OE 50 为代表的大型化发展道路，主要通过提高单体体积达到增大装机容量的目的；另一种是中国海洋大学正在开发的组合型 BBDB 结构，采用阵列化设计提高装置容量。

2.3   OWC 装置空气透平

2.3.1   OWC 空气透平开发历程与种类

OWC 装置的显著特点是在一次转换中将波浪能转换为空气动能，由于工作介质 (水体到空气) 的变化，能量在转换过程中将出现不可避免的损失。另一方面，能量损失换来的是所有活动部件全部位于水上，这也是该类装置可靠性最高的原因。

当然，波浪的自然属性也将导致一个严重的问题，即水柱振荡驱动的气流也是往复流动的，具有非定常性及可压缩性，这迫使透平发电机面临两个选择：要么采用传统透平在往复气流的较短周期 (往往小于 10 s) 内转速大幅频繁变化、甚至出现换向的情况，这将显著降低透平效率，增大磨损率，减少服役寿命；要么采用新系统使透平保持单向转动，以提高效率、减少磨损等。

工程师显然不会采用第一个选择，而是寻找新的系统以保持透平在双向气流中做单向转动。早期 OWC 装置采用传统单向气流透平配备整流系统，如益田良雄设计的航标灯波能供电系统，如图 2-3 所示。浮标内部设有一个传统的单向气流透平以及一套整流阀系统。整流阀系统由一系列止回阀组成，用以产生单向气流并驱动透平完成能量二次转换。该类航标灯 1965 年后在日本及美国商业化生产了近千个，而且某些浮标成功运行了超过 30 年 [27]，但上述系统在应用于大尺寸装置时并不实用，因为其结构过于复杂，增大了制造与维修的难度。

在图 2-4 中展示的"海明号"示范装置配备了 8 个具有整流阀系统的单向空气透平,如图 2-18 所示。试验表明,即使整流阀装置设计得十分简单,该系统在两年里仍然损坏极为严重 [28,29]。

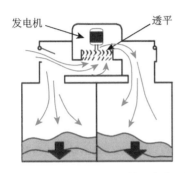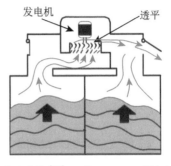

图 2-18　"海明号"示范装置上的双阀透平系统 [30](已获 Elsevier 授权)

显然,整流阀系统不仅额外增加了活动设备部件,而且在往复气流条件下的工作可靠性也难以保证,虽然陆续也有不同学者提出了新的单向整流系统,但仅限于创意设想与实验室试验阶段,未被应用于工程实践,在随后的开发过程中也逐渐退出了历史舞台。

简化整流系统结构,实现空气透平自整流与双向气流单向做功成了后来的重要发展方向。双向自整流式空气透平 (Self-Rectifying Air Turbine) 由此应运而生,该类透平无需整流阀,可在往复气流中实现单向转动。常见的自整流空气透平有两种:威尔斯式透平及冲击式透平。

威尔斯式透平 (Wells Turbine) 因由英国女王大学 A. A. Wells 博士在 20 世纪 70 年代的发明而得名 [31],具有结构简单,峰值效率高的优势。该透平在失速前仅在窄带流量系数内具有极高的效率;一旦失速,扭矩将迅速急剧减小,透平效率显著降低。显然,威尔斯式透平的优缺点均十分明显。该类透平的缺点还包括自启动性能差与工作噪声大等。威尔斯式透平峰值效率高、转速大,特别适合于欧洲大西洋沿岸的波浪能资源特征,因此早期欧洲各国的 OWC 装置与电站采用的均为该类透平。

亚洲、特别是西太平洋沿岸各国的波浪能流密度相对较低,采用威尔斯式透平只能暴露其自启动性能差、工作范围窄等缺点,无法实现波能的高效转换。为了克服其不足,日本佐贺大学的濑户口俊明 (Toshiaki Setoguchi) 团队在 20 世纪 80 年代提出了一种冲击式透平 (Impulse Turbine,也可称为冲动式透平)[32,33],该透平因入射气流由导流叶片引导"冲击"动叶片而得名。相比之下,冲击式透平启动性能好,在大流量系数区效率下降缓慢,特别适用于变工况条件。其不足主要在于气流进入下游导流叶片时具有较大的入射角，造成了大量的动力损失 [34]，而且峰值效率与威尔斯式透平相比较低。

上述两类透平在已服役的 OWC 装置及波能电站中使用率超过了 90%。世界各国学者仍未放弃寻找更适合 OWC 装置工作特征的空气透平。区别于前述两类的轴流式透平，近年来各国学者也开始探索径流式透平，包括对动叶片、导流叶片的改进以及其他的创新性设计。

表 2-1 给出了 20 世纪 90 年代之后出现的 OWC 示范装置及波能电站采用的空气透平类型及装机容量。由表可见，早期应用中威尔斯式透平占据了绝对优势，进入 21 世纪以后，包括冲击式透平在内的其他类型也开始进入服役及测试阶段。

表 2-1　20 世纪 90 年代后空气透平在 OWC 装置与波能电站中的应用情况简述

OWC 装置或电站	空气透平	概述
印度特里凡德伦港外装置，1990～2011 年 [20,35]	最初测试选用威尔斯式透平；1997 年以后选用安装有链接自俯仰导流叶片的冲击式透平	额定功率：75 kW(4 月～11 月)，25 kW(12 月～3 月)；2011 年退役
日本五个庄湾 "巨鲸号" 波浪能发电船，1998 年 [36]	安装有导流叶片的威尔斯式透平	额定功率：110 kW；
葡萄牙皮考岛电站，1999～2018 年 [23]	安装有导流叶片的威尔斯式透平	额定功率：500 kW
英国苏格兰 LIMPET 电站，2000～2018 年 [24]	反转式威尔斯式透平	额定功率：500 kW
中国广东省汕尾市波能电站，2001 年 [25]	安装有导流叶片的威尔斯式透平	额定功率：100 kW；服役 2 年，后被台风破坏
日本新潟港试验装置，2008 年[37,38]	安装有导流叶片的冲击式透平	额定功率：450 W；最大功率：880 W
西班牙穆特里库港装置，2010 年[27]	安装有双翼式威尔斯式透平，后续也测试了径流式透平等	额定功率：约 300 kW
意大利奇维塔韦基亚港，REWEC3 电站，2012 年开始设计建造 [39,40]	威尔斯式透平	仍在建，预测发电能力：20 MWh/yr
爱尔兰戈尔韦湾 OE 12 装置，2008～2011 年 [41]	最初测试选用威尔斯式透平；后为安装有导流叶片的冲击式透平	平均效率：65%
韩国济州岛 Yongsoo 装置，2015 年[42]	安装有导流叶片的冲击式透平	额定功率：500 kW
西班牙 MARMOK-A-5 装置，2016～2019 年[43]	安装有固定式导流叶片的双径流式透平	额定功率：60 kW
美国俄勒冈州 OE35 装置，2018 年[22]	安装有轴流式 Hydroair 透平	仍在建，额定功率：500 kW

2.3.2　威尔斯式透平

威尔斯式透平本质上是一类轴流反动式透平，如图 2-19 所示，主要由三部分组成：上、下游固定轮毂区域及中部转动区域。其中，作为核心部分的动叶片由一组对称翼型组成，其对称面位于旋转平面上，并垂直于入射气流。

图 2-19 装配固定导流叶片的威尔斯式透平示例

根据动叶片及导流叶片的配置不同，该类透平可分为如下几类：安装导流叶片的威尔斯透平 (Wells Turbine with Guide Vanes，简称 WTGV)；安装自俯仰控制动叶片的威尔斯透平 (Wells Turbine with Self-pitch-controlled Blades，简称 TSCB)；安装导流叶片的双翼式威尔斯透平 (Biplane Wells Turbine with Guide Vanes，简称 BWGV)；反转式威尔斯透平 (Contra-rotating Wells turbine，简称 CRWT)。上述各类威尔斯透平的结构型式与工程应用简述如下。

固定导叶式的 WTGV 如图 2-20 所示，该透平在动叶片两侧对称固定了一对导流叶片以改善入射气流的方向及流速大小 [44,45]。日本五个莊湾的"巨鲸号"波能发电船安装了两组该形式的透平，直径为 1.7 m，每个透平配有 8 个 NACA0021 翼型动叶片，额定功率为 30 kW。此外，葡萄牙皮考岛电站也安装了固定导叶式 WTGV。

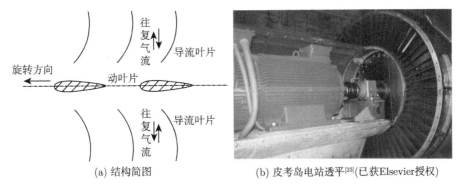

(a) 结构简图   (b) 皮考岛电站透平[23](已获Elsevier授权)

图 2-20 固定导叶式 WTGV

前期测试表明，前述传统 WTGV 启动性能较差，运行效率较低。为了克服这一问题, 日本工程师提出了 TSCB[46], 如图 2-21 所示。该透平在轴对称式动叶片的迎流段中部安装有旋转轴, 在空气动力作用下, 能够在两个预设装置角范围内自行改变俯仰角, 试验表明其在往复气流中具有较高的输出扭矩及工作效率。葡萄牙皮考岛波能电站在欧盟计划的资助下, 与爱丁堡大学及里斯本理工大学合作, 开发了 TSCB 工程样机, 采用 15 组碳纤维动叶片, 外径 1.7 m, 额定转速 1475 r/min, 用以驱动 400 kW 的异步发电机。动叶片俯仰控制机制较为复杂, 由涡流驱动。虽然透平样机已制造完成, 但项目组却因缺乏资金无法将其运输并安装至电站, 因此不得不将样机一直留在了葡萄牙里斯本理工大学。

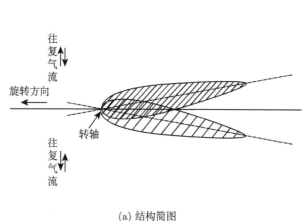

(a) 结构简图

(b) 拟用于皮考岛电站透
平样机[23](已获Elsevier授权)

图 2-21　TSCB

BWGV 如图 2-22 所示, 由两列安装在同一旋转轴上的动叶片组成, 因而两列动叶片具有相同的旋转方向及转速[47], 动叶片两侧也可以安装对称式导流叶片。两列动叶片之间的间隔及动叶片稠度是 BWGV 的主要设计参数, 前期研究表明, 与单翼式透平相比, 双翼式透平在动叶片出口处的动能损失更大。1995 年英国伊莱岛安装的 OWC 装置原型及西班牙穆特里库电站均采用了无导流叶片的BWGV。

CRWT 如图 2-23 所示[48], 前期测试表明, 该透平在空气入流和出流的条件下, 流量分布存在明显差异, 导致透平性能下降, 其工作效率明显低于安装有导流叶片的单翼或双翼威尔斯式透平。英国伊斯莱岛的 LIMPET 波能电站安装有两个该形式的透平, 透平直径为 2.6 m, 翼型为 NACA0012, 每个透平具有 7 个动叶片, 电站额定功率为 500 kW。装机容量最高的电站是 OSPREY(图 2-9), 该电站安装了两组 500 kW 的 CRWT, 但由于运输过程中被破坏, 因此从未运行过。

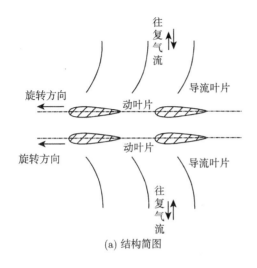

(a) 结构简图

(b) 穆特里库电站透平[18]
(已获Elsevier授权)

图 2-22 BWGV

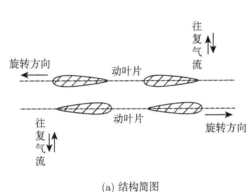

(a) 结构简图

(b) OSPREY透平[7](已获Elsevier授权)

图 2-23 CRWT

2.3.3 冲击式透平

如前所述,冲击式透平因入射气流由导流叶片引导"冲击"动叶片而得名。冲击式透平根据入射气流的方向可分为两类:轴流式 (Axial-flow Type) 与径流式 (Radial-flow Type)。其中,轴流冲击式透平在相关研究及工程样机开发中一直占据主导地位,如图 2-24 所示;径流式透平是近年来新发展的冲击式透平型式,目前仍处在研发与优化过程之中。

2.3.3.1 轴流式透平

对于轴流式透平,动叶片形式多相似:压力面为圆弧形,而吸力面为椭圆形。根据上、下游导流叶片的形式不同,该类透平可分为如下几类:安装自俯仰控制导流叶片的冲击式透平 (Impulse Turbine with Self-pitch-controlled Guide Vanes, 简称 ISGV); 安装感应俯仰控制导流叶片的冲击式透平 (Impulse Turbine with Actuated Variable-pitch Guide Vanes, 简称 IAGV); 安装固定导流叶片的冲击式 透平 (Impulse Turbine with Fixed Guide Vanes, 简称 IFGV); 麦考马克反转式 透平 (McCormick Contra-Rotating Turbine, 简称 MCRT)。

图 2-24　安装固定导流叶片的冲击式透平示例

ISGV 与 IAGV 均属于可变俯仰 (Variable-pitch) 导流叶片的冲击式透平 (图 2-25)。其中, ISGV 如图 2-25(a) 所示, 在动叶片的两侧各布置了一组导流

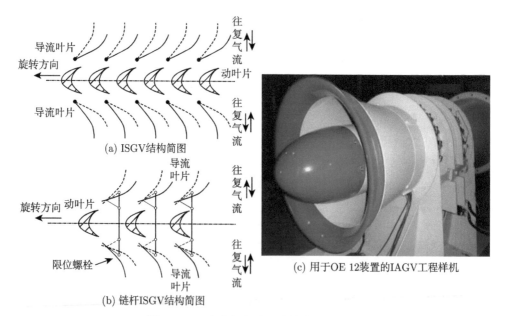

图 2-25　可变俯仰导流叶片的冲击式透平

叶片，导流叶片一端固定，另一端可根据振荡气流的来流方向在预设角度范围内自由摆动。工作时，上游导流叶片类似喷嘴 (Nozzle)，产生的气动扭矩带动下游导流叶片旋转至扩压器 (Diffuser) 位置。印度 NIOT 建造的 OWC 装置在 1997 年以后采用了该形式的透平[20]，直径为 1 m。前期测试表明，下游的自调节导流叶片在工作过程中很难转动到预想的角度。为了克服上述缺点，日本学者提出了一种改进型透平[49]，如图 2-25(b) 所示，导流叶片置于球面轮毂之上，叶片转动的轴承置于轮毂的外壳内以保持在叶片转动时轮毂间隙不变，并利用链杆将导流叶片连接起来。工作时，两侧的导流叶片成对配合转动。虽然安装自俯仰导流叶片的冲击式透平能有效改善透平工作性能，但其结构复杂，零部件多，加工精度及维护要求高。OE 12 装置在欧盟 FP7 计划 CORES(Components for Ocean Renewable Energy System) 波浪能项目的资助下，也测试了 IAGV，如图 2-25(c) 所示[50,51]。

为简化透平结构，可将上、下游导流叶片固定不动，如图 2-26 所示，即为 IFGV。该透平在气流进入下游导流叶片时具有较大的入射角 (图 2-26(a))，造成了大量的动力损失，其效率低于安装自俯仰控制导流叶片的透平，但两者的最佳性能点对应的流量系数范围相近，而且前者的制造工艺简单，日本新潟港 450 W 装置的实测表明 IFGV 的工作稳定性较高。因此，在近几年各国的 OWC 装置中，IFGV 获得了广泛应用，如韩国济州岛的 500 kW Yongsoo 波能电站 (图 2-26(b))。

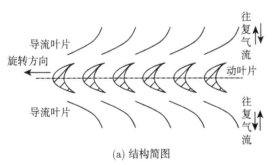

| (a) 结构简图 | (b) Yongsoo电站透平[52] |

图 2-26 IFGV

MCRT 结构如图 2-27 所示。该透平由两列旋转方向相反的动叶片及两侧中心对称的导流叶片组成。Richard 等制造了该形式透平的原型，并进行了性能测试[53]。透平由 30 对导流叶片及 60 个动叶片组成，直径为 0.99 m，转速上限为 1200 r/min。测试表明，该形式透平的周期平均效率为 0.3，缺点主要在于传动轴间的平衡以及过大的工作噪声。

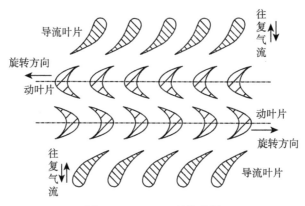

图 2-27　MCRT 结构简图

2.3.3.2　径流冲击式透平

应用于 OWC 装置中安装固定导流叶片的径流式透平 (Radial-flow Turbine with Fixed Guide Vanes) 最早由美国学者提出 [54]，该型式的透平不再对气流流向反应迟钝，其旋转轴与气流方向平行，动叶片与导流叶片截面在同一平面上，流经动叶片与导流叶片的气流周期性径向离心或向心流动，如图 2-28 所示。前期测试表明，径流式透平效率一般，主要优点在于制造成本低，输出力矩高，轴向推力小，可有效减小作用在轴承上的疲劳荷载。为了提高该透平的性能，日本学者提出了安装自俯仰控制导流叶片的径流式透平 (Radial-flow Turbine with Self-pitch-controlled Guide Vanes)[55]，其入口与内部导流叶片间的气流通道宽度一致，导流叶片由步进电机控制，可绕安装在外壳罩上的轴旋转。安装自俯仰控制导流叶片的设计虽在一定程度上提高了透平的效率，但也加大了制造工艺及维护的难度。

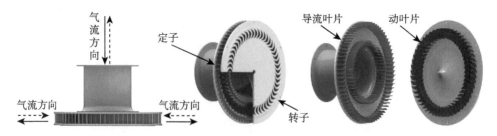

图 2-28　用于 OWC 装置的安装固定导流叶片的径流式透平

葡萄牙学者于 2013 年设计了一款新型空气透平，其导流叶片与动叶片截面分别在两个垂直平面上，气流在导流叶片的导向下径向流入或流出其动叶片，因此命名为双向自整流径流式透平 [56,57]，如图 2-29 所示。

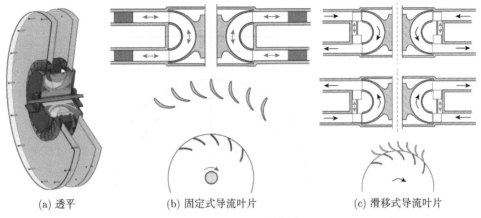

(a) 透平   (b) 固定式导流叶片   (c) 滑移式导流叶片

图 2-29 双向自整流式径流空气透平 [56,57](已获 Elsevier 授权)

该透平本质上属于冲击式，其整体结构相对于垂直于旋转轴线的平面上下对称，动叶片被一对上下导流叶片组围绕，每组导流叶片均安装在由旋转曲面组成的轴对称导流罩上，如图 2-29(a) 所示。正常工况下，气流经过上游导流叶片的引导，在进入动叶片时会产生剧烈的圆周漩涡。大部分漩涡会冲击动叶片并产生转轴扭矩，并使下游导流叶片处的气流流向与静叶片走向严重不符，因而造成较大的气动停滞损失。一个解决办法是通过增大导流叶片与动叶片之间的径向间隙使到达下游导流叶片的气流降速，该设计理念与 HydroAir 透平相似，只是双向径流式透平在轴向上的布置更为紧密，如图 2-29(b) 所示。此外，受日本浮式导流叶片的启发，该团队学者提出了图 2-29(c) 所示的结构：通过周期式控制导流叶片的滑移运动，将下游导流叶片从流域内移除，使得流出动叶片的气流不再受静叶片的阻碍。与浮式导流叶片设计的不同之处在于，该类滑移导流叶片并不是为了整流，而是为了消除气流进入下游导流叶片时产生的大量动力损失。

单向径流式透平如图 2-30 所示，由两个传统单向流径流式透平交织组合而成。每个透平包括一组导流叶片和一组动叶片，两个透平的动叶片安装在同一转轴上。气流将周期性交替流经两个透平，并通过环形布置的歧管分别进入大气端和气室端，歧管因此具有扩压器的功能，能够回收动叶片出口处的部分动能。为了防止部分气流流入反向工作模式的透平而造成风阻损失，歧管靠近轴侧安装了快速作用阀。初步试验结果表明，定常气流下单个径流式透平的效率可高达 86.6%，其性能略低于安装有滑移式导流叶片的双向自整流径流式空气透平 [58]。

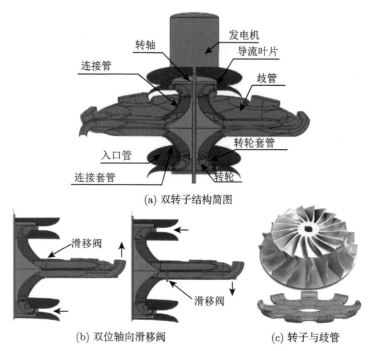

(a) 双转子结构简图

(b) 双位轴向滑移阀　　　(c) 转子与歧管

图 2-30　单向径流式透平 [58](已获 Elsevier 授权)

2.3.4　其他透平系统

澳大利亚 Oceanlinx 公司设计了一种自俯仰轴流式透平,命名为丹尼斯–奥尔德 (Denniss-Auld) 透平。该透平具有变桨距动叶片,动叶片前缘和后缘形状尺寸完全相同,并在工作周期内交替迎向来流。动叶片装置角可控制在 $[\alpha, 180° - \alpha]$ 范围内变化,其中,$\alpha \approx 20° \sim 35°$。当气流改变方向时,透平的动叶片几乎是在两个极端装置角之间瞬间变换角度。澳大利亚肯布拉港的 Oceanlinx Mk1 浮式 OWC 装置使用了该透平 [59,60],如图 2-31(a) 所示。

传统冲击式透平的不足之处在于气流进入下游导流叶片时具有较大的入射角,容易在叶片附近出现边界层分离现象,导致动力的大量损失。如前所述,通过增大导流叶片与动叶片间距,可使到达下游导流叶片的气流降速。上、下游两组导流叶片分别在径向和轴向两个方向上远离动叶片,并通过变半径的环形管道相连。根据角动量守恒定律,径向偏离减小了下游导流叶片入口处气流流速的圆周分量。同时,径向偏离以及环形管道内外壁的间距进一步降低了气流的轴面流速。这一透平型式被命名为 HydroAir,并于 2010 年被安装在澳大利亚肯布拉港的 Oceanlinx Mk3 浮式 OWC 装置中, 如 2-31(b) 所示。初步测试显示该透平的工作转速更低 (500~600 r/min),工作范围更广,自启动性能良好 [61,62]。

(a) Mk1装置上的丹尼斯-奥尔德透平　　(b) Mk3装置上的HydroAir透平

图 2-31　澳大利亚 Oceanlinx 公司选用的新型透平 [7] (已获 Elsevier 授权)

制约冲击式透平效率的另一个因素是动叶片前缘压力面的流动分离现象，为了减少该部分损失，中国学者参考威尔斯式透平的自俯仰控制动叶片形式设计了一款新型透平 [63]，其叶片形式及轮毂设计均与传统轴流冲击式透平有明显区别，如图 2-32 所示。透平安装有扇形动叶片，动叶片前缘较厚，通过枢轴与轮毂相连，可在气动扭矩的驱动下于两个预设角之间自由摆动。同时，轮毂及外侧导流罩均采用球形设计，以确保动叶片摆动时叶片与轮毂、导流罩间的距离均保持不变。目前，该透平还处于初步设计阶段，优化的结构参数仅限于动叶片摆动角、导流叶片安装角，测试条件仅限于定常气流。

上述透平仍为自整流型式，其设计主要针对 OWC 装置的传统结构形式，即透平需在振荡水柱产生的往复气流下单向旋转，因此透平动静叶片的结构布置多为对称式。根据流体机械基础原理可知，仅装配一组上游导流叶片的单级透平在单向气流下具有更高的效率，如传统的燃气轮机和蒸汽轮机，峰值效率高达 90%～93%。如前所述，早期 OWC 装置选用单级透平时，必需配置一套由多组止回阀组成的整流系统，不仅结构复杂、易损坏，而且维修难度高，因此近年来部分学者也开始寻求既采用单级透平又避免整流阀的系统设计。

如图 2-33 所示，OWC 装置安装有两个结构完全相同的空气透平位于同一高度上 (分别用 T1 和 T2 标识)[64]。理想状态下，气流在一个波浪周期内交替流经两个透平，因此两透平均在单向气流下工作，而且每个透平只工作半个周期。此情况下，透平动叶片结构形式也不再对称，相对于传统冲击式透平动叶片的对称

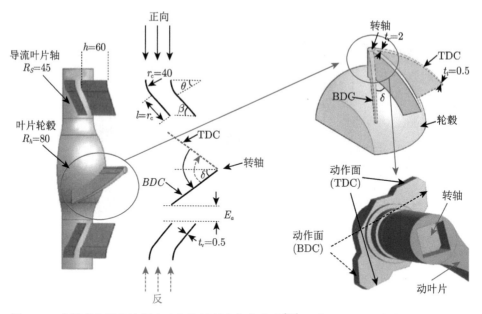

图 2-32　安装有自俯仰控制动叶片的新型冲击式透平 [63](已获 Elservier 授权)(单位: mm)

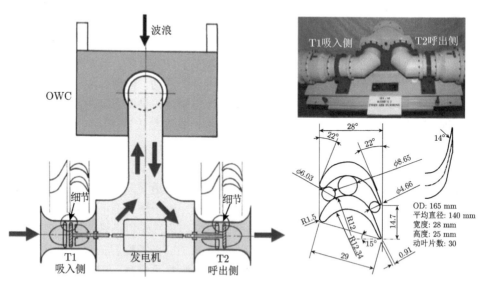

图 2-33　双单向轴流式透平与管路设计 [65](已获 Elservier 授权)(单位: mm)

式设计, 非对称式动叶片具有相对较圆钝的前缘以及较尖锐的后缘。两透平可共用一个发电机, 也可以各自连接一个发电机。模型测试表明该透平结构时均效率最高可达 60%[65]。此外, 数值模拟结果显示, 当一个透平处于正向模式时, 约有三分之一的气流会流向另一个透平,若两个透平直接连接同一个转轴,反向模式的透平将在小流量系数时产生负扭矩,从而影响装置的整体效率 [66]。

2.4 OWC 空气透平能量转换机理

2.4.1 OWC 空气透平的工作原理

由 2.3 节的总结可知,目前 OWC 装置中占据主导地位的空气透平仍为轴流式,主要是威尔斯式透平与冲击式透平。因此,本节将主要针对上述两类透平开展后续讨论。

基于工作原理,透平可以分为反动式透平 (Reaction Turbine) 及冲击 (动) 式透平 (Impulse Turbine)[67],两者的不同主要体现在流体流经转子时静压、速度的变化,如图 2-34 所示。

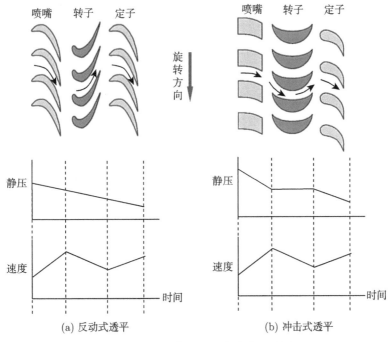

图 2-34　透平静压、速度变化示意图

图 2-34 中分析仅针对工作介质为不可压缩流体的透平,流体由左至右流经透平,红色部分代表转子,绿色部分代表定子,上游定子起喷嘴作用,下游定子起扩压器作用。对于叶片形状,反动式透平的动叶片横截面在入口侧、出口侧不对称,叶形在入口侧较宽,在出口侧较窄,流体通道从入口到出口呈渐缩形;冲

击式透平的转子横截面在出、入口侧基本对称,流体通道从入口到出口基本不变。此外,反动式透平的转子完全被工作流体包围,黏滞效应不可忽略,压力梯度的存在使转子表面产生升力及拖曳力,带动转子旋转,流体流经转子时速度及静压均有所降低;冲击式透平的转子附近空间不需完全充满流体,经喷嘴加速的高动量流体冲击转子使其旋转,在此过程中流体绝对速度降低,静压几乎不变,若忽略黏滞效应,流体相对于转子的速度大小几乎不变,仅改变流动方向[68]。表 2-2 汇总了反动式透平及冲击式透平的不同之处。

表 2-2 反动式透平与冲击式透平的不同点

参数	反动式透平	冲击式透平
压力水头	较低 (<10 m)	较高 (>10 m)
工作原理	动叶片流域内气压沿着流向降低产生反作用力驱动	动叶片流域内气流流向改变产生冲击力驱动
装置位置	需完全浸入流体	不需完全浸入流体
外部导流罩	需要	可不需要
干扰	影响升力	影响不大
效率	相同流量和工作条件下效率较高	相同流量和工作条件下效率较低
空间要求	占地需求较高	占地需求较小

由于透平的几何结构较为复杂,流经透平的气流往往是三维的、黏性的、不稳定的。当 OWC 空气透平工作时,整个透平流域有可能同时包含层流区域、湍流过渡区域、湍流区域及流动分离区域,这在一定程度上加大了流场几何形态、物理过程描述的技术难度。通常情况下,流域内发生的能量损失主要包括机械损失、型面损失、二次流损失以及外径间隙损失。减少机械损失可通过改进制造与安装工艺实现。型面损失是由导流叶片及动叶片表面的摩擦、涡流、尾迹等现象引起的,其大小取决于表面光洁度、叶片表面积、叶型、表面速度分布等因素,可通过优化叶型减少该部分损失。由于内部流动的复杂性,流域内经常会出现流速分离、旋转失速等现象,这些现象往往伴随着各类涡系,如前缘马蹄涡、间隙涡、尾迹涡等。为与主流区分,通常将这种流定义为二次流。对透平而言,二次流损失往往是由气流通道吸力侧及压力侧的黏性边界层翻转引起的,在透平总能量损失中占据较大比例,且与叶型有密切关系。同时,动叶片压力面与吸力面之间的压力差会在透平外径间隙中产生间隙泄流,间隙泄流与流域内主流相互作用,形成间隙涡,进而造成外径间隙损失,增大了二次流损失[35]。

2.4.2 OWC 空气透平流体动力学原理

2.4.2.1 威尔斯式透平

威尔斯式透平属于轴流反动式透平,图 2-35 展示了其在往复气流下的受力情况。其中,v_a 与 U_R 分别代表轴向气流流速及透平中值半径 r_R 处的圆周速度。在透平的流体动力学分析中,往往将参考系设在移动的动叶片上,在该相对参考系下，动叶片静止不动，切向流从动叶片前缘迎面而来，该切向流由 R_u 标识，其方向与透平圆周速度 U_R 相反。v_a 与 R_u 的合速度 W 与动叶片径向弦长轴之间有一锐角夹角 α，该夹角称为动叶片攻角，且 $\alpha = \arctan(v_a/R_u)$。由翼型理论可知，此时透平动叶片受力包括拖曳力 D 以及升力 L，其中拖曳力与合速度方向一致，升力则垂直于合速度方向。将拖曳力及升力在轴向及切向上进行分解，得到相应的轴向力 F_A 及切向力 F_T，其具体公式见式 (2-22) 及式 (2-23)，相应的系数计算见式 (2-24) 及式 (2-25)。无论轴向气流方向如何，切向力 F_T 的方向始终不变，此即为威尔斯式透平在往复气流中能够保持单向旋转的原因。

$$F_A = L\cos\alpha + D\sin\alpha \tag{2-22}$$

$$F_T = L\sin\alpha - D\cos\alpha \tag{2-23}$$

$$C_x = F_A/\left(1/2\rho_a\omega^2 l_r\right) \tag{2-24}$$

$$C_\theta = F_T/\left(1/2\rho_a\omega^2 l_r\right) \tag{2-25}$$

其中，ρ_a, l_r 分别表示空气密度及透平径向弦长；ω 为透平角速度，且 $U_R = r_R\cdot\omega$；C_x 与 C_θ 分别为轴向力系数及切向力系数。

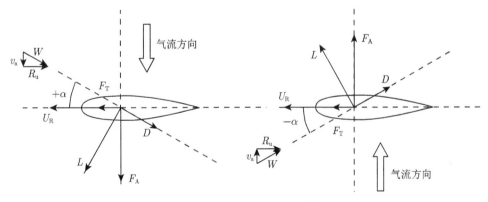

图 2-35 无导流叶片的威尔斯式透平受力分析 [30](已获 Elsevier 授权)

透平的自启动性能是指动叶片从静止到启动，最终进入稳定工作状态的能力，是 OWC 空气透平关键的非定常工作性能之一。相关研究对透平在实海况条件下的性能预估及转速控制设计具有重要意义。图 2-36 从叶片攻角角度对威尔斯式透平自启动性能的影响进行说明。

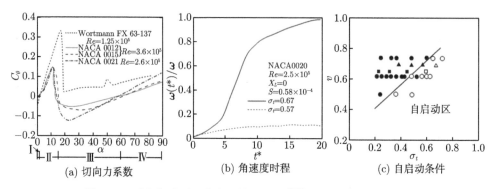

(a) 切向力系数   (b) 角速度时程   (c) 自启动条件

图 2-36   威尔斯式透平自启动性能示例 [30](已获 Elsevier 授权)

图 2-36(a) 给出了切向力系数 (C_θ) 随攻角 (α) 的变化曲线。根据 C_θ 的变化趋势，可将整个攻角范围划分为四个区域：在区域 I，C_θ 为负值，在此条件下工作的透平将输入的气动能完全转化为热量耗散；区域 II 为透平正常工作攻角范围，至最高点前，C_θ 随着 α 的增大而增大；随着 α 的继续增大，若轴向流速不变而透平转速下降时，C_θ 突然急剧下降，该现象被称为失速 (Stall) 现象，其对应的攻角为失速攻角；透平进入区域 III 后，此区域内满足某种条件的透平切向力系数 C_θ 为负值，该区域的范围大小和切向力系数的不利程度是决定透平能否成功自启动的关键区域；在区域 IV 内，切向力系数 C_θ 为正值。

当透平开始启动时，透平初始转速为 0，相应的攻角 (α) 为 90°，位于区域 IV，此时切向力系数为正，气流驱动透平旋转，转速逐渐增加，攻角 (α) 逐渐减小；为到达透平正常工作区域 II，透平必须能成功通过区域 III，否则透平将出现低速爬行现象，即自启动失败，如图 2-36(b) 中的虚线所示。前期研究表明透平的叶片稠度 (Rotor Solidity，σ_t) 以及轮毂比 (Hub-to-tip Ratio，ν) 对威尔斯式透平的自启动性能影响较大 [69]。这是由于较大的叶片稠度能够缩小切向力系数在区域 III 的负值范围，使透平成功进入区域 II，进而避免出现低速爬行现象。同时，在转速一定的条件下，透平轮毂附近的气流入射角需大于轮缘处，而且轮毂比越小，轮毂及轮缘处的入射角差别越大，因此有可能出现如下现象：轮毂附近攻角位于区域 IV，产生较大的正扭矩，而轮缘附近攻角位于区域 III，产生较小负扭矩，进而使得动叶片所受合扭矩为正值，成功通过区域 III。图 2-36(c) 给出了透平成功自启动所需的叶片稠度及轮毂比的设定，直线右下角区域代表高叶片稠度、低轮毂比的条件，该区域下的透平能够成功实现自启动。

2.4.2.2   冲击式透平

安装固定导流叶片冲击式透平的流体动力学工作机理如图 2-37 所示。其中，透平整体结构及速度矢量如图 2-37(a) 所示。由气室流出的空气以速度 v_a 进入上游导流叶片，经导流叶片导流加速后，以偏角 α_2 和速度 V_2 流出。动叶片以圆周速度 U_R 运动，相对于动叶片而言，进入动叶片的气流速度为 W_2，偏角为 β_2。通过动叶片后，气流以速度 W_3、偏角 β_3 流出。在绝对参考系下，气流以速度 V_3、偏角 α_3 进入下游导流叶片。

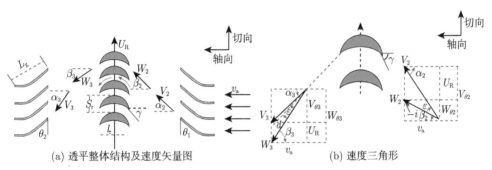

(a) 透平整体结构及速度矢量图   (b) 速度三角形

图 2-37　冲击式透平速度矢量图 [30](已获 Elsevier 授权)

动叶片处的速度矢量分解如图 2-37(b) 所示。动叶片入口处的气流相对速度 W_2 是动叶片的圆周速度 U_R 及气流绝对速度 V_2 的合速度。气流入射角 i 的定义为 W_2 方向及动叶片入口方向之间的夹角，是减小气动损失，提高透平效率的关键参数。有研究结果表明，最优气流入射角 i 与动叶片入口角 δ 及入射流的绝对速度 V_2 有关 [70]。在高入射流速条件下，透平工作的入射角适用范围缩小，而该范围之外透平效率将急剧下降。偏角 α_3 决定了绝对速度 V_3 的大小，若 α_3 角度值接近下游导流叶片的入口角 θ_2，即气流方向与导流叶片直线段平行，气流就能顺畅地进入下游导流叶片，此条件下透平效率最高；其他条件下，气流将或多或少地正向撞击下游导流叶片，导致气流在导流叶片弧线段出现流速分离现象，造成更多的能量损失 [34]。

冲击式透平与威尔斯式透平在正弦气流条件和不规则气流条件下的自启动性能比较如图 2-38 所示 [71,72]。由于冲击式透平无失速现象，其自启动性能明显优于威尔斯式。

如图 2-38(a) 所示，在正弦气流条件下，冲击式透平能在较短时间内成功自启动，而威尔斯式透平启动则较困难，所花费时间约为冲击式的六倍。整个过程中，两种透平的角速度随时间均呈规律性波动。同时，冲击式透平在稳定段的转速明显低于威尔斯式，约为威尔斯式的三分之一，因此冲击式透平的工作噪声更小，机械损耗也更小。

不规则气流条件下，两种透平均具有自启动能力，但角速度时程曲线不再是规律性的波动，自启动形态主要取决于不规则气流的流速形态及透平动叶片的转动惯量, 如图 2-38(b) 所示。

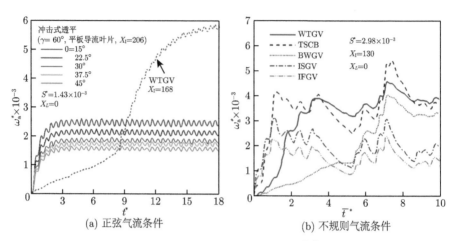

(a) 正弦气流条件   (b) 不规则气流条件

图 2-38   冲击式透平与威尔斯式透平自启动性能比较 [30](已获 Elsevier 授权)

2.4.3   OWC 空气透平工作性能评价参数

2.4.3.1   定常气流条件下的评价参数

评价透平机械工作性能的参数通常由量纲分析获得, 该方法可将一组表示物理现象的变量转换为数量较少的无量纲参数, 以减少获得变量间关系式的试验工作量。依托量纲分析法与无量纲参量, 可通过开展按比例缩小的模型试验预测原型性能, 也能在压降、转速、流量等变量一定的条件下, 确定性能最优的透平机械类型 [73]。本节将利用量纲分析法对空气透平的定常工作性能评价参数进行简单推导, 确定运动相似所必需的无量纲参数。

由于流经空气透平的气流马赫数 ($Ma = W/c_a$, c_a 为声音在空气中传播的速度) 通常小于 0.3, 因而在仅考虑透平时可将其视为不可压缩流体 [74]。同时, 为简单起见, 忽略流体黏性、叶片表面粗糙度的影响, 将透平工作性能表示为透平旋转速度 (v_ω)、气流流速 (v_a)、几何长度 (d) 及空气密度 (ρ_{at}) 的函数。以透平输出扭矩 (T_0) 及透平输入功率 (Δpq) 两个变量为例, 可写出如下函数关系式:

$$T = f\left(\rho_{at}, v_\omega, d, v_a\right) \tag{2-26}$$

$$\Delta pq = f_2\left(\rho_{at}, v_\omega, d, v_a\right) \tag{2-27}$$

其中, Δp 为透平两端总压降; q 为空气流量。选取 ρ_{at}, v_ω, d 为基本物理量, 采用 π 定理首先对式 (2-26) 进行量纲分析。

$$\pi = \frac{T_0}{\rho_a^x v_\omega^y d^z} \tag{2-28}$$

$$\pi_4 = \frac{v_a}{\rho_a^{x_4} v_\omega^{y_4} d^{z_4}} \tag{2-29}$$

根据量纲和谐原理，式 (2-28) 及式 (2-29) 中分子分母的量纲需相同，即

$$ML^2T^{-2} = \left(ML^{-3}\right)^x \left(LT^{-1}\right)^y (L)^z \Rightarrow \pi = \frac{T_0}{\rho_a v_\omega^2 d^3} \tag{2-30}$$

$$LT^{-1} = \left(ML^{-3}\right)^{x_4} \left(LT^{-1}\right)^{y_4} (L)^{z_4} \Rightarrow \pi_4 = \frac{v_a}{v_\omega} \tag{2-31}$$

将式 (2-30) 及式 (2-31) 代入式 (2-26) 得到以无量纲 π 项表示的物理过程关系式[75]：

$$C_T = \frac{T_0}{\rho_a v_\omega^2 d^3} = F_1\left(\frac{v_a}{v_\omega}\right) \tag{2-32}$$

方程左侧称作扭矩系数，无量纲组合 v_a / v_ω 称作速度系数 ϕ，函数 F_1 的实际形式需由试验确定。

同理，采用 π 定理对式 (2-27) 进行量纲分析得：

$$C_A = \frac{\Delta p q}{\rho_a v_\omega^3 d^2} = F_2\left(\frac{v_a}{v_\omega}\right) \tag{2-33}$$

方程左侧称作输入系数，函数 F_2 的实际形式也需由试验确定。

实际上，影响透平工作性能的几何长度 d 包括叶片高度 b、动叶片径向弦长 l_r 及中值半径 r_R，几何变量还包括动叶片的数目 N_B。同时，速度 v_ω 与轴向入射速度 v_a 及动叶片圆周速度 U_R 均有关，因此需将式 (2-32) 及式 (2-33) 进一步完善。根据前人的研究成果，透平的定常无量纲评价参数包括四个参量：输入系数 (Input Coefficient)C_A，扭矩系数 (Torque Coefficient)C_T，透平效率 (Turbine Efficiency)η 及流量系数 (Flow Coefficient)ϕ，其定义式如下[34,76]：

$$C_A = \frac{2\Delta p q}{\rho_{at}\left(v_a^2 + U_R^2\right) b l_r N_B v_a} \tag{2-34}$$

$$C_T = \frac{2T_0}{\rho_{at}\left(v_a^2 + U_R^2\right) b l_r N_B r_R} \tag{2-35}$$

$$\eta = \frac{T_0 \omega}{\Delta p q} = \frac{C_T}{\phi C_A} \tag{2-36}$$

$$\phi = v_a / U_R \tag{2-37}$$

因此，空气透平物模试验中除需满足几何相似外，应优先遵循流量系数相同的条件，即原型及模型中的流量系数 ϕ 必须相等。此外，雷诺数 Re 是判别空气流体流场形态的重要参数，体现了流体惯性力与黏性力之比，其定义为

$$Re = \frac{\rho_{at}\sqrt{v_a^2 + U_R^2} l_r}{\mu} \tag{2-38}$$

其中，μ 为黏性系数，取值 1.82×10^{-5} kg/(m·s)。理论上，透平试验也应满足雷诺数相似准则，如式 (2-39) 所示。

$$\left(\frac{\rho_{at}\sqrt{v_a^2+U_R^2}l_r}{\mu}\right)_m = \left(\frac{\rho_{at}\sqrt{v_a^2+U_R^2}l_r}{\mu}\right)_{pro} \tag{2-39}$$

其中，下标 m 代表物理模型；下标 pro 代表原型。

令几何比尺 $\lambda_L = (l_r)_{pro}/(l_r)_m$，在流量系数相同的条件下，得

$$\frac{(v_n)_m}{(v_n)_{pro}} = \frac{(l_r)_{pro}}{(l_r)_m} = \lambda_L \tag{2-40}$$

$$\frac{(\omega)_m}{(\omega)_{pro}} = \lambda_L^2 \tag{2-41}$$

在空气透平的物理模型试验中，原型几何尺寸往往大于模型尺寸，由式 (2-40) 及式 (2-41) 可知，模型试验中的风速及透平转速均需要远大于原型，这在试验中难以实现，即流量系数相等的条件与雷诺数准则无法同时满足。因此，模型试验在设计时需优先满足几何相似，并保证模型及原型的流量系数相同，以在试验中探索雷诺数对透平工作性能的影响。

2.4.3.2 非定常气流条件下的评价参数

在实际应用中，流经空气透平的气流是往复、振荡且不规则的，此条件下透平的工作性能与定常单向气流下的性能差异较大，但更接近工程实际，因此研究透平在非定常气流条件下的气动性能及响应规律，可为实海况条件下透平的性能评估及转速控制提供直接数据支持，并为工程样机的实用化开发奠定理论基础。

在非定常气流条件特别是不规则气流条件下，表征透平性能的各物理量均随时间发生波动，如旋转角速度 (ω)、透平扭矩 (T_0)、空气流量 (q) 及透平总压降 (Δp) 等。目前，透平非定常性能测试模型试验研究进展缓慢，主要原因包括两方面：一是实海况气流条件发生装置的设计及建造涉及气动力学、机械、电气及自动化等多门学科，工作量大，资金需求高；二是试验所需仪器、设备、传感器的精度需能实时捕捉各物理量的高频波动及幅值，同时，空气流量及压降的测量仍缺乏统一标准及流程。因此，各国专家学者最初多采用拟定常算法 (Quasi-steady Analysis) 预估透平的非定常性能。该方法假设气流条件为拟定常的，通过对定常物模试验的无量纲参数结果进行积分等运算，近似求得透平在非定常气流条件下的性能评价参数，主要包括透平自启动过程中角速度时程曲线及周期平均 (时均) 效率。

拟定常算法应用的前提是波浪运动频率要远低于空气透平的旋转角频率 (f_ω)，此时波浪与透平间的相互作用可忽略 [77]；同时，透平的斯特鲁哈尔数

(Strouhal Number, $St = f_\omega l_r/(v_a^2 + U_R^2)^2$) 量级一般为 10^{-3}，非定常气流的振幅衰减及相位滞后也可以忽略。日本学者验证了拟定常算法评价威尔斯式及冲击式透平非定常工作性能的准确性及可靠性 [33,50,78]。

此处以理想正弦气流条件为例，简述拟定常算法的公式及步骤。根据牛顿第二定律，空气透平旋转体系的运动方程如下：

$$I\frac{\mathrm{d}\omega}{\mathrm{d}t} = T_0 - T_L \tag{2-42}$$

I 为透平动叶片转动惯量，单位为 kg·m²。方程左侧表示透平运动状态的变化，方程右侧为透平旋转体系所受合扭矩。其中，T_0 为气流驱动透平产生的扭矩，T_L 为系统负载，在实际工程中主要包括系统机械负载及发电机反扭矩负载。

采用透平定常无量纲参数 C_T(式 (2-35)) 计算透平扭矩 T_0，可得

$$T_0 = C_T \rho_{at} \left(v_a^2 + U_R^2\right) bl_r N_B r_R/2 \tag{2-43}$$

将式 (2-42) 中的各物理量进行无量纲化处理，转动惯量、系统负载、时间、角速度、频率、输出扭矩的无量纲形式如下：

$$I^* = \frac{I}{\pi \rho_{at} r_R^5} \tag{2-44}$$

$$X_L = \frac{T_L}{\pi \rho_{at} r_R^3 V_A^2} \tag{2-45}$$

$$t^* = tf \tag{2-46}$$

$$\omega^* = \omega/f \tag{2-47}$$

$$S^* = r_R f/V_A \tag{2-48}$$

$$F\left(\omega^*, t^*\right) = T_0/\left(\pi \rho_{at} r_R^3 V_A^2\right) = \frac{bl_r N_B}{2\pi r_R^2} \frac{v_a^2 + U_R^2}{V_A^2} C_T = \frac{bl_r N_B}{2\pi r_R^2}\left(\sin^2\left(2\pi t^*\right) + \frac{1}{\Phi^2}\right) C_T \tag{2-49}$$

且已知条件包括：

$$v_a = V_A \sin\left(2\pi t^*\right) \tag{2-50}$$

$$\Phi = v_a/U_R = V_A/(r_R\omega) \tag{2-51}$$

则式 (2-42) 可改写为

$$S^{*2} I^* \frac{\mathrm{d}\omega^*}{\mathrm{d}t^*} + X_L = F\left(\omega^*, t^*\right) = \frac{bl_r N_B}{2\pi r_R^2}\left(\sin^2\left(2\pi t^*\right) + \frac{1}{\Phi^2}\right) C_T \tag{2-52}$$

因此，若正弦气流条件参数 (气流峰值流速 V_A，气流频率 f) 给定，利用透平定常无量纲参数 C_T，采用 Runge-Kutta-Gill 方法，可由式 (2-52) 数值求解得到空气透平自启动过程中无量纲转速 (ω^*) 随无量纲时间 (t^*) 的变化曲线 [79,80]。

此外，在正弦气流条件下，空气透平的周期平均效率等于一周期内透平输出功率与输入功率之比，即

$$\bar{\eta} = \left(\frac{1}{T}\int_0^T T_0\omega \mathrm{d}t\right) \bigg/ \left(\frac{1}{T}\int_0^T \Delta pq\mathrm{d}t\right) \tag{2-53}$$

由式 (2-34) 及式 (2-35)，可以得到

$$\Delta pq = \rho_{at}bl_r N_B\left(1+\phi^2\right)\phi U_R^3 C_A/2 \tag{2-54}$$

$$T_0\omega = \rho_{at}bl_r N_B\left(1+\phi^2\right) U_R^3 C_T/2 \tag{2-55}$$

将式 (2-54) 及式 (2-55) 代入式 (2-53)，得

$$\bar{\eta} = \frac{\dfrac{1}{T}\displaystyle\int_0^T \left\{C_T\left(1+\phi^2\right)\right\}\mathrm{d}t}{\dfrac{1}{T}\displaystyle\int_0^T \left\{C_A\left(1+\phi^2\right)\phi\right\}\mathrm{d}t} \tag{2-56}$$

已知：

$$\phi = \Phi\sin\left(2\pi t^*\right) \tag{2-57}$$

将式 (2-57) 的左右两侧同时平方并做三角函数运算，可得

$$\frac{\phi}{\sqrt{\Phi^2-\phi^2}} = \tan\left(2\pi t^*\right) \tag{2-58}$$

将式 (2-58) 左右两侧进行求导，整理得

$$\mathrm{d}t = \frac{1}{2\pi f\sqrt{\Phi^2-\phi^2}}\mathrm{d}\phi \tag{2-59}$$

将式 (2-59) 代入式 (2-56) 得 [81]

$$\bar{\eta} = \frac{\dfrac{1}{T}\displaystyle\int_0^T \left\{C_T\left(1+\phi^2\right)\right\}\mathrm{d}t}{\dfrac{1}{T}\displaystyle\int_0^T \left\{C_A\left(1+\phi^2\right)\phi\right\}\mathrm{d}t} = \frac{\displaystyle\int_0^\Phi \left\{C_T\left(1+\phi^2\right)/\sqrt{\Phi^2-\phi^2}\right\}\mathrm{d}\phi}{\displaystyle\int_0^\Phi \left\{C_A\left(1+\phi^2\right)\phi/\sqrt{\Phi^2-\phi^2}\right\}\mathrm{d}\phi} \tag{2-60}$$

因此，对于给定的正弦气流工况，利用两个定常无量纲参数输入系数 C_A 及扭矩系数 C_T，即可由式 (2-60) 数值计算得到透平的周期平均效率随流量系数的变化曲线。

由于拟定常方法忽略了透平自启动过程中雷诺数对扭矩系数的影响，数值计算出的结果往往与试验值有一定偏差。图 2-39 对比了应用拟定常方法及模型试验获得的透平自启动性能结果[33,80]，图中虚线代表数值计算结果，实线代表试验结果。尽管计算动叶片角速度时程时已经对威尔斯式的定常扭矩系数进行了人为修正，但与试验值仍存在一定差距，数值计算中的透平自启动稍快，且稳定阶段角速度的计算值比试验值偏小约 6.7%。此外，威尔斯式透平周期平均效率的计算值与试验值也有较大差距。冲击式透平的数值结果与试验结果匹配相对较好，在进入稳定阶段前角速度的计算值比试验值小约 9%，进入稳定阶段后转速幅值的计算值也比试验值偏小约 10%，且周期平均效率的计算值与试验值差别较小。

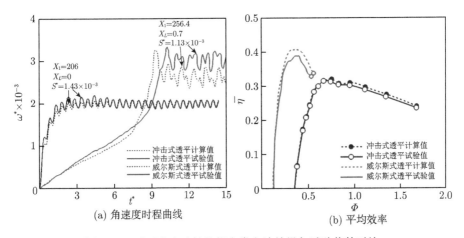

图 2-39　透平自启动性能拟定常方法结果与试验值的对比

随着机械制造水平的提高与计算机技术的快速发展，采用试验方法与 CFD (Computational Fluid Dynamics，计算流体动力学) 数值模拟进行非定常研究已成为可能。试验中可根据需要将不规则入射波谱转换为不规则入射气流，通过测定相关非定常数据，计算评价透平的工作性能。此外，通过开展非定常 CFD 计算，可直接在计算程序中通过求解式 (2-42) 中的各参量，用以评价透平性能。具体内容将在后续章节中详细介绍。

2.5　总　　结

本章首先阐述了 OWC 装置的工作原理，并对其历年的工程应用进行了简要介绍。该装置对地形依赖度小，可建造在孤立的海岸线或近岸区域，也可与防波堤或浮式装置结合开发。多年来，OWC 技术获得了快速发展，是目前世界范围内应用最广泛、建成使用最多的波能发电装置。

　　OWC 装置的 PTO 机构为空气透平,其结构简单可靠,工作性能直接影响 OWC 的整体效率。随着装配整流阀的单向透平被淘汰,自整流式透平应运而生,并在大多数 OWC 工程样机与电站中得到了广泛应用。因此,本章着重介绍了自整流空气透平的常见形式,包括威尔斯式透平、冲击式透平及其他透平。相对而言,威尔斯式透平出现最早、结构简单、峰值效率高,但无法克服叶片固有的翼型升阻比等限制,失速现象也导致威尔斯式透平在不规则波条件下的性能极差。对于轴流冲击式透平而言,气流进入下游导流叶片时损失了大量动力,透平峰值效率低于威尔斯透平,但优势在于工作范围大、自启动性能好,转动噪声低,特别是适合于西太平洋海域的波浪能资源特征。因此,在后续章节中,将以轴流冲击式透平 (后文简称冲击式透平) 为主要对象进行介绍与讨论。

　　此外,本章还介绍了空气透平的能量转换机理,从动叶片受力分析、速度矢量图、欧拉方程等角度对上述两类典型透平的工作性能进行了分析,分别利用量纲分析法、拟定常算法给出了空气透平的定常及非定常性能评价参数推导。通过分析可知,在开展空气透平模型试验时,需优先考虑几何相似准则,并需保证模型及原型的流量系数相同,进而在试验中探索雷诺数对透平性能的影响规律。

　　虽然拟定常算法在设计阶段预测透平非定常工作性能时具有一定的准确性和可靠性,但物模试验及 CFD 数值模拟在探索透平非定常动力响应、流固耦合特征方面仍具有不可替代的地位。随着加工制造工艺、自动化控制以及计算机技术的发展,突破物模测量精度及数模真实瞬态模拟的瓶颈已不再是奢望,通过先进手段进一步丰富透平能量转化机理的研究成果,推动透平的优化设计及实用化开发,也将是本书的重要任务之一。

参 考 文 献

[1] Boccoti P. Comparison between a U-OWC and a conventional OWC. Ocean Engineering, 2007, 34: 799-805.

[2] Simonetti I, Cappietti L, Oumeraci H. An empirical model as a supporting tool to optimize the main design parameters of a stationary oscillating water column wave energy converter. Applied Energy, 2018, 231: 1205-1215.

[3] Kamath A, Bihs H, Arntsen Ø A. Numerical investigations of the hydrodynamics of an oscillating water column device. Ocean Engineering, 2015, 102: 40-50.

[4] Mahnamfar F, Altunkaynak A. Comparison of numerical and experimental analyses for optimizing the geometry of OWC systems. Ocean Engineering, 2017, 130: 10-24.

[5] Elhanafi A, Fleming A, Macfarlane G, et al. Underwater geometrical impact on the hydrodynamic performance of an offshore oscillating water column-wave energy converter. Renewable Energy, 2017, 105: 209-231.

[6] Vyzikas T, Deshoulières S, Barton M, et al. Experimental investigation of different geometries of fixed oscillating water column devices. Renewable Energy, 2017, 104:

248-258.

[7] Falcão A F O,Henriques J C C. Oscillating-water-column wave energy converters and air turbines: A review. Renewable Energy An International Journal, 2016, 85: 1391-1424.

[8] Evans D V. Wave-power absorption by systems of oscillating surface pressure distributions. Journal of Fluid Mechanics, 1982, 114: 481-499.

[9] Sarmento A J N A, Falcão A F O. Wave generation by an oscillating surface-pressure and its application in wave-energy extraction. Journal of Fluid Mechanics, 1985, 150: 467-485.

[10] Falcão A F O, Henriques J C C. Model-prototype similarity of oscillating-water-column wave energy converters. International Journal of Marine Energy, 2014, 6: 18-34.

[11] Falnes J. Ocean waves and oscillating systems: linear interactions including wave-energy extraction. Applied Mechanics Revews, 2002, 56(1): 286.

[12] Jefferys R, Whittaker T. Latching Control of an Oscillating Water Column Device with Air Compressibility. Springer: Hydrodynamics of Ocean Wave-Energy Utilization, 1986: 281-291.

[13] Falcão A F O, Justino P A P. OWC wave energy device with air flow control. Ocean engineering, 1999, 26(12): 1275-1295.

[14] Sheng W, Alcorn R, Lewis A. On thermodynamics in the primary power conversion of oscillating water column wave energy converters. Journal of Renewable and Sustainable Energy, 2013, 5(2): 1257-1294.

[15] Dixon B, Hall C. Fluid mechanics and thermodynamics of turbomachinery seventh edition. Oxford: Butterworth-Heinemann, 2013.

[16] Falcão A F O, Henriques J C C. The spring-like air compressibility effect in oscillating-water-column wave energy converters: Review and analyses. Renewable and Sustainable Energy Reviews, 2019, 112: 483-498.

[17] Weber J. Representation of non-linear aero-thermodynamic effects during small scale physical modelling of OWC WECs. Portugal: Proceedings of the 7th European Wave and Tidal Energy Conference. 2007: 895.

[18] Aurélien B. Ocean Wave Energy Conversion: Resource, Technologies and Performance. Oxford: Elsevier Ltd, 2017.

[19] Kudo K. Optimal design of Kaimei-type wave power absorber. Journal of the Society of Naval Architects of Japan, 1984(156): 245-254.

[20] Santhakumar S, Jayashankar V, Atmanand M, et al. Performance of an impulse turbine based wave energy plant. Canada: The Eighth International Offshore and Polar Engineering Conference, 1998.

[21] Carrelhas A, Gato L, Henriques J, et al. Test results of a 30 kW self-rectifying biradial air turbine-generator prototype. Renewable and Sustainable Energy Reviews, 2019, 109: 187-198.

[22] Ocean Energy Systems. An IEA Technology Initiative, Annual report, 2019.

[23] Falcão F, Sarmento A, Gato L, et al. The Pico OWC wave power plant: Its lifetime

from conception to closure 1086-2018. Applied Ocean Research, 2020, 98: 102104.

[24] Heath T, Whittaker T, Boake C. The Design, Construction and Operation of the LIMPET Wave Energy Converter (Islay, Scotland). Denmark: Proceedings of the 4th European Wave Power Conference, 2000.

[25] You Y G, Zheng Y H, Ma Y J, et al. Structural design and protective methods for the 100 kW shoreline wave power station. China Ocean Engineering, 2003, 17(3): 439-448.

[26] Boccotti P.Design of breakwater for conversion of wave energy into electrical energy. Ocean engineering, 2012, 51: 106-118.

[27] Takao M, Setoguchi T. Air turbines for wave energy conversion. International Journal of Rotating Machinery, 2012: 717398.

[28] Masuda Y, Mccormick M. Experience in pneumatic wave energy conversion in Japan. Utilization of Ocean Waves—Wave to Energy Conversion, 2015.

[29] B. Kocivar. Five countries are refining a unique vessel designed to tap energy from oceans. Popular Science, Bonnier Corporation, 1980, 217(4): 24-30.

[30] Cui Y, Liu Z, Zhang X, et al. Review of CFD studies on axial-flow self-rectifying turbines for OWC wave energy conversion. Ocean Engineering, 2019, 175: 80-102.

[31] Raghunathan S. Performance of the Wells self-rectifying turbine. The Aeronautical Journal, 1984, 1(890): 369-379.

[32] Kim T W, Kaneko K, Setoguchi T, et al.Aerodynamic performance of an impulse turbine with self-pitch-controlled guide vanes for wave power generator. Seoul: KSME-JSME Thermal and Fluid Engineering Conference, 1988, 2: 133-137.

[33] Setoguchi T, Kaneko K, Maeda K, et al. Impulse turbine with self-pitch-controlled guide vanes for wave power conversion: performance of mono vane type. International Journal of Offshore and Polar Engineering, 1993, 3(1): 73-78.

[34] Thakker A, Jarvis J, Sahed A. Quasi-steady analytical model benchmark of an impulse turbine for wave energy extraction. International Journal of Rotating Machinery, 2008: 536079.

[35] Mala K, Jayaraj J, Jayashankar V, et al.Performance Comparison of Power Modules in the Indian Wave Energy Plant. Chennai: Proceedings of the Eighth ISOPE Ocean Mining Symposium, 2009.

[36] Washino Y, Osawa H,Ogata T. The Open Sea Tests of the Offshore Floating Type Wave Power Device "Mighty Whale" — Characteristics of Wave Energy Absorption and Power Generation. Hawaii: MTS/IEEE Conference and Exhibition, 2001: 579-585.

[37] Takao M, Sato E, Nagata K, et al. A Sea Trial of Wave Power Plant with Impulse Turbine. Germany: Proceedings of the 27th International Conference on Offshore Mechanics and Arctic Engineering, 2008: 681-688.

[38] Suzuki M, Takao M, Satoh E, et al. Performance prediction of OWC type small size wave power device with impulse turbine. Journal of Fluid Science and Technology, 2008, 3(3): 466-475.

[39] Arena F, Romolo A, Malara G, et al. On design and building of a U-OWC wave energy

converter in the mediterranean sea: A case study. France: Proceedings of ASME International Conference on Ocean, Offshore and Arctic Engineering, 2013.

[40] Arena F, Fiamma V, Iannolo R, et al. Resonant wave energy converters: Small-scale field experiments and first full-scale prototype. http://www.enea.it/it/pubblicazioni/pdf-eai/speciale- ocean-energy/9-resonant-wave-small-scale. pdf, 2015, 58-67.

[41] Alcorn R, Blavette A, Healy M, et al. FP7 EU funded CORES wave energy project: a coordinators' perspective on the Galway Bay sea trials. Underwater Technology the International Journal of the Society for Underwater, 2014, 32(1): 51-59.

[42] Korea Marine Energy Status & Research Activities in KMOU. Korea: Proceedings of the Energy Tech Insight 2014. http://www.pivlab.net/upload_file/ETI-Korea-Marine (KMOU-YHLEE). pdf, 2014.

[43] Carrelhas A A D, Gato L M C, Henriques J C C, et al. Test results of a 30 kW self-rectifying biradial air turbine-generator prototype. Renewable and Sustainable Energy Reviews, 2019, 109: 187-198.

[44] Inoue M, Kaneko K, Setoguchi T. Studies onWells turbine for wave power generator (part 3; effect of guide vanes). Bulletin of the JSME, 1985, 28(243): 1986-1991.

[45] Setoguchi T, Takao M, Kaneko K, et al. Effect of guide vanes on the performance of a Wells turbine for wave energy conversion. International Society of Offshore and Polar Engineering, 1998, 8(2): 155-160.

[46] Inoue M, Kaneko K, Setoguchi T, et al. Air turbine with self-pitch-controlled blades for wave power generator: Estimation of performances by model testing. Transactions of the Japan Society of Mechanical, 1998, 32 (1): 19-24.

[47] Raghunathan S, Tan C P. The performance of the biplane Wells turbine. J. Energy, 1983, 7: 741-742.

[48] Folley M, Curran R, Whittaker T. Comparison of LIMPET contra-rotating wells turbine with theoretical and model test predictions. Ocean Engineering, 2016, 33: 1056-1069.

[49] Setoguchi T, Kaneko K, Taniyama H, et al. Impulse turbine with self-pitch-controlled guide vanes for wave power conversion: guide vanes connected by links. International Journal of Offshore and Polar Engineering, 6(1): 76-80, 1996.

[50] Rea J, Kelly J, Alcorn R, et al. Development and operation of a power take-off rig for ocean energy research and testing, UK: 9th European Wave and Tidal Energy Conference, 2011.

[51] Kelly J, O' Sullivan D, Wright W.M.D, et al. Challenges and lessons learned in the deployment of an offshore oscillating water column. COMPEL - The international journal for computation and mathematics in electrical and electronic engineering, 2014, 33(5): 1678-1704.

[52] Hong K Y. An OWC project in Jeju Island, Korea. Wave Energy Center Annual Conference, 2011.

[53] Richard D, Weiskopf F B. Studies with, and testing of the McCormick pneumatic wave energy turbine with some comments on PWECS systems.Utilization of Ocean Waves-

wave to Energy Conversion, 1986, 80-102.

[54] McCormick M E, Rehak J G, Williams B D. An experimental study of a bidirectional radial turbine for pneumatic energy conversion. Proceedings of mastering the oceans through technology, 1992, 2: 866-870.

[55] Takao M, Fujioka Y, Setoguchi T. Effect of pitch-controlled guide vanes on the performance of a radial turbine for wave energy conversion. Ocean Engineering, 2005, 32: 2079-2087.

[56] Falcão A F O, Gato L M C, Nunes E T A S. A novel radial self-rectifying air turbine for use in wave energy converters. Renewable Energy, 2013, 50: 289-298.

[57] Ferreira D N, Gato L M C, Eça L, et al. Aerodynamic analysis of a biradial turbine with movable guide-vanes: incidence and slip effects on efficiency. Energy, 2020, 200: 117502.

[58] Lopes B S, Gato L M, Falcão A F O, et al. Test results of a novel twin-rotor radial inflow self-rectifying air turbine for OWC wave energy converters. Energy, 2019, 170: 869-879.

[59] Curran R, Denniss T, Boake C. Multidisciplinary design for performance: ocean wave energy conversion. Seattle: Proc 10th Int Offshore Polar Eng Conf, 2000, 1: 434-441.

[60] Finnigan T, Auld D. Model Testing of a Variable-pitch Aerodynamic Turbine. Hononulu: Proc 13th Int Offshore Polar Eng Conf, 2003: 357-360.

[61] Freeman C, Herring S J, Banks K. Impulse Turbine for Use in Bi-directional Flows. Patent No. WO 2008/012530 A2; 2008.

[62] Natanzi S, Teixeira J, Laird G. A Novel High-efficiency Impulse Turbine for Use in Oscillating Water Column Devices. UK: Proc 9th European Wave Tidal Energy Conf, 2011.

[63] Liu H, Wang W, Wen Y, et al. A novel axial flow self-rectifying turbine for use in wave energy converters. Energy, 2019, 189: 116256.

[64] Jayashankar V, Anand S, Geetha T, et al. A twin unidirectional impulse turbine topology for OWC based wave energy plants. Renewable Energy, 2009, 34: 692-698.

[65] Mala K, Jayara J, Jayashankar V, et al.A twin unidirectional impulse turbine topology for OWC based wave energy plants experimental validation and scaling. Renew Energy, 2011, 36: 307-314.

[66] Pereiras B, Valdez P, Castro F.Numerical analysis of a unidirectional axial turbine for twin turbine configuration.Applied Ocean Research, 2014, 47: 1-8.

[67] Karthikeyan T, Samad A, Badhurshah R. Review of air turbines for wave energy conversion. India: International Conference on Renewable Energy and Sustainable Energy, 2013, 183-191.

[68] Munson B R, Young D F, Okiishi T H, et al. Fundamentals of fluid mechanics, Sixth Edition. Wiley: Biofluid Mechanics, 2009: 673-684.

[69] Raghunathan S.The wells air turbine for wave energy conversion.Progress in Aerospace Sciences, 1995, 31(4): 335-386.

[70] Cho S Y, Choi S K.Experimental study of the incidence effect on rotating turbine blades. Proceedings of the Institution of Mechanical, 2004, 218(8): 669-676.

[71] Setoguchi T, Santhakumar S, Maeda H, et al. A review of impulse turbines for wave energy conversion. Renewable Energy, 2001, 23(2): 261-292.

[72] Maeda H, Santhakumar S, Setoguchi T, et al. Performance of an impulse turbine with fixed guide vanes for wave power conversion. Renewable Energy, 1999, 17(17): 533-547.

[73] Dixon S L, Hall C A. Fluid Mechanics and Thermodynamics of Turbomachinery(Sixth Edition). Britain: Pergamon Press, 2010: 29-33.

[74] Torresi M, Camporeale S M, Pascazio G, et al. Fluid Dynamic Analysis of a Low Solidity Wells Turbine. Italy: Proceedings of 59° Congresso ATI, 2004.

[75] Thakker A, Hourigan F. Modeling and scaling of the impulse turbine for wave power applications. Renewable Energy, 2004, 29(3): 305-317.

[76] Setoguchi T, Takao M.Current status of self-rectifying air turbines for wave energy conversion. Energy Conversion and Management, 2006, 47: 2382-2396.

[77] Hyun B S, Moon J S, K, Hong K Y, et al. Performance prediction of impulse turbine system in various operating conditions. Korean Marine Engineering Company, 2007, 21(5): 9-17.

[78] Inoue M, Kaneko K, Setoguchi T, et al. Simulation of Starting Characteristics of the Wells Turbine. Atlanta:Joint Fluid Mechanics, Plasma Dynamics and Lasers, 1986: 1-7.

[79] Takao M, Setoguchi T, Kim T H, et al. The performance of a Wells turbine with 3D guide vanes. International Journal of Offshore and Polar Engineering, 2001, 11(1): 72-76.

[80] Inoue M, Kaneko K, Setoguchi T, et al. Studies on Wells turbine for wave power generator: 4th Report, Starting and running characteristics in periodically oscillating flow. Transactions of the Japan Society of Mechanical, 1985, 29(250): 1177-1182.

[81] Takao M, Setoguchi T, Kaneko K, et al. Impulse turbine for wave power conversion with air flow rectification system. JSME International Journal, 2002, 66(646): 142-146.

第 3 章　冲击式透平的试验研究

3.1　OWC 空气透平的研究方法

空气透平是 OWC 装置中负责能量二次转换的关键 PTO 设备, 合理预测并优化其工作性能是提高 OWC 装置整体运行效率的有效途径。在空气透平的性能研究中, 动力输入条件及透平工作状态常涉及定常及非定常两个概念。若入射气流的方向、流速均不随时间变化, 可称为定常气流条件; 反之, 若入射气流的流速与方向随时间存在规则或不规则的变化, 或气流存在换向情况, 则可称为非定常气流条件。此外, 若透平转速、压降、扭矩输出等物理量均恒定, 且透平周围流场形态也不随时间变化, 则透平处于定常工作状态, 此时需评价透平的定常工作性能; 反之, 若各物理量及流场形态存在瞬时变化, 则透平处于非定常工作状态, 此时需评价透平的非定常工作性能。

早期空气透平研究, 多以工作机理为目标, 由定常气流输入及定常工作状态入手, 考察透平的定常动力响应与流场分布, 揭示透平基本工作特点及结构参数影响规律。该策略有利于简化实际问题, 捕捉关键特征, 是优化透平结构形式、提高透平工作性能的高效手段。然而, 实际海况下透平的动力输入是振荡、往复、不规则的, 且透平始终处于非定常工作状态。在此条件下, 透平的工作性能与定常性能大有不同, 因此有必要模拟透平的真实工作状态, 探索透平真实的非定常响应及流固耦合特征, 获取相关物理量的第一手试验资料, 考察气流条件、结构参数及转速控制策略 (如最大效率点追踪策略) 等因素对透平非定常动力特性的影响规律, 为透平的方案优化与样机开发及实海况下的控制策略设计提供直接的数据支持。

空气透平问题的研究包括三种主要方法: 理论分析、物理模型试验以及数值模拟计算。

理论分析　由于旋转机械的运动以及流体流动必然满足普遍性规律, 如牛顿第二定律、流体基于动量守恒的连续性方程、第一及第二热力学定律等, 采用理论分析的方法得到的研究结果具有普遍性的特征, 是指导试验研究与数值模拟的理论基础, 但该方法在三维、黏性、非稳态等非线性情况下无法获得精确的解析解, 因此该方法近年来在 OWC 空气透平性能研究中的应用十分有限 [1,2]。

物理模型试验　物理模型试验始终是 OWC 透平性能研究的重要手段, 在满足相似准则的条件下, 物理模型试验不仅可以展示最真实可靠的物理现象, 更能为理论分析及数值模拟提供直观可信的数据支撑。自 20 世纪 70 年代开始，国内外学者以探索空气透平的定常性能为起点，形成了一套较为成熟的测试体系，开展了一系列的试验测试，探索了不同结构参数的影响规律 [3,4]。近年来，模型试验的研究重点开始转向透平的非定常性能测试，但由于非定常气流条件发生装置的设计及建造涉及气动力学、机械、电气及自动化等多门学科，工作量大，资金需求高，同时试验仪器、设备、传感器需满足高精度实时捕捉高频波动物理量的要求，因此该部分的研究进展较为缓慢。

数值模拟计算　随着计算机运行及存储能力的提高，CFD 数值模拟技术发展迅速。在试验数据验证支持下，该方法能以较少的人力物力和较高的执行效率获得大量有价值的研究结果，并能实现对透平运动状态及流场形态的精细描述。目前，OWC 透平的数值模拟研究已完成由二维模型向三维模型、由定常 (Steady-state) 模拟向非定常 (Unsteady-state) 模拟的转变 [5]。尽管如此，若条件允许，在所有形式透平设计的最后阶段，需要开展物理模型试验对透平的设计工作性能进行最终验证。物理模型试验仍是 OWC 透平性能研究体系中不可替代的手段。

自 2007 年起，中国海洋大学团队开始致力于振荡水柱波能发电装置基础理论研究与关键技术的实用化开发利用工作。特别是在空气透平性能研究领域开展了一系列的试验和数值模拟工作，研究成果具有较强的创新性和先进性，获得了国内外同行的一致认可。

本章将首先汇总国际上现有的透平性能测试平台的基本情况，而后聚焦冲击式透平的试验研究，并从模型参数、测试平台构建、试验流程、试验结果等方面介绍 OWC 冲击式透平试验研究的最新进展。

3.2　OWC 空气透平性能测试设备综述

日本东京大学 (The University of Tokyo) 的威尔斯式透平性能测试装置建于 20 世纪 80 年代，设备结构示意如图 3-1 所示，是目前文献中较早记载的 OWC 空气透平性能测试平台。该平台在气流出口端安装离心式鼓风机，被吸入的气流经过进气口及网状整流结构后，流动方向得以调整，流速分布更加均匀。动叶片附近安装扭矩传感器、电磁离合器及伺服电机等仪器，气流流量由透平动叶片上游截面处三孔皮托管测得的流速分布积分计算求得，透平压降通过一对距离动叶片 0.6 m 的上下游皮托管测得。日本学者采用该装置对威尔斯式透平的导流叶片功能、动叶片表面气流形态、叶片稠度影响规律等内容进行了初步探索 [6-8]。

日本佐贺大学 (Saga University) 的空气透平试验装置承担了较多的测试任务，如图 3-2 所示。该试验平台主要分为三部分：1.4 m 直径的活塞缸套与气

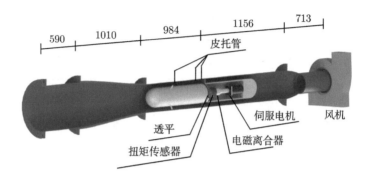

图 3-1 东京大学 OWC 空气透平性能测试装置

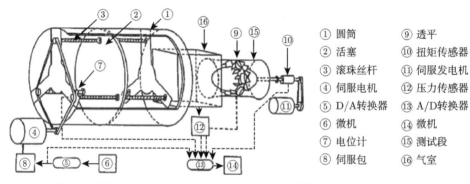

① 圆筒   ⑨ 透平
② 活塞   ⑩ 扭矩传感器
③ 滚珠丝杆   ⑪ 伺服发电机
④ 伺服电机   ⑫ 压力传感器
⑤ D/A转换器   ⑬ A/D转换器
⑥ 微机   ⑭ 微机
⑦ 电位计   ⑮ 测试段
⑧ 伺服包   ⑯ 气室

图 3-2 佐贺大学 OWC 空气透平性能调试平台 [10] (已获 Elsevier 授权)

室, 以及直径为 300 mm 具有喇叭形进出口的测试段, 透平模型安装于测试段中部 [9,10]。该装置利用直流式伺服电机控制活塞的运动幅度及频率, 可产生持续时间较短的定常气流或振荡气流。

在空气透平的定常性能测试试验中, 定常气流流速恒定, 伺服电机控制透平转速由小到大变化, 从而覆盖透平工作时的流量系数范围。试验中测量的物理量包括空气流量、输出扭矩、转速及透平两端压降等。此外, 在振荡气流下, 透平的自启动性能主要体现在角速度的时程变化, 但由于此时各物理量均随时间波动, 因此透平非定常工作性能多采用拟定常算法, 即对定常试验的无量纲参数结果进行积分等运算, 近似求得透平在非定常气流条件下自启动过程中角速度时程曲线及周期平均 (时均) 效率。通过该装置获得的定常性能测试结果为诸多学者的数值计算模型提供了经典的验证数据 [11-20]。

爱尔兰利莫瑞克大学 (University of Limrick) 的空气透平性能测试平台 [21], 如图 3-3 所示。该平台整体设计思路与日本东京大学装置类似, 主要由造流段、稳流段、测试段及传动段四部分组成。离心式风机产生压差, 使外部空气被吸入。气流流经透平后, 进入长为 2 m 的气室, 气室内部设有蜂巢结构可降低湍动强度,使气流更加平直、均匀。最终气流进入长为 0.67 m 的标定喷嘴以测量气流流量，并由风机出口排出。

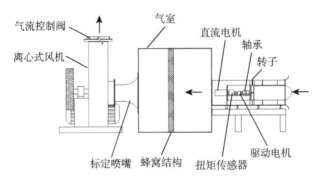

图 3-3　爱尔兰利莫瑞克大学空气透平性能测试平台示意图 [21] (已获 Elsevier 授权)

　　测试段空气透平直径为 0.6 m，并通过扭矩传感器与一直流驱动电机相连，使透平能以预设转速旋转；压力由四个不同量程的微压计之一测得，通过使用电磁阀及反馈回路可保证压力的测量精度，压力在 0.2 ~ 2000 mm 水柱范围内测量精度可达读数的 1%；气流流速及方向由一个直径为 4 mm 的圆柱形三孔定向探针测得，孔口设为 60°，距离探针头 8 mm，探针上配有水平仪作为基准，并由游标量角器测量流向，该设备被组装在一个表盘高度计上以遍历截面各位置；扭矩传感器量程为 40 N·m，测量可精确至 0.02 N·m[22]。定常试验中，气流流速恒定，通过改变转速以覆盖整个流量系数范围。同时，传动系轴承摩擦及风阻损耗均简化为转速的函数形式，修正扭矩传感器测得的扭矩值用以代表透平在气流驱动下的实际扭矩输出 [23,24]。此外，该装置还可通过阀门执行机构控制风机出口端的开口面积以产生半周期的正弦或随机气流的正向部分。利用该装置获得的试验结果也可为 OWC 空气透平数值模型验证提供基准 [25-33]。

　　葡萄牙里斯本理工大学 (Technical University of Lisbon) 早期研发的空气透平测试平台 [34]，如图 3-4 所示。与利莫瑞克大学的装置类似，该平台同样利用离心风机产生压差，将外部空气吸入，产生的气流先后流经透平、气室、渐缩喷嘴及排气口。气室内设有蜂巢结构，使得气流能够更加平直地进入标定好的渐缩喷嘴以测量流量。气室和渐缩喷嘴均按照国际通风及空调协会 (Air Moving and Conditioning Association International Inc.，简称 AMCA) 所公布的 210/67 标准设计。空气透平直径为 0.488 m，通过扭矩传感器与电机相连，并采用无级变速器控制透平转速。

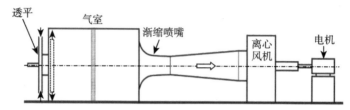

图 3-4　葡萄牙里斯本理工大学初代空气透平测试平台 [34](已获 Elsevier 授权)

　　2019 年，里斯本理工大学设计制造了第二代空气透平性能测试平台，装置设计更精密，如图 3-5 所示。第二代平台配置了两个气室，其中一个用于降低气流流速和涡旋强度，提高气压测量的精度，另一个用于平滑由于执行气阀的快速关闭而可能产生的压力波。气阀由 PID 控制环反馈系统控制，能够精确根据由计算机给出的压力信号进行动作。平台还集成了一个硬件在环模型，能够根据 OWC 装置对入射波的水动力响应产生压力信号。该装置不仅可以产生单向定常气流，还可以产生单向高速振荡气流，装置的可靠性已通过了初步的试验验证 [35]。

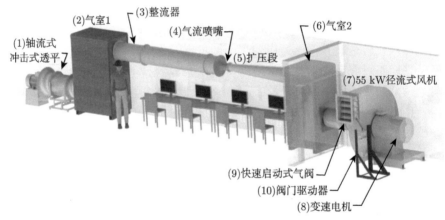

图 3-5　葡萄牙里斯本理工大学二代透平性能测试平台 [35](已获 Elsevier 授权)

　　德国锡根大学 (University of Siegen) 开发的透平定常性能测试平台，如图 3-6

所示。该设备采用离心风机产生单向气流，气流通过分束衰减器后流经安装有蜂窝结构的气室，保证气流在时间及空间上更为均匀、平稳。气室后端的导流罩内安装透平，透平上下游截面处安装热线探针，用于测量该处的湍流强度及流场情况，而流量及静压则通过率定的喷嘴结构及压力传感器进行测量。该装置可用于探索叶栅稠度及轮毂比对无导流叶片的威尔斯透平气动声学性能的影响。研究表明，转速固定时，较高的叶栅稠度不仅可提高发电量，还能缓解透平声波发射现象，进而降低噪声污染。其他定常试验测试的透平还包括轴流式威尔斯透平、径流式反动型透平、双级轴流式威尔斯透平[36−38]。

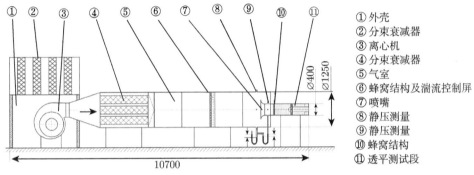

① 外壳
② 分束衰减器
③ 离心机
④ 分束衰减器
⑤ 气室
⑥ 蜂窝结构及湍流控制屏
⑦ 喷嘴
⑧ 静压测量
⑨ 静压测量
⑩ 蜂窝结构
⑪ 透平测试段

图 3-6　德国锡根大学透平定常性能测试平台[37](已获 Elsevier 授权)(单位：mm)

综上所述，国际上大多数空气透平性能测试平台仅可产生定常气流，因此仅能测试透平在定常气流条件下的工作性能，只有为数不多的平台可产生振荡气流或半周期振荡气流，能够模拟真实海况下气流输入条件的更是寥寥无几。随着空气透平气动性能研究的逐步深入，原有测试平台已无法满足全部测试需求，平台的设计与开发也正向着设计更系统、制造更精良、测量更精确、流程更标准、动力输入更符合实际、控制及数据采集更为自动化的趋势发展。

3.3　试验透平与风洞

3.3.1　冲击式透平模型

如 2.3.3 节所述，安装链接式自俯仰控制导流叶片的冲击式透平的工作性能相对较好，但该类透平的导流叶片需根据振荡气流的来流方向在预设角度范围内自由摆动，导致导流叶片旋转连接部位机械制造难度变大，且在实际工作中易于破坏，维修频率高，不符合波浪能装置的设计准则。安装固定式导流叶片的冲击式透平虽然峰值效率不如前者，但其结构及制造工艺简单，在 OWC 装置的实际工程中应用也更为广泛。在参考前人研究成果的基础上，中国海洋大学团队自主设计了安装固定式导流叶片冲击式透平的基础模型。

　　透平模型的结构尺寸如图 3-7 所示，整个模型由 26 对上、下游导流叶片以及 30 个动叶片组成。动叶片安装在轮毂转子上，上、下游导流叶片对称布置在动叶片两侧的定子上。导流叶片轮廓线由半径为 37.2 mm 的圆弧段及长为 34.8 mm

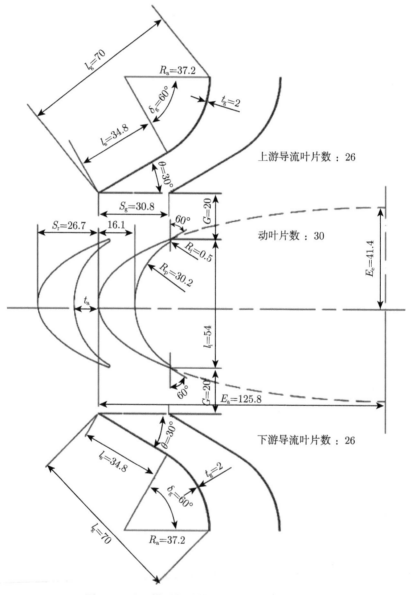

图 3-7　透平模型的结构尺寸及三维模型示意图

的直线段组成，径向弦长 $l_g = 70$ mm，中心线弯曲角 $\delta_g = 60°$，叶片厚度为 2 mm，中值半径截面处叶片间隔 $S_g = 30.8$ mm，叶片装置角 $\theta = 30°$。动叶片轮廓线整体呈新月形，其压力面是一段半径为 30.2 mm 的圆弧，吸力面是一段椭圆弧，椭圆的半长轴及半短轴分别为 125.8 mm 和 41.4 mm，两段弧线通过半径为 0.5 mm 的小圆弧平滑连接。此外，动叶片入射角为 60°，中值半径截面处叶片厚度为 16.1 mm，叶片间隔为 $S_r = 26.7$ mm。

模型其他尺寸细节如表 3-1 所示。

表 3-1　透平部分结构尺寸表

结构	数值	结构	数值
透平直径	298 mm	轮毂头椭球体半长轴	150 mm
轮毂直径	210 mm	轮毂头椭球体半短轴	105 mm
外径间隙	1 mm	动叶片质量	4.65 kg
中值半径处动叶片稠度	2.02	动叶片转动惯量	0.051 kg·m²
上、下游导流叶片间透平长	499 mm	动叶片与导流叶片之间的间距	20 mm

模型实物图如图 3-8 所示。透平模型的导流叶片、动叶片、轮毂部分采用铝合金材质，导流罩为亚克力材质。导流叶片及动叶片结构由五轴高精机床整体切割形成，叶片表面粗糙度保持在 3 μm 以下。透平模型加工时必须保证动叶片具有良好的静平衡及动平衡性能，转轴需在高速转动下无变形。后续定常试验及数值模拟研究多以该模型为基础，通过探索优化结构参数等手段提高其性能。

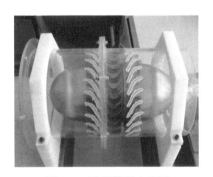

图 3-8　透平模型实物图

3.3.2　定常风洞与往复流风洞

3.3.2.1　定常风洞

定常风洞结构如图 3-9 所示，由离心机、扩压段、稳定段、蜂窝结构、收缩段、标准段六部分组成，分别对应图中的①～⑥段，而⑦～⑪段为测试传动系。风机采用离心式，该类风机比轴流式风压更大，可保证高速旋转透平产生较大风阻的情况下，仍能生成足够流量的管道气流。同时，通过变频器控制三相交流变频电机的转速，可改变装置出口端的气流流速。扩压段是一段截面逐渐扩大的管道，气流流经扩压段时，风速降低、风压增大。由于造流装置的功率损失与流速的三次方成正比，因此设置扩压段的目的在于尽可能地降低流速，进而减少风机的功率损失。稳定段截面积较大，其中安装有蜂窝结构及阻尼网。蜂窝结构对气流具有导向作用，用于减小气流偏角，粉碎大、小旋涡，降低气流横向湍流度，而阻尼网可进一步降低气流的轴向湍流度，促进气流更加平直、均匀。收缩段将气流加速，使进入标准段的气流不仅达到设计流量 (流速)，而且具有均匀、稳定的特征。值得一提的是，为了避免气流收缩过急而发生流动分离现象，收缩段的截面型线选用了双三次曲线。该定常风洞的主要技术参数如表 3-2 所示；定常风洞实物，如图 3-10 所示。

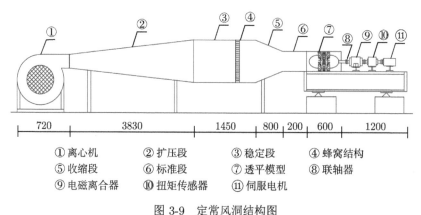

①离心机   ②扩压段   ③稳定段   ④蜂窝结构
⑤收缩段   ⑥标准段   ⑦透平模型   ⑧联轴器
⑨电磁离合器   ⑩扭矩传感器   ⑪伺服电机

图 3-9   定常风洞结构图

表 3-2   定常风洞的主要技术参数

型号	DN300	防护等级	IP43
标准段直径	300 mm	风机全压	5000 Pa
标准段流速范围	0~15 m/s	使用温度	$-5 \sim 40°C$
变频电机功率	11 kW	噪声	<85 dB

图 3-10 定常风洞实物图

　　根据测试规程要求，每次连续试验之前需对定常风洞进行率定，即确定 "变频器频率与标准段流速" 间的对应关系。为了保证入射气流的可靠性，还应测试标准段气流的稳定性、均匀性，并参考其他低风速风洞的测试方法[39]。

　　本节以 2016 年 11 月 30 日的一次常规率定测试为例，对相关测试流程与结果处理进行介绍。测试时的环境条件为：温度 21.1°C，湿度 43% RH，大气压 98.97 kPa。

　　定常风洞的流速率定流程如下：设定变频器频率，启动离心式风机，经过 30 s 后，标准段气流渐趋稳定，在标准段横截面中心位置 (如图 3-11 中的点位 3) 安装 L 型皮托管，经由采集的压差值可计算获得该变频器频率下标准段的流速值，流速计算公式如下：

$$v_{\mathrm{a}} = K \times \sqrt{2P_{\mathrm{L}}/\rho_{\mathrm{a}}} \tag{3-1}$$

其中，v_{a} 为标准段流速；K 为 L 型皮托管系数，取值 1.0；P_{L} 为 L 型皮托管总压口与静压口的压差值，由压差变送器测得；ρ_{a} 为空气密度，取 1.205 kg/m^3。

　　"变频器频率与标准段流速" 参数的线性拟合结果如图 3-12 所示，横轴为标准段流速 (v_{a})，纵轴为离心机变频器频率 (f_{c})，两者线性关系明显，相关系数为 0.9995，线性方程表示如下：

$$f_{\mathrm{c}} = 2.8 \times v_{\mathrm{a}} - 0.2858 \tag{3-2}$$

此外，团队还对定常风洞不同定值流速条件下的气流稳定性测试分别进行了 3 次重复性测试，测试结果如表 3-3 所示，其中，流速极差 (v_{span})、标准差 (σ_v) 以及变异系数 (C.V) 的表达式如下：

$$v_{\mathrm{span}} = \max\left(v_{\mathrm{a}}\right) - \min\left(v_{\mathrm{a}}\right) \tag{3-3}$$

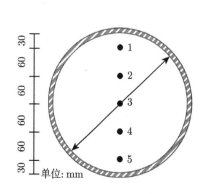

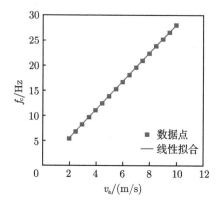

图 3-11　风洞测试区分布图　　　图 3-12　"变频器频率–标准段流速" 参数的线性拟合

表 3-3　风洞标准段流速稳定性测试

目标流速 v_a/(m/s)	2.00	2.50	3.00	3.50	4.00	4.50	5.00	5.50
频率 f_c/Hz	5.39	6.80	8.22	9.64	11.06	12.48	13.89	15.31
流速极差 v_{span}/(m/s)	0.03	0.03	0.01	0.02	0.01	0.01	0.02	0.01
标准差 σ_v/(m/s)	0.016	0.019	0.005	0.011	0.007	0.008	0.009	0.006
变异系数 C.V	0.83%	0.76%	0.18%	0.32%	0.19%	0.17%	0.18%	0.11%
目标流速 v_a/(m/s)	6.00	6.50	7.00	7.50	8.00	8.50	9.00	9.50
频率 f_c/Hz	16.73	18.15	19.57	20.98	22.40	23.82	25.24	26.66
流速极差 v_{span}/(m/s)	0.02	0.01	0.02	0.01	0.01	0.02	0.03	0.01
标准差 σ_v/(m/s)	0.008	0.007	0.010	0.008	0.005	0.010	0.016	0.007
变异系数 C.V	0.13%	0.10%	0.14%	0.10%	0.06%	0.11%	0.18%	0.07%

$$\sigma_v = \sqrt{\frac{\sum_{i=1}^{n}\left(v_i - \bar{v}_a\right)^2}{n-1}} \tag{3-4}$$

$$\text{C.V} = \frac{\sigma_v}{\bar{v}_a} \times 100\% \tag{3-5}$$

其中，$\max(v_a)$，$\min(v_a)$，v_i 及 $\bar{v}_a$ 分别为流速最大值、流速最小值、第 i 个流速值及流速平均值。

此外，为了评估定常风洞气流的均匀性，在图 3-11 所示的五个点位分别进行了流速测量，结果如表 3-4 所示。在低频率条件下，受制于变频器与离心式风机的工作精度，流速标准差稍大，风场有可能处于层流向湍流的过渡阶段，因此流速分布的不均匀性较明显；频率增加后，流速标准差均低于 0.03，变异系数均低于 0.01，风场的流速分布可认为是均匀的。

表 3-4 定常风洞流速均匀性测试

目标流速/(m/s)	2.00	3.00	4.00	5.00	6.00	7.00	8.00	9.00	10.00
频率/Hz	5.39	8.22	11.06	13.89	16.73	19.57	22.40	25.24	28.08
点位 1	2.03	3.00	4.01	5.03	6.04	7.04	8.04	9.02	10.02
点位 2	2.08	2.99	3.99	5.01	6.03	7.01	8.01	9.01	10.00
点位 3	1.93	2.94	3.95	4.96	5.98	6.99	7.96	8.97	9.97
点位 4	2.05	3.00	4.01	5.00	6.01	7.00	7.99	8.98	9.98
点位 5	2.03	3.00	4.01	5.01	6.01	7.01	7.99	8.98	9.97
均值/(m/s)	2.02	2.99	3.99	5.00	6.01	7.01	8.00	8.99	9.99
标准差/(m/s)	0.0557	0.0260	0.0284	0.0246	0.0247	0.0204	0.0287	0.0205	0.0219
变异系数/%	2.76	0.87	0.71	0.49	0.41	0.29	0.36	0.23	0.22

综上，定常风洞流速率定给出了"变频器频率–标准段流速"参数线性拟合公式，两参数高度的线性关系为定常试验工况的制定提供了参考依据。同时，风洞风场的稳定性及均匀性测试结果表明，在低频条件下，风洞风场的均匀性及稳定性稍差，高频率风场稳定性及均匀性良好，流场品质满足透平定常性能测试的要求。

3.3.2.2 往复流风洞

往复流风洞结构如图 3-13 所示，由伺服电机、联轴器、滚珠丝杠、行程开关、导轨滑块、气缸及标准段组成，对应图中的①~⑦，而⑧~⑫ 段为测试传动系。风洞工作时，交流伺服电机通过滚珠丝杠驱动圆柱形气缸内的活塞做往复运动，近似模拟 OWC 气室内自由水面振荡形成的往复气流。安全起见，装置导轨安装架上还设有行程开关以限制导轨滑块的活动区域，当导轨滑块触发行程开关时，伺服电机电源断开，自动实现电气保护。上位机程序基于 LabVIEW 编写，控制器采用西门子 S7-224 系列，两者通过基于点对点通信协议的串口进行通

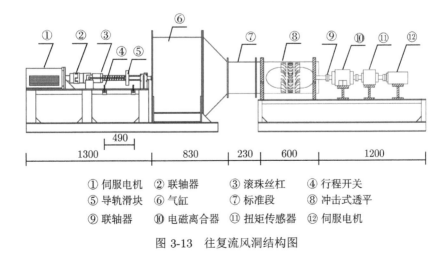

① 伺服电机 ② 联轴器 ③ 滚珠丝杠 ④ 行程开关
⑤ 导轨滑块 ⑥ 气缸 ⑦ 标准段 ⑧ 冲击式透平
⑨ 联轴器 ⑩ 电磁离合器 ⑪ 扭矩传感器 ⑫ 伺服电机

图 3-13 往复流风洞结构图

信。规则正弦气流输出模式下，可在上位机监控界面上设置活塞运动的频率及行程，进而产生具有不同周期、不同流速峰值的规则正弦气流。此外，该装置的控制系统还集成了一套基于随机波浪理论与波浪谱的算法，可产生具有不同谱峰周期和有效冲程的随机气流，即基于谱算法的随机往复气流输出模式。往复流风洞的主要技术参数如表 3-5 所示，实物如图 3-14 所示。

表 3-5　往复流风洞技术参数

项目	数值	组件	型号
活塞行程范围	200~350 mm	伺服电机	日本 SGMSV-30ADA21
活塞频率	0.2~0.8 Hz	滚珠丝杠	台湾 SFE05050-6
圆柱段直径	800 mm	主控 PLC	西门子 S7-224XP CN
标准段直径	300 mm	防护等级	IP43
流速峰值范围	0~5.7 m/s		

图 3-14　往复流风洞实物图

同样地，往复流风洞在连续试验前也需要进行率定。首先，应开展标准段正弦气流流速的率定工作，即确定标准段正弦气流条件下"活塞运动行程与标准段流速峰值及活塞运动频率与气流变化周期"两对参数间的对应关系。根据风洞运行特点，在率定中同步开展了两种测定气流流速的方法：

(1) 在活塞一侧安装拉绳位移传感器，实时测量、记录活塞的位移，通过对活塞位移求导计算活塞的瞬时水平运动速度，并根据连续性原理求得标准段气流的流速，采用该方法的前提是活塞造流装置体积有限，无需考虑空气压缩性，圆柱形气缸截面处与标准段截面处的气流流量具有连续性；

(2) 在标准段截面中心处安装 S 型皮托管并连接压差变送器，实时测量、记录该处的压差，数据分析时根据式 (3-1) 将压差换算成标准段的气流流速。

正弦气流率定验证结果如图 3-15 所示。图 3-15(a) 给出了活塞行程 $S = 320$ mm，运动频率 $f = 0.5$ Hz 工况下，采用两种方式测得的标准段气流流速的时程曲线。活塞位移换算的流速时程为标准正弦曲线，周期与活塞运动周期相同，峰值及谷值基本对称。相较之下，皮托管压差换算求得的流速时程在峰值及谷值处圆钝状较明显, 并非标准正弦曲线, 这是由于数据处理时具有正弦形态的压差时程经开方运算后缺失了正弦的属性。

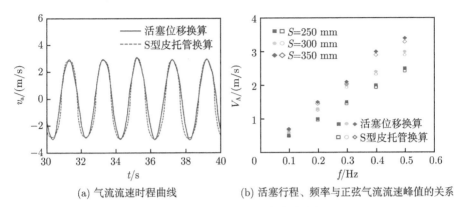

(a) 气流流速时程曲线　　　(b) 活塞行程、频率与正弦气流速峰值的关系

图 3-15　标准段正弦气流流速率定

图 3-15(b) 给出了不同活塞行程、运动频率下的正弦气流流速峰值, 实心散点为活塞位移换算流速结果, 空心散点为 S 型皮托管压差换算流速结果。明显地, 同一活塞行程下, 两种方式测得的流速峰值均随着活塞频率的提高而线性增加。同一活塞频率下, 活塞行程的增加可在一定程度上增大流速峰值, 在大活塞频率下尤为显著。此外, 两种方式测得的流速峰值在各个工况下均差别不大, 相对差距在 3% 以内。由此可见, 两种测量气流流速的方式均具有较高的可靠性, 活塞位移换算气流流速的方式更为理想。

由图 3-15 可知, 气流峰值流速大小与推板行程 S、推板运动频率 f 相关。为进一步分析往复气流与造流条件的关系, 引入气流周期体积通量 $Q_c(\mathrm{m}^3)$ 的概念, 即一周期内气流总量 (体积), 其值仅与推板运动行程相关。

$$Q_c = 2 \cdot A_p \cdot S \tag{3-6}$$

其中, A_p 为推板面积。

为了得到峰值流速 V_A 与周期流量 Q_c 及往复运动频率 f 的关系, 采用瑞利法进行量纲分析。根据已知关系可给出如下函数关系式:

$$V_A = f\left(Q_c, \frac{1}{T}\right) \tag{3-7}$$

将式 (3-7) 写为指数乘积形式, 可得

$$V_A = k_a (Q_c)^a (1/T)^b \tag{3-8}$$

其量纲表达式为

$$[\mathrm{l}]^1 [\mathrm{T}]^{-1} = k_a \left([\mathrm{l}]^3\right)^a \left([\mathrm{T}]^{-1}\right)^b \tag{3-9}$$

由量纲和谐原理可得各量纲指数

$$a = 1/3, \quad b = 1 \tag{3-10}$$

将式 (3-10) 代入式 (3-8) 可得

$$V_A = k_a \left(Q_c\right)^{1/3} \left(1/T\right)^1 = k_a \left(Q_c\right)^{1/3} f \tag{3-11}$$

综上，Q_c 和 f 可视为影响往复气流条件的主要参量，可据此指导正弦气流工况的设计。为了进一步验证上述分析，可按式 (3-12) 对气流流速时程曲线进行积分计算获得实测气流周期体积通量，如表 3-6 所示，所得结果与通过式 (3-6) 计算获得的理论值一致。

$$Q_c = 2 \int_0^{\frac{1}{2f}} v \cdot A_p \mathrm{d}t \tag{3-12}$$

表 3-6   不同工况下的流量峰值 q_p 及气流周期体积通量 Q_c

S		f				
		0.3 Hz	0.4 Hz	0.5 Hz	0.6 Hz	0.7 Hz
200 mm	$q_p/(\mathrm{m}^3/\mathrm{s})$	0.09	0.12	0.15	0.18	0.21
	Q_c/m^3	0.20	0.20	0.20	0.20	0.20
250 mm	$q_p/(\mathrm{m}^3/\mathrm{s})$	0.11	0.154	0.19	0.23	0.26
	Q_c/m^3	0.25	0.25	0.25	0.25	0.25
300 mm	$q_p/(\mathrm{m}^3/\mathrm{s})$	0.14	0.19	0.23	0.27	0.31
	Q_c/m^3	0.30	0.30	0.30	0.30	0.30
350 mm	$q_p/(\mathrm{m}^3/\mathrm{s})$	0.16	0.21	0.25	0.31	0.36
	Q_c/m^3	0.35	0.35	0.35	0.35	0.35

如前所述，通过结合随机波浪理论，往复流生成装置不仅能模拟往复正弦气流，还能够模拟不规则气流。此处，假设活塞模拟的自由水面为刚性面，忽略气体压缩性，自由水面振荡与入射波的传递函数可通过理论分析、水工试验及数值模拟计算等获得。根据装置的自身条件，限制造流系统活塞推板有效行程的绝对值范围为 0.085~0.5 m，谱峰周期 >2 s。此处，以有效行程 0.075 m，谱峰周期 3 s，JONSWAP 谱及谱峰升高因子 3.3 为例进行测试，活塞推板运动行程的目标与实际时间序列对比如图 3-16 所示，谱分析对比结果如图 3-17 所示。

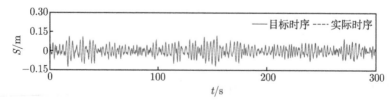

图 3-16   活塞推板运动行程的目标与实际时间序列对比

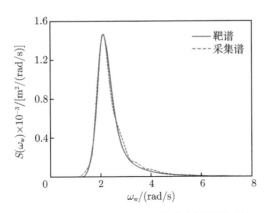

图 3-17 活塞推板运动行程的谱分析结果对比

参考波浪模型试验的相关规程[40]，该往复气流序列统计偏差如表 3-7 所示。比较结果显示，往复流装置生成的不规则气流与目标气流的时序及谱目标基本一致，满足相关规程的要求。根据图 3-15 的分析结果可知，通过上述活塞推板数据可推求相应的入射往复气流参量。

表 3-7 活塞推板运动行程统计分析结果偏差

序号	内容	允许偏差	实际偏差
1	实际谱总能量与目标靶谱波能总能量偏差	±10 %	7.7%
2	行程的谱峰频率偏差	±5%	3.8%
3	谱密度大于等于 0.5 倍谱峰密度的范围内，谱密度分布偏差	±15%	9.1% /5.9%
4	有效行程、谱峰周期偏差	±5%	2.0% /0.6%
5	模拟时间序列 1% 累计频率行程、有效行程与平均行程比值偏差	±15%	2.8% /1.3%

3.4 定常与往复气流试验流程

3.4.1 定常气流试验

3.4.1.1 定常气流测试系统

定常气流测试数据采集与控制系统如图 3-18 所示，由 L 型皮托管、扭矩传感器、压差变送器等仪器设备及电磁离合器、伺服电机、数据采集箱、计算机等控制部件组成。测试中，两个 L 型皮托管的总压口连接压差变送器，分别测量透平上、下游端的总压。上游端 L 型皮托管距离透平上游轮毂头约 140 mm，下游端 L 型皮托管探入下游导流叶片，其探头距离动叶片中心线约 50 mm。扭矩传感器可测量整个旋转系统的转矩及转速。电磁离合器可控制透平模型与后端数据采集链的连接与切离，也可使整个传动系处于刹车状态。在传动系的末端安装有伺服电机，通过向伺服驱动器输出固定电流值，可控制其带动整个传动系在任意预设固定转速下转动。透平、电磁离合器、扭矩传感器及伺服电机之间通过 LM1型梅花弹性联轴器相连，保证各部件的旋转具有同轴性，并降低旋转体系的机械摩擦。

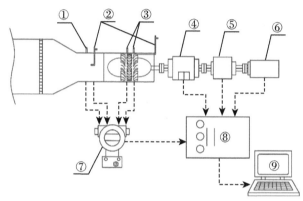

① 静压孔　　②L型皮托管　　③静压孔
④ 电磁离合器　⑤ 扭矩传感器　⑥ 伺服电机
⑦ 压差变送器　⑧ 数据采集箱　⑨ 计算机

图 3-18　定常气流测试数据采集与控制系统 [41](已获 Elsevier 授权)

系统采用的主要仪器设备如图 3-19 所示，其基本信息如下。

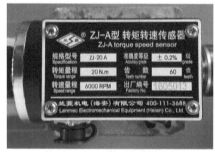

(a) 扭矩传感器

(b) 压差变送器及手操仪

(c) 电磁离合器

(d) 伺服驱动器及伺服电机

(e) 数据采集硬件子系统   (f) 数据采集软件子系统

图 3-19 定常气流测试数据采集与控制系统主要软硬件设备

扭矩传感器由江苏兰菱 (海安) 机电科技有限公司制造, 型号为 ZJ-20A, 质量为 3.8 kg, 适用于静态扭矩及动态扭矩的测量, 扭矩及转速量程分别为 ± 20 N·m, $0 \sim 6000$ r/min, 测量误差小于 0.2%, 如图 3-19(a) 所示。

压差变送器由北京远东罗斯蒙特仪表有限公司生产, 型号为 3051DP1A, 其测量量程可由 HART388 型智能手操仪从 ± 0.12 kPa 调至 ± 13.8 MPa, 在 ± 1 kPa 量程下, 测量精度可达 1%。压差变送器及手操仪实物如图 3-19(b) 所示。

电磁离合器功率为 20 W, 静摩擦转矩为 2.2 N·m, 质量为 6.8 kg, 是 SX-A-2.5 型单法兰电磁离合器刹车组合体, 由中国台湾视翔公司制造, 如图 3-19(c) 所示。

交流伺服电机由苏州汇川技术有限公司制造, 型号为 ISMH1-10C30CB, 其额定功率、扭矩及转速分别为 1000 W, 3.18 N·m, 3000 r/min。将伺服驱动器的工作模式设置为速度控制模式, 由主控制器发出信号, 伺服电机能够按照预设转速旋转, 并带动透平及整个传动系按照恒定速度值转动。伺服驱动器及伺服电机的实物如图 3-19(d) 所示。

基于 LabVIEW 的数据采集系统由中国海洋大学海洋能团队的骨干成员、工程学院自动化测控系黎明教授团队自主研发, 硬件子系统内部结构如图 3-19(e) 所示, 包括主控制器 NI_CompactDAQ-9184 及四个采集板卡, 即 NI 9203(8 通道, 模拟量输入模块)、NI 9205(32 通道, 模拟量输入模块)、NI 9265(4 通道, 模拟量电流输出模块) 以及 NI 9375(32 通道, 数字量输入输出模块)。

软件子系统的上位机监控软件界面包括"采集控制与波形分析"和"参数设置"两部分, 如图 3-19(f) 所示。前者主要实现对电磁离合器、伺服驱动器的控制, 并显示各通道采集数据的实时波形, 后者则对各通道地址、采样频率、采样数据量程上下限等参数进行设置。

3.4.1.2 定常气流试验流程

由式 (2-37) 可知, 空气透平定常气流试验中通常有两种覆盖流量系数范围的方法: 一是透平动叶片转速保持恒定, 气流流速从小到大递增; 二是气流流速大小保持不变，动叶片转速从小到大递增。鉴于定常风洞气流风速覆盖范围有限，本书选用第二种方法，即进入标准段气流流速一定 (选取稳定度高、造流最为准确的流速值，并保持变频器频率一定)，利用伺服电机控制透平动叶片的转速从小到大递增，进而覆盖整个流量系数范围。

在需要监测的物理量中，风速、气压及转速等均可通过测试设备直接读取，而扭矩的读数需要进行特殊处理，这是因为在透平匀速旋转过程中，系统机械损失不可避免，主要包括机械摩擦损失及风阻损失两种。传动系中的扭矩传感器示数并非透平在气流驱动作用下产生的输出扭矩，而是包含了系统机械损失之后的合扭矩。因此，透平定常性能试验中采取两个步骤，尽可能消除系统机械损失的影响，以获得透平的真实气动扭矩。试验流程及伺服电机状态如图 3-20 所示。

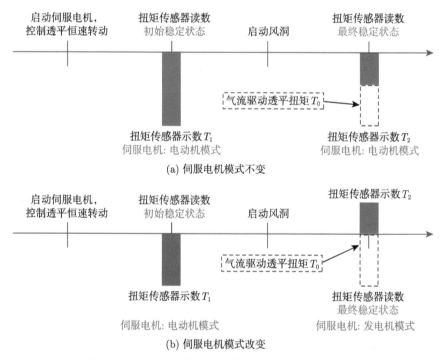

图 3-20　透平定常性能试验流程及伺服电机状态变化

第一步，启动伺服电机，带动透平按照预设的转速恒定转动，30 s 后达到初始稳定状态，此时第一次记录扭矩传感器示数 T_1，扭矩 T_1 为负值，代表系统机械损失的大小，主要为机械摩擦损失及风阻损失，此时伺服电机处于电动机模式，即伺服电机的出力用以平衡系统机械损失扭矩。

第二步，启动风洞，调整变频器以产生预设流速，30 s 后透平进入最终稳定状态，此时第二次记录扭矩传感器示数 T_2，T_2 是气流驱动透平产生的输出扭矩

T_0 及系统机械损失扭矩的合扭矩。若 T_2 为负值，伺服电机仍处于电动机模式以补偿系统机械损失扭矩，如图 3-20(a) 所示；反之，若气流驱动透平扭矩 T_0 足够大，并处于高入口流速条件下，T_2 为正值，伺服电机由电动机模式切换到发电机模式以平衡气流驱动透平扭矩，如图 3-20(b) 所示；试验中的数据采样频率为 50 Hz，且需保证气压、扭矩、转速同步采样至少 100 s。

综上，气流驱动透平产生的扭矩 T_0 的表达式如下：

$$T_0 = T_2 - T_1 \tag{3-13}$$

3.4.2　往复气流试验

3.4.2.1　往复气流测试系统

往复气流测试数据采集及控制系统，如图 3-21 所示，由拉绳传感器、S 型皮托管、扭矩传感器、压差变送器等仪器设备及电磁离合器、伺服电机、DC 电子负载、数据采集及控制的硬件子系统及软件子系统组成。拉绳传感器安装在活塞一侧，实时测量、记录活塞的位移，用于数据处理阶段气流流速的换算。

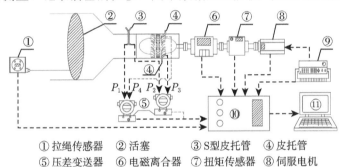

①拉绳传感器　②活塞　　　　③S型皮托管　④皮托管
⑤压差变送器　⑥电磁离合器　⑦扭矩传感器　⑧伺服电机
⑨DC电子负载　⑩数据采集箱　⑪计算机

图 3-21　往复气流测试数据采集及控制系统 [41](已获 Elsevier 授权)

由于气流是往复振荡的，总压管的布置相对定常气流测试更为复杂：在装置标准段安装 S 型皮托管，测量呼气阶段透平上游的总压 P_1 及吸气阶段透平下游的总压 P_2，S 型皮托管距透平轮毂尖端约 150 mm；在透平靠近大气端的导流叶片区设置两个贴合导流叶片且具有相反进气方向的总压管，测量呼气阶段透平下游的总压 P_4 及吸气阶段透平上游的总压 P_3。四个总压孔分别与两台压差变送器相连，实时测量测试中呼气阶段与吸气阶段动叶片上、下游总压降的变化。此外，扭矩传感器测量传动系的转矩和转速，电磁离合器控制透平模型与后端数据采集链的连接、切离，并保证整个传动系在测试前处于刹车状态。在透平非定常性能测试试验中，伺服电机与 DC 电子负载配合，实现透平的变负载运行。测试中数据采集及控制由数据采集及控制的硬件子系统及软件子系统统一记录及操作，保证各仪表采样的同步性。

压差变送器、扭矩传感器、电磁离合器、交流伺服电机及数据采集及控制的软、硬件子系统与定常测试的设备相同，具体信息参见 3.4.1.1 节。其他仪器设备实物如图 3-22 所示，具体信息如下。

(a) 拉绳传感器　　　　　　　　　　(b) 电子负载与整流桥

图 3-22　透平非定常性能测试仪器设备

拉绳传感器型号为 WFD20，由烟台五丰电子科技有限公司制造，最大有效行程 1000 mm，测量精度为有效行程的 0.1%，可输出 4~20 mA 标准直流信号，如图 3-22(a) 所示。

在透平非定常性能测试试验中，伺服电机后端与 DC 电子负载、整流桥设备连接，如图 3-22(b) 所示。电子负载由艾德克斯电子公司制造，型号为 IT8512，具有定电压、定电流、定电阻及定功率四种模式，该类测试中一般选择定电阻模式。透平在气流的作用下自启动后，带动伺服电机旋转产生交流电，交流电经整流桥整流后输出直流电与电子负载相连，通过设定电子负载的电阻值实现整个旋转体系的变负载运行。

3.4.2.2　往复气流测试试验流程

往复气流测试中，负载 (负载力矩) 是需要重点研究的参量之一，只有传动系上添加了负载，透平才能真正成为能量摄取部件、输出轴功并驱动发电机发电。换言之，负载条件在一定程度上决定了透平的功率输出性能，探索负载的影响规律可为透平转速控制机制、效率寻优策略的制定提供理论依据。本章测试中，将在伺服电机的后端配合使用 DC 电子负载及整流桥，为传动系添加负载扭矩，测试的流程及伺服电机状态如图 3-23 所示。

第一步，控制电磁离合器使传动系处于刹车状态，将 DC 电子负载切换为电阻模式，设定电阻值 R_R 以添加负载扭矩。根据率定结果，设定活塞推板的行程及频率，启动往复流风洞，运行约 30 s，使标准段的气流进入稳定状态。此过程中扭矩传感器示数 T_1 始终为 0。

第二步，将电磁离合器通电，使整个传动系解锁，透平在气流的作用下从静止开始逐渐加速转动，最后保持在稳定旋转状态，此时扭矩传感器示数为 T_2。整个过

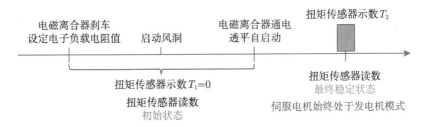

图 3-23 往复气流测试试验流程

程中，伺服电机始终处于发电机模式，数据采集箱的采样频率为 50 Hz，且需保证气压、扭矩、转速同步采样至少 100 s。

透平自启动过程中扭矩传感器的示数 T_2 实际代表的是发电机的反扭矩 T_R，主要包括发电机内部的机械摩擦扭矩 T_F 以及负载扭矩 T_L。试验中采用设定 DC 电子负载电阻值的方式为系统添加负载扭矩，因此需要重点分析负载扭矩 T_L 的影响因素及量化标准。

实际上，负载扭矩量值的影响因素复杂，仅采用一个无量纲系数或简单函数量化较为困难，特别是在往复振荡气流的条件下。因此，可对问题进行一定的简化处理，将气流条件理想化为定常气流，仅考虑两个负载扭矩的影响因素，即电阻值 R_R 和角速度。本章处理的负载扭矩量化结果如图 3-24 所示。在透平定常性能测试平台上开展了不同气流流速、不同电阻值条件下的透平自启动试验 (气流流速与电阻值的范围需覆盖往复流试验中的工况)，并同步记录透平稳定阶段的扭矩传感器示数及转速，如图 3-24(a) 所示。变换横纵坐标参量，如图 3-24(b) 所示，当 $10\ \Omega < R_R < 100\ \Omega$ 时，负载扭矩与角速度存在明显的线性关系。若将拟合直线的斜率定义为负载系数，用符号 k_R 代表，单位则为 $\text{g·m}^2/\text{s}$，则负载扭矩与角速

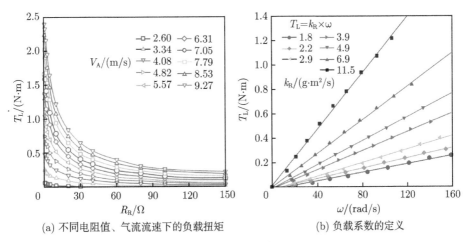

(a) 不同电阻值、气流流速下的负载扭矩 (b) 负载系数的定义

图 3-24 负载扭矩量化结果 [41,42](已获 Elsevier 授权)

度的关系可表示为

$$T_L = k_R \times \omega \tag{3-14}$$

负载系数是直接表征负载效应的参数，其量值与电阻值一一对应，当 R_R 由 10 Ω 变为 100 Ω 时，负载系数 k_R 相应地从 11.5 g·m²·s⁻¹ 变为 1.8 g·m²·s⁻¹，该部分测试结果可为透平非定常性能测试中负载扭矩的量化提供直接数据参考。此外，我们假设 T_F 仅与旋转体系的转速有关，通过汇总无负载条件下 ($k_R = 0$) 透平稳定阶段的扭矩传感器示数及转速结果，即可获得 T_F 与系统转速的一一对应关系。

3.5   冲击式透平工作性能的试验评价

本章 3.2 节已对 OWC 空气透平定常气流的试验风洞进行了综述。基于上述设备，已有学者开展了一系列的定常试验，探索了不同结构参数 (如叶片稠度、叶片安装角、轮毂比、径间比、外径间隙等) 的影响规律，为空气透平的优化设计积累了较为丰富的数据。必须指出的是，虽然前述团队各自形成了较为成熟的测试体系，但仍存在较多问题：

(1) 测试缺乏相关设备与标准化流程的展示，未知因素较多，不利于不同团队成果间的横向比较与数值模拟验证设置；

(2) 部分测试条件，如日本 Setoguchi 团队采用短时定常气流，稳定性与可靠性缺乏必要的验证校核；

(3) 气流仍多为定常输入，条件单一，难以满足快速发展的透平研究需要；

(4) 关于规则正弦气流或不规则气流条件下透平性能的报道仍较少，无法构建 OWC 空气透平的完整知识体系。

针对上述问题，除了测试设备与流程的详细介绍 (3.3 节和 3.4 节)，本章还将重点介绍传统文献中未涉及或较少报道的重要内容，包括不同参量时程曲线、雷诺数对工作性能的影响，定常与往复气流下的自启动性能，正弦气流与不规则气流下的透平工作性能等。传统报道中较多的结构优化等内容，将在第 4 章定常数值模拟计算工作中进行重点介绍。

3.5.1   定常气流试验

3.5.1.1   定转速模式

在 OWC 空气透平研究中，一般首先开展的研究形式是：输入气流为定常条件，透平则依靠伺服电机作用保持固定转速不变，因此被称为定转速模式。该类研究由于输入条件简单，转速稳定，透平工作接近定常状态，有利于揭示其基本工作性能与特征，便于优化结构参量。因此，在初始阶段通常率先开展此类研究。

试验中，需要实时记录各参量，包括透平上、下游端总压 (p_C 和 p_A)，扭矩传感器示数及转速 (T_T 和 R)，为后续统计分析收集数据。图 3-25 展示了四个典型测试工况下各参量的时程变化曲线，其中四个工况由两种入口流速 v_a(5.6 m/s 和 10.0 m/s) 及两种透平转速 R(600 r/min 和 1500 r/min) 分别组合而成。

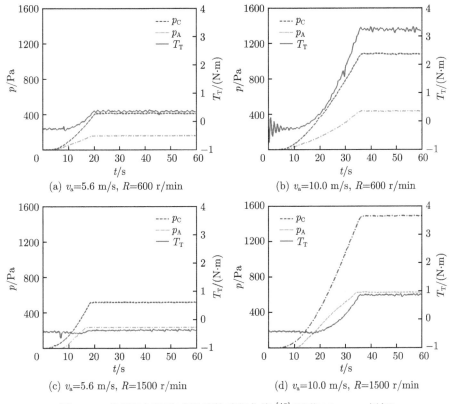

图 3-25 总压及扭矩传感器示数时程曲线 [40](已获 Elsevier 授权)

图 3-25 中横轴为时间 t，零点为风机启动时刻，左侧纵轴标注总压大小，右侧纵轴标注扭矩大小。整体上，相比于转速，气流流速对上、下游总压的大小影响更明显。扭矩的初始值 ($t = 0$) 为负值，且同一转速下相同。实际上，该值代表了系统的机械摩擦扭矩，可认为是一个仅与转速有关的变量。此时，伺服电机处于电动机模式。

风机启动后，上、下游总压由零逐渐增大，直至稳定，透平进入稳定阶段后的扭矩值与流速、转速均有关。同一转速下，风速越大，稳定段的扭矩值越大，如 10.0 m/s 流速下的扭矩约为 5.6 m/s 流速下的 8 倍；另一方面，同一流速下，转速越大，稳定段的扭矩值则越小，如 $R = 1500$ r/min 时的扭矩值约为 $R = 600$ r/min 时的 1/4 左右。图 3-25(a)、(b)、(d) 中稳定段的扭矩值为正值，代表这三种工况下伺服电机已由电动机模式切换为发电机模式以平衡气流驱动扭矩；而图 3-25(c) 中稳定段扭矩值仍为负值，代表此工况下伺服电机仍维持在电动机模式以继续补偿系统机械损失扭矩。通过观察各参量的时程曲线，可获取第一手试验数据并判断伺服电机状态，对作用于传动系的扭矩进行区分、定量，在排除机械损失扭矩的基础上，更加精确地获得透平的定常气动性能。

由第 2 章的分析可知，空气透平物理模型试验"原型–模型相似"条件除了几何相似、模型及原型流量系数相同等条件之外，还需探索雷诺数的影响规律。不同雷诺数下各实测参量随流量系数的变化趋势如图 3-26 所示。

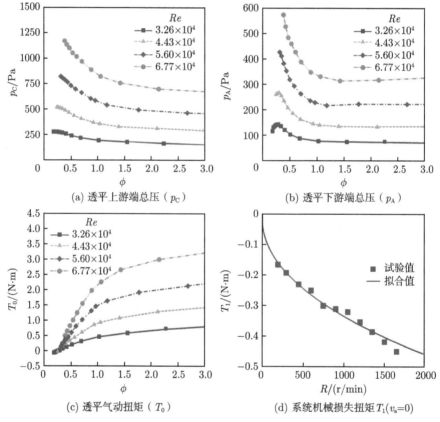

(a) 透平上游端总压（p_C）　　　　　　　　(b) 透平下游端总压（p_A）

(c) 透平气动扭矩（T_0）　　　　　　　(d) 系统机械损失扭矩 $T_1(v_a=0)$

图 3-26　雷诺数对各实测物理量的影响 [40]（已获 Elsevier 授权）

如图 3-26(a) 所示，雷诺数越大，上游端总压 p_C 值越大，同一雷诺数下，p_C 随流量系数的增大而降低，整体下降幅度在雷诺数较大时更明显。下游端总压 p_A 的变化趋势与 p_C 相似，当 $Re = 3.26 \times 10^4$、4.43×10^4 且 $\phi < 0.3$ 时，p_A 随 ϕ 的增大出现了短暂的上升段，如图 3-26(b) 所示，随着 ϕ 的增大，p_A 在前段下降迅速，随后变化趋缓。在图 3-26(c) 中，各雷诺数下透平气动扭矩 T_0 曲线的变化趋

势类似,当 $\phi < 1.5$ 时,T_0 随流量系数的增大而急剧上升,但当 $\phi > 1.5$ 时,上升坡度变缓。此外,当 $\phi < 0.27$ 时,T_0 为负值,即透平在气流驱动下无法产生正扭矩,该现象对应透平转速较高而入口流速相对较小的情况,此时透平气动扭矩无法克服系统机械摩擦等扭矩。此外,由于定常风洞在风速 1.9 m/s 以下时气流的均匀性与稳定性较差,因此本次试验的最小流量系数为 $\phi = 0.18$,图 3-26(a)~(c) 中则缺少 $0 < \phi < 0.18$ 范围内各实测参量的数据。在实海况下,通过透平的气流是往复振荡的,一个波浪周期内透平会经历两次气流换向,而换向时通过透平的气流流速为 0,因此有必要研究 $v_a= 0$ 及不同转速条件下透平的工作状态,即重复定常性能测试的第一步。图 3-26(d) 给出了此条件下扭矩传感器对应不同透平转速时的示数,也代表了系统机械损失扭矩。当透平转速由 200 r/min 增至 1650 r/min 时,机械损失扭矩由 -0.175 N·m 增大为 -0.45 N·m。该扭矩可拟合为透平转速的幂函数形式,并为数模中估算传动系整体机械损失提供参考。

　　雷诺数对定常性能参量的影响,如图 3-27 所示。在图 3-27(a) 中,雷

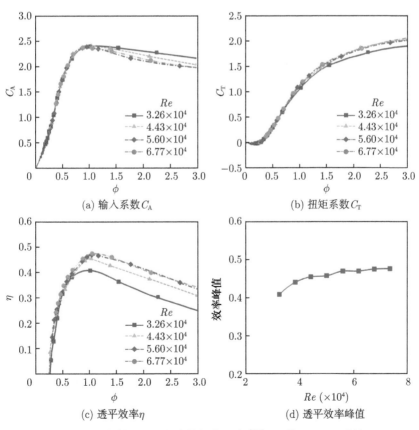

(a) 输入系数 C_A　　　　　　　　　　(b) 扭矩系数 C_T

(c) 透平效率 η　　　　　　　　　　(d) 透平效率峰值

图 3-27　雷诺数对透平定常性能的影响 [40] (已获 Elsevier 授权)

诺数对输入系数的影响主要体现在高流量系数区，即当 $\phi > 1$ 时，雷诺数越大，输入系数 C_A 则越小，而雷诺数为 5.60×10^4 及 6.77×10^4 的两条曲线基本重合。在图 3-27(b) 中，除 $Re = 3.26\times10^4$ 对应的曲线外，其他三条扭矩系数 C_T 的曲线基本重合。此外，C_T 在 $0.18 < \phi < 0.27$ 范围内为负值，这与图 3-26(c) 中透平气动扭矩 T_0 在该流量系数范围内为负值相对应。

雷诺数对透平效率 η 的影响较明显，如图 3-27(c) 所示。在 $Re = 3.26\times10^4$ 条件下，透平效率在整个流量系数范围内均处于最低水平，虽然雷诺数的提高能够有效提升透平效率，特别是在 $\phi > 0.68$ 的范围内，但在本书的研究范围内，效率提升的极限出现在雷诺数到达 5.60×10^4 时，该特征在图 3-27(d) 透平效率峰值随雷诺数的变化中体现得更为明显。综上所述，该透平的特征雷诺数可认为是 5.60×10^4。雷诺数小于该特征值时，透平性能随雷诺数的增加而明显改善，但超过该特征值后，雷诺数的影响几乎可以忽略。

日本佐贺大学的 Setoguchi 团队较早开展了冲击式透平的试验研究，但他们的试验装置为活塞往复式机构 (图 3-2)，但该团队仍采用此装置产生定常气流，受制于活塞行程，定常气流的持续时间必然较短，因此测试的准确度可能会受到干扰。本书选取了该团队于 2004 年发表的类似主题文献 [43]，针对一组较接近的雷诺数条件下的无量纲参量进行了比较，如图 3-28 所示。其中，实线为 Setoguchi 团队在雷诺数 $Re = 5.14\times10^4$ 条件下的结果，虚线为本书在雷诺数 $Re = 5.60\times10^4$ 条件下的结果。在图 3-28(a)、(b) 中，两组数据在 $\phi < 0.75$ 范围内吻合较好，在更高流量系数条件下的差别较大，且本书获得的 C_A 与 C_T 试验结果明显低于日本团队的数值，这部分差距可能来自试验装置及雷诺数的差异。此外，透平效率在整个流量系数范围内较吻合，峰值效率对应的流量系数基本一致，如图 3-28(c) 所示。

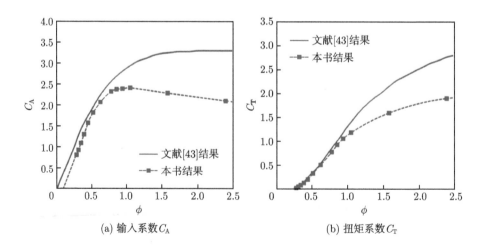

(a) 输入系数 C_A (b) 扭矩系数 C_T

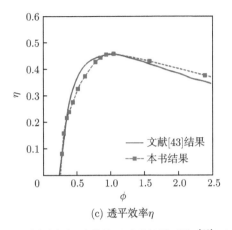

(c) 透平效率η

图 3-28 与 Setoguchi 团队相似雷诺数下试验结果对比 [40](已获 Elsevier 授权)

为了全面展示定常气流条件下的定转速透平的工作性能，入射气流流速由 1.9 m/s 覆盖至 10.8 m/s，透平转速由 200 r/min 覆盖至 1650 r/min，试验组次超过 140 组。定转速冲击式透平定常效率的散布特征如表 3-8 所示。其中，白色部分为负效率区，对应图 3-26(c) 中透平气动扭矩的负值区，这是由透平转速较高而气流流速相对较低 ($v_a < 5.6$ m/s 且 $R > 750$ r/min) 造成的，如图 3-25(c) 所示的工况。最优效率出现在 7.8 m/s $< v_a <$ 10.8 m/s 且 600 r/min $< R <$ 750 r/min 的区域范围，可作为透平结构设计、性能优化阶段的基础工况。整体上，冲击式透平可在低转速区域内 ($R < 1200$ r/min) 达到较高的效率 ($\eta > 0.40$)，

表 3-8 透平定常效率

气流流速 /(m/s)	转速/(r/min)										
	200	300	450	600	750	900	1050	1200	1350	1500	1650
1.9	0.33	0.33	0.16	−0.35	−0.11	−0.12	−0.12	−0.13	−0.18	−0.15	−0.13
2.6	0.34	0.35	0.29	0.08	−0.08	−0.26	−0.24	−0.23	−0.08	−0.10	−0.16
3.3	0.39	0.37	0.37	0.32	0.15	−0.04	−0.10	−0.22	−0.07	−0.16	−0.19
4.1	0.41	0.41	0.38	0.32	0.22	0.13	0.06	−0.04	−0.05	−0.15	−0.21
4.8	0.39	0.43	0.42	0.36	0.29	0.23	0.17	0.08	0.08	−0.07	−0.17
5.6	0.37	0.43	0.45	0.39	0.33	0.29	0.24	0.19	0.15	0.09	−0.04
6.3	0.38	0.43	0.46	0.42	0.37	0.33	0.28	0.24	0.22	0.16	0.08
7.0	0.36	0.43	0.47	0.44	0.39	0.37	0.32	0.28	0.26	0.21	0.14
7.8	0.34	0.42	0.47	0.46	0.43	0.39	0.36	0.32	0.29	0.25	0.21
8.5	0.33	0.40	0.46	0.48	0.44	0.41	0.38	0.35	0.32	0.28	0.24
9.3	0.34	0.39	0.46	0.48	0.47	0.43	0.40	0.37	0.35	0.31	0.28
10.0	0.33	0.39	0.45	0.48	0.47	0.44	0.41	0.39	0.38	0.34	0.30
10.8	0.33	0.39	0.44	0.45	0.48	0.46	0.43	0.40	0.39	0.31	0.33

0.45 0.35 0.25 0

即额定工作转速较低。因此，该类透平在工程应用中具有工作噪声小、机械摩擦损失小等优势。

3.5.1.2　自由转动 (自启动) 模式

如前所述，相较于定转速模式，自由转动模式更接近透平的实际工作状态。探索不同负载条件下的透平自启动特征及自由转动条件下的非定常工作性能，对于开展实海况下的 OWC 空气透平设计与控制优化具有重要意义。

在自由转动模式下，影响透平非定常动力响应及性能的关键因素主要包括气流形式及参数、负载形式及大小与转动惯量。为了更好地揭示透平的工作机理，本节将以最简单的定常气流为输入条件，选用 DC 电子负载作为反力输入，探索负载与气流流速两个因素对透平自启动性能及稳定阶段效率的影响规律。为了节约模型试验的成本，转动惯量的影响将在第 5 章瞬态数值模拟计算中进行讨论。

在本节试验中，入射流速的范围为 $2.6 \sim 9.27$ m/s，根据图 3-24(b) 中确定的负载系数 k_R 的范围为 $0 \sim 11.5$ g·m²·s⁻¹，试验组次数量超过 100 组，定常气流条件下负载对透平自启动性能的影响如图 3-29 所示。其中，图 3-29(a)~(c) 展示了流速为 5.57 m/s 时、五组负载系数条件下，透平自启动过程中各参量的时程曲线，包括转速 (R)、透平上、下游端总压降 (Δp) 及扭矩传感器示数 (T_T)。图 3-29(d) 则进一步汇总了四组典型流速及不同负载系数条件下，透平在稳定阶段的转速及扭矩传感器示数。

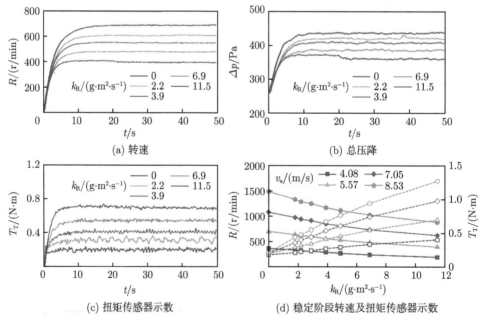

图 3-29　定常气流下负载对透平自启动性能的影响 [42] (已获 Elsevier 授权)

根据图 3-29(a) 中透平转速的时序变化，可将透平在定常气流条件下的自启动过程分为两个阶段：快速启动阶段与稳定阶段。负载系数对转速的影响主要体现在快速启动阶段的急剧程度、进入稳定阶段的快慢程度以及稳定阶段的量值大小等方面。在较小的负载系数下，透平转速在第一阶段上升幅度更陡，且进入第二阶段后具有更高的量值；而较大的负载系数则有利于透平更快进入稳定状态，若定义稳定时刻为透平转速加速度为零的最初时刻，则五个负载系数由小到大对应的稳定时刻分别为 14.0 s、11.5 s、10.0 s、9.0 s 及 8.0 s。

在图 3-29(b) 中，五条曲线均由同一压降值 ($\Delta p = 260$ Pa) 开始变化，该值对应透平的制动状态。随后，总压降时程曲线的发展趋势与转速同步，这是由于负载系数较小时，透平转速时刻处于较高水平，产生的阻塞效应造成了较大的总压降。与转速、总压降时程曲线不同，五条扭矩曲线在整个过程中均有小幅度振荡，如图 3-29(c) 所示。

整体而言，扭矩传感器的示数主要取决于负载系数的大小，负载系数越大，扭矩传感器示数在整个自启动过程中将越大，比如 $k_R = 11.5$ g·m²·s⁻¹ 时的扭矩传感器示数为 0.7 N·m，约为 $k_R = 0$ 时的 3.4 倍。稳定阶段转速与扭矩传感器示数如图 3-29(d) 所示，实线及实心符号代表转速，数值参见左侧纵轴；虚线及空心符号代表扭矩传感器示数，数值参见右侧纵轴。很明显地，任意流速条件下，转速值均随着负载系数的增加而线性减小，其中 $v_a = 4.08$ m/s 时的转速始终维持在最低水平，且下降最缓慢。与此相反，任意流速条件下，扭矩传感器的示数均随着负载系数的增加而线性升高，其中 $v_a = 8.53$ m/s 时的扭矩传感器示数始终维持在最高水平，且增幅最明显。此外，$k_R = 0$ 时四种流速下的扭矩传感器示数分别为 0.184 N·m、0.205 N·m、0.207 N·m 和 0.212 N·m，分别对应稳定转速 369 r/min、706 r/min、1086 r/min 和 1495 r/min，代表发电机内部的机械摩擦扭矩。

表 3-9 列出了不同负载系数及定常流速条件下透平在稳定阶段的效率散布特征。与表 3-8 有所不同，表中效率全部为正值，这是由于该组试验中透平并非由电动机强迫驱动，而是完全由气流驱动，同时负载的添加限制了透平转速的发展，透平气动扭矩无法扩展到负值区。

总体上，透平的效率在 3.34 m/s $< v_a <$ 5.57 m/s 范围内可达到较高的水平 ($\eta > 0.40$)。这说明，对于任意气流流速，完全可通过 (自动) 调整负载系数将透平效率控制在最优范围内。上述结果说明，冲击式透平在自启动性能的可靠性、稳定阶段的高效性及效率的可控性方面具有一定优势，尤其适合流速较小的气流条件。因此，在能流密度较小的亚洲海域，OWC 工程原型中获得了广泛应用。

表 3-9　不同负载系数及定常流速条件下透平在稳定阶段的效率散布特征

气流流速 /(m/s)	$k_R/(\text{g·m}^2\text{·s}^{-1})$							
	0	1.8	2.2	2.9	3.9	4.9	6.9	11.5
2.6	0.29	0.30	0.29	0.28	0.27	0.27	0.25	0.22
3.3	0.41	0.42	0.41	0.41	0.41	0.39	0.38	0.35
4.1	0.42	0.43	0.43	0.43	0.43	0.42	0.43	0.41
4.8	0.39	0.41	0.41	0.42	0.43	0.43	0.43	0.43
5.6	0.38	0.39	0.40	0.41	0.41	0.42	0.42	0.43
6.3	0.33	0.38	0.38	0.39	0.40	0.41	0.42	0.44
7.1	0.28	0.34	0.36	0.37	0.38	0.39	0.41	0.44
7.8	0.25	0.31	0.32	0.33	0.37	0.39	0.40	0.42
8.5	0.23	0.28	0.29	0.31	0.34	0.36	0.39	0.42
9.3	0.20	0.26	0.21	0.28	0.31	0.34	0.37	0.41

0.45　　0.40　　0.35　　0.30　　0.25　　0.20

3.5.2　往复气流试验

3.5.2.1　正弦气流条件下的透平非定常性能

正弦气流条件介于定常气流与不规则气流条件之间，空气动力输入不同于定常条件，属于非定常条件，但由于流速幅值呈现正弦变化，相较于不规则气流流速幅值形态更规整。在正弦气流条件下开展相关试验研究，有利于在定常与不规则气流间构建过渡性条件，有助于理解透平在简单条件到复杂条件过渡过程中性能的变化、揭示其内在机理，并借此优化透平结构及实海况控制策略。

正弦气流条件下的透平非定常性能测试在往复流风洞上进行，试验中的活塞行程 S 取 0.20 m、0.25 m、0.30 m 及 0.35 m 四组值，活塞运动频率 f 则取 0.4 Hz、0.5 Hz、0.6 Hz 及 0.7 Hz 四组值，电子负载电阻值 R_R 在 $[0, 150\ \Omega]$ 范围内按等间距共取 16 组值，模型试验共计 256 组。

在正弦气流条件下，共识别出三种透平的自启动模式：无法启动模式 (Halting Mode，简称 HM)、转停切换模式 (Switching Mode，简称 SM)、成功启动模式 (Self-starting Mode，简称 SSM)。此处选取三组典型工况，分别对应三种自启动模式。其中，HM 对应的工况为 $Q_c = 0.2\ \text{m}^3$，$f = 0.4$ Hz，$R_R = 60\ \Omega$，简单起见，该例及以下两例统一记为 (0.2 m³-0.4 Hz-60 Ω) 的形式，SM 对应的工况为 (0.2 m³-0.4 Hz-80 Ω)，SSM 对应的工况为 (0.2 m³-0.5 Hz-60 Ω)。

25 个波浪周期内三种工况对应的无量纲角速度和扭矩传感器示数的时程曲线，如图 3-30 所示。其中，数据的波动源自扭矩传感器自身的不确定性。在 SSM 下，透平叶轮保持转动，转速与扭矩均持续升高，最终维持在某一正值附近波动。在 SM 下，透平叶轮不断在静止和低速转动两种状态间切换，这是由于透平气动扭矩在转速较低时能勉强克服系统机械摩擦，驱动透平加速，但转速的增加反而降低了透平气动扭矩，进而导致透平减速回到静止状态，并在两种状态之间切换。在 HM 下，透平叶轮无转动，扭矩传感器示数在 0 附近波动，气动扭矩始终无法克服系统机械摩擦。

据统计，所有 SM 与 HM 均出现在 (0.2 m³-0.4 Hz) 工况下，其中 $R_R = 0.5 \sim 60\Omega$ 的 12 个工况为 HM，$R_R = 0, 80 \sim 150\Omega$ 的 4 个工况为 SM。除此之外，93% 的工况下透平均能够成功自启动，这表明冲击式透平即使在低速往复气流条件下仍具有良好的自启动性能。

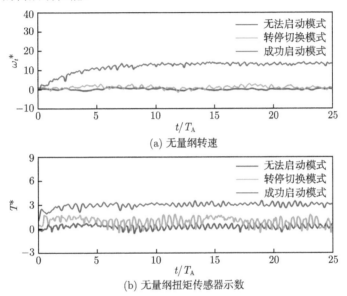

(a) 无量纲转速

(b) 无量纲扭矩传感器示数

图 3-30　正弦气流下透平自启动模式 [41](已获 Elsevier 授权)

在 SSM(0.2 m³-0.5 Hz-60Ω) 下，透平进入稳定阶段后各实测参量的相位关系，如图 3-31 所示。其中，透平两端总压降与气流流量间几乎没有相位差。扭矩传感器示数和角速度具有 $1/8$ 倍 t/T_A 的相位差，但由于仪器的不确定性和数据采集受到的干扰，两者的变化均具有不规则性特征，但整体上的变化频率均为正弦气流的两倍。

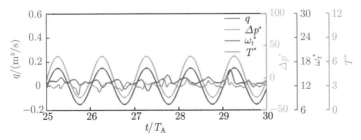

图 3-31　正弦气流下透平稳定阶段各实测参量间的相位关系 [41](已获 Elsevier 授权)

　　为了考察定常气流与正弦气流条件下冲击式透平工作性能的异同, 此处将其在定常气流 (Constant Air-flow, 简称 CAF) 与正弦往复气流 (Reciprocating Air-flow, 简称 RAF) 两种条件下的不同参量进行了对比, 如图 3-32 所示。对比的前提是各工况的输入功率基本相同, CAF 和 RAF 指标分别选用稳定阶段的时域平均值和周期平均值, 其中, 非定常 (正弦) 气流条件下流量系数 Φ 可将式 (2-37) 中分子改为 V_A 进行计算。

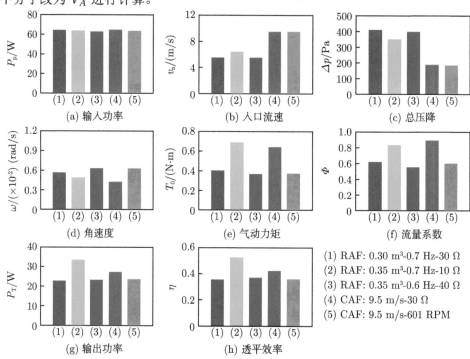

图 3-32　透平定常及非定常性能的对比 [41] (已获 Elsevier 授权)

　　以 (2) 号 RAF 工况 (0.35 m³-0.7 Hz-10Ω) 为基准, 另外选取了 2 个 RAF 工况和 2 个 CAF 工况, 五个工况的输入功率均接近 63.7 W, 如图 3-32(a) 所示。与 (2) 号工况相比, 其中: (1) 号工况与其活塞推板运动频率相同, 流量稍低但负载更大; (3) 号工况与其流量相同, 活塞推板运动频率稍低但负载更大, 定常气流条件的入射流速相等, (4) 号工况采用定负载; (5) 号工况采用定转速。对应的入口流速 (流量) 及总压降的匹配结果见图 3-32(b) 和 (c)。

　　在图 3-32(d) 和 (e) 中, 五个工况对应的角速度各不相等, 但均位于 42.4 rad/s 到 63.1 rad/s 范围内, 气动扭矩也有明显差距, (2) 号 RAF 工况下的扭矩值分别是 (1) 号 RAF、(3) 号 RAF 及 (5) 号 CAF 工况的 $1.7 \sim 1.8$ 倍。在图 3-32(f) 中, 五个工况下的流量系数范围为 $0.55 \sim 0.89$。此外, 在输入功率相近的前提下, 透平的效率将直接取决于输出功率, 很明显, 输出功率的最大值、最小值分别对应

(2) 号和 (1) 号 RAF 工况，如图 3-32(g) 所示。因此，图 3-32(h) 中透平效率的最大值为 0.53，出现在 (2) 号 RAF 工况下，对应的非定常流量系数为 0.83，而 (5) 号 CAF 的定常效率为 0.35，对应的定常流量系数为 0.6。

实际上，该周期平均效率明显高于透平定常性能测试的最大效率 0.48(表 3-8)。结合图 3-31 分析，即使是在气流换向 (气流流速为零) 时刻，冲击式透平仍然能够依靠惯性与时间演化效应维持一定的转速和扭矩输出。换言之，冲击式透平能够更加高效地利用往复气流的工作条件，这很可能是其非定常工作效率更高的原因。

下面进一步分析活塞推板运动频率 (气流周期)、周期体积通量 (活塞推板行程) 两个参数的影响规律。不同活塞推板运动频率、不同周期体积通量下透平在稳定阶段的无量纲角速度、扭矩传感器示数随流量系数的变化规律，如图 3-33 所示，实线及实心符号代表角速度，其量值参见纵轴左侧；虚线及空心符号代表扭矩传感器示数，其量值参见纵轴右侧。由于透平在 SM 及 HM 工况下无法输出有效扭矩，因此该图仅汇总了 240 个有效工况下的测试结果。

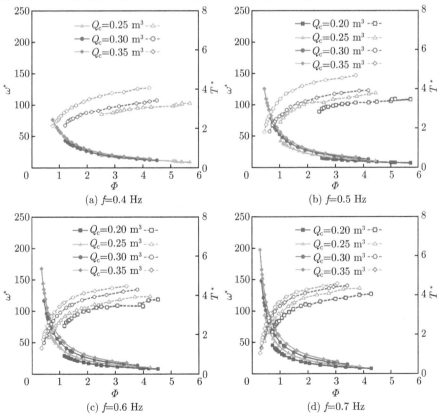

图 3-33 不同活塞推板运动频率、不同周期体积通量下透平在稳定阶段的无量纲角速度、扭矩传感器示数随流量系数的变化规律 [41](已获 Elsevier 授权)

整体看，活塞推板运动频率的增大会导致所有的角速度、扭矩传感器示数曲线均向小流量系数区偏移。当 $f = 0.4$ Hz 时，三个周期体积通量下的无量纲角速度曲线基本吻合，其数值由 $76.0(\Phi = 0.8)$ 下降至 $8.4(\Phi = 5.7)$；三条扭矩传感器示数曲线具有相同的趋势，均随着流量系数的增大而增大，如图 3-33(a) 所示。当 f 增大至 0.5 Hz，无量纲角速度曲线出现轻微分离，最大值为 125.0，出现在 $\Phi = 0.5$ 时，最小值则变化不大，且 $Q_c = 0.35$ m³ 的扭矩传感器示数曲线明显高于其他三条，如图 3-33(b) 所示。

当 f 继续增大，如图 3-33(c) 和 (d) 所示，在低流量系数区，当 Q_c 较大时，无量纲角速度曲线随流量系数的减小而急剧增大，最大值 198 出现在 $\Phi = 0.3$ 时，对应工况 (0.35 m³-0.7 Hz)。该流量系数区内的扭矩传感器示数曲线也出现了快速提升，但随着流量系数的增大，扭矩和角速度的变化幅度均开始放缓。由此可见，较大的活塞推板运动频率、周期体积通量可使转速、扭矩传感器示数始终保持在较高水平，但活塞推板运动频率超过 0.5 Hz 后，两者的改善效果有所收敛。

此外，不同活塞推板运动频率、不同周期体积通量条件下，透平无量纲总压降的变化规律如图 3-34 所示，其中不同颜色对应不同的 Q_c 值 (见图例)，正方形、三角形、圆形、菱形的散点符号分别对应 $f = 0.7$ Hz、0.6 Hz、0.5 Hz、0.4 Hz。在呼气阶段，不同周期体积通量下的总压降散点分布呈现不同形态，$Q_c = 0.20$ m³ 条件下总压降散点分布较为集中，且位于较高水平，如图 3-34(a) 所示。

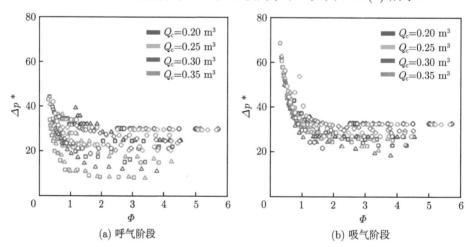

图 3-34   不同活塞推板运动频率、不同周期体积通量下，透平无量纲总压降的变化规律
[41](已获 Elsevier 授权)

随着 Q_c 的增大，总压降散点的发散程度加大，散点值的平均水平下降。整体上，总压降在流量系数较小时具有较大值，且在 $\Phi = 0.2 \sim 1$ 的范围内快速下降，随后趋势放缓。呼气阶段的总压降最大值为 $44.0(\Phi = 0.34)$，对应工况 (0.3 m³-

0.7 Hz)，总压降最小值为 8.0($\Phi = 3.4$)，对应工况 (0.35 m³-0.6 Hz)。在图 3-34(b) 中，吸气阶段的总压降随流量系数的变化趋势与呼气阶段类似，但在 $\Phi = 0.2 \sim 1$ 的范围内下降程度更为明显，而且所有的总压降散点分布更为紧凑。总压降最大值、最小值出现在相同工况下，量值分别为 68.5、18.3。在某些工况下，吸气阶段的总压降大于呼气阶段，这一点与 OWC 工程原型的海试结果不同，原因在于往复流风洞采用刚性活塞造流，不具备压缩性，而工程原型受到压缩性的影响，且对吸气阶段的影响较大。

图 3-35 汇总了正弦气流下透平的周期平均效率的结果。整体而言，所有工况的效率散点分布规律相似：大多数效率峰值均在 $\Phi = 1.0$ 附近取得，在 $\Phi < 1.0$ 的较窄区域内，效率随流量系数的升高而陡增；在 $\Phi > 1.0$ 的范围内，效率具有明显的下降趋势。周期平均效率的整体发展形态与定常气流条件下的效率相似。

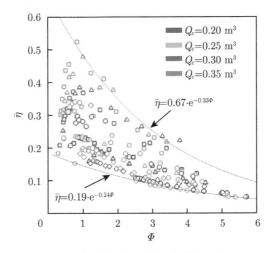

图 3-35　正弦气流下透平的周期平均效率 [41](已获 Elsevier 授权)

此外，活塞推板运动频率、周期体积通量均对周期平均效率具有一定影响。一般情况下，活塞推板运动越快，周期体积通量越大，透平的周期平均效率越高。实际上，透平周期平均效率散点在较高、较低两个水平上的分布较为集中，可通过绘制两条拟合曲线将所有效率散点包络起来，这两条曲线介定了透平非定常性能的上下限。换言之，冲击式透平在非定常工作条件下具有良好的鲁棒性、可靠性，即使是在波浪周期较大、周期体积通量较小的不利条件下，透平效率仍不会突破拟合曲线的下限过多，透平性能也不会像威尔斯式系统一样出现持续失速恶化的情况。

3.5.2.2　不规则气流条件下的透平非定常性能

如前所述，往复流风洞的活塞造流系统采用的是刚性推板，风洞内的气体体积较小，不具有压缩性，部分压缩性明显的吸气阶段特征与 OWC 原型气室不一致，但从整体看，通过往复流风洞产生的不规则气流仍是最接近 OWC 工程电站空气透平气动输入特征的试验条件。开展该类气流条件下的试验研究，对于探索真实海况下的透平工作机理、优化透平结构、并为相关数值模型提供验证数据，仍具有重要的研究价值与实用意义。

以 3.3.2.2 节测试数据为基础，本节仍以 JONSWAP 谱作为入射气流 (波浪) 谱，谱峰周期 $T_P = 3.0$ s，谱峰升高因子 $\gamma = 3.3$，有效行程 S_S 分别取 0.06 m 与 0.075 m。透平采用固定转速模式，$R = 400$ r/min。此外，入射气流的瞬时功率与透平的瞬时气动功率分别可写作：

$$P_P(t) = \Delta p(t) \cdot q(t) \tag{3-15}$$

$$P_T(t) = T_0(t) \cdot \omega_t \tag{3-16}$$

其中，$\Delta p(t)$，$q(t)$，$T_0(t)$ 及 ω_t 分别为瞬时上下游压差、瞬时流量、瞬时气动扭矩及瞬时角速度。根据上述瞬时参量，还可定义空气透平在 $t = t_1$ 与 $t = t_2$ 时间段内的平均功率：

$$\bar{\eta} = \frac{\int_{t_1}^{t_2} T_0(t) \cdot \omega_t \mathrm{d}t}{\int_{t_1}^{t_2} \Delta p(t) \cdot q(t) \mathrm{d}t} \tag{3-17}$$

透平在推板有效行程 $S_S = 0.06$ m 的不规则气流条件下各参量的时程曲线如图 3-36 所示。推板行程如图 3-36(a) 所示，采用上跨零点法分析可知，推板在 300 s 内共形成了 126 个往复行程。在图 3-26(b) 中，透平压降对各往复行程的幅值较不敏感，最大压差 $|\Delta p_{\max}| = 135.01$ Pa，平均压差 $\Delta p_{ave} = 28.06$ Pa，$\Delta p_{1\%} = 112.58$ Pa，$\Delta p_{4\%} = 87.23$ Pa，$\Delta p_{13\%} = 68.06$ Pa。透平的气动扭矩输出，如图 3-36(c) 所示。整体看，气动扭矩的输出基本大于零，且在不同的时程点位出现大小不一的峰值。扭矩峰值为 0.171 N·m，平均值为 0.012 N·m，最大值与平均值比值约为 14.3。入射气流功率如图 3-36(d) 所示。根据式 (3-15) 可知，除了瞬时压差之外，入射气流功率还取决于空气流量，而该流量则受到气压与透平转速的共同影响。由于自整流透平在往复流中均可做功，因此对于该类透平而言，气流功率始终为正值。入射气流输入功率最大值为 12.86 W，平均值为 1.03 W。透平的输出功率如图 3-36(e) 所示。由于透平转速恒定，因此透平功率完全取决于气动扭矩，时程上的分布特征与扭矩也完全相同。最大瞬时功率发生在 $t = 189.91$ s，最大输出功率为 7.16 W，透平平均功率为 0.52 W。推板有效行程 $S_S = 0.075$ m 的不规则气流条件下各参量的时程曲线如图 3-37 所示，除了数值不同外，整体分布规律特征与图 3-36 相似。

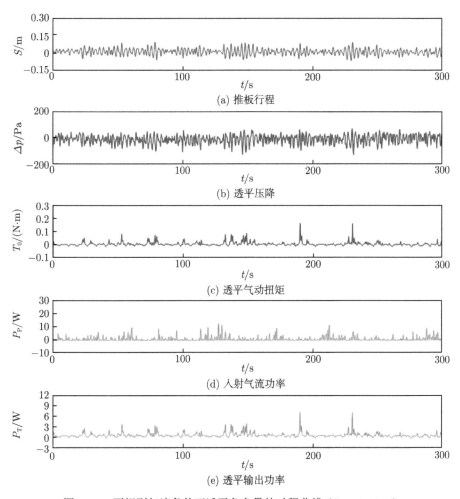

图 3-36 不规则气流条件下透平各参量的时程曲线 ($S_S= 0.06$ m)

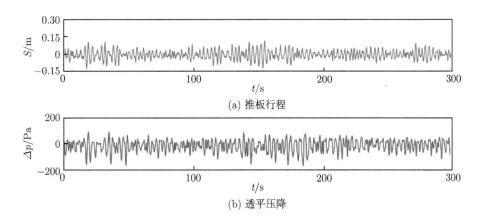

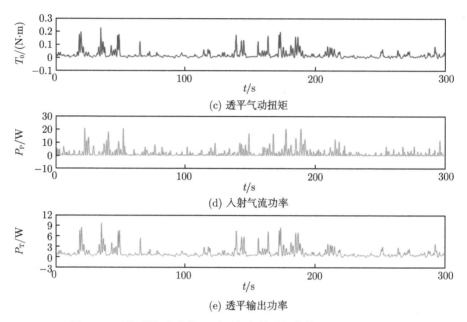

图 3-37　不规则气流条件下透平各参量时程曲线 ($S_S = 0.075$ m)

　　进一步分析可知，在推板往复行程周期较大时，扭矩输出也较高，如 $S_S = 0.06$ m 的工况下，$t = 130$ s 至 $t = 156$ s、$t = 190$ s 至 $t = 198$ s 及 $t = 225$ s 至 $t = 235$ s，以及 $S_S = 0.075$ m 的工况下，$t = 21$ s 至 $t = 54$ s、$t = 138$ s 至 $t = 195$ s；另一方面，在推板行程周期较小时，透平上下游压差、扭矩输出均较小，如在 $S_S = 0.06$ m 的工况下，$t = 160$ s 至 $t = 180$ s、$t = 205$ s 至 $t = 220$ s、$t = 250$ s 至 $t = 290$ s，以及 $S_S = 0.075$ m 的工况下，$t = 75$ s 至 $t = 114$ s 及 $t = 234$ s 至 $t = 249$ s。在气流周期相同时，推板有效行程较大的工况透平上下游压差、输出扭矩均较高，且平均效率较高，有利于透平能量转化。在 $S_S = 0.06$ m 时，透平平均效率为 50.5%；在 $S_S = 0.075$ m 时，透平平均效率为 54.7%。

　　此外，对透平压降的时间序列数据进行快速傅里叶变换，谱分析结果如图 3-38 所示，透平压降峰频对应的谱峰周期 $T_p = 3.06$ s，与图 3-17 中的活塞推板运动行程谱峰周期基本一致。

　　通过本节的分析可知，在往复流风洞中可根据需要生成不同的不规则往复气流，用于模仿 OWC 气室振荡水柱推动产生的透平管道内的变化气流，并针对空气透平开展不规则气流条件非定常动力性能的研究。

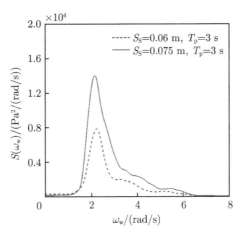

图 3-38　透平压降的谱分析结果

3.6　总　　结

本章综述了国际上已有空气透平测试平台的基本情况。在此基础上，以冲击式透平为研究对象，详细介绍了中国海洋大学团队的试验研究成果，其中包括：团队自行设计研制的定常及非定常透平性能测试平台、试验流程设计、设备仪器选型、数据采集与控制系统配合、装置性能测试、试验开展及结果等。

定常性能测试试验，验证了透平定常试验设备、测试流程、测试数据的可靠性及准确性。随后探讨了雷诺数对各实测物理量、无量纲评价参数的影响规律，获得了特征雷诺数的具体数值，阐述了雷诺数对透平性能的影响规律，总结了定常效率矩阵及透平结构设计、性能优化的典型工况。该部分研究结果将直接为后续章节的透平三维定常数值模型验证提供数据支持。

透平非定常性能测试主要包含透平在不同气流条件、负载作用下的自启动试验，试验探索了负载、活塞推板运动频率、周期体积通量等因素对透平自启动模式、稳定阶段各物理量平均值及周期平均效率的影响规律与时间演化效应。研究发现，冲击式透平具有良好的自启动性能，在气流换向时刻能够依靠惯性维持转速与扭矩输出，因而对往复振荡气流能量的利用率更高。该部分研究成果还将为后续章节中透平气流驱动瞬态模型验证提供直接数据支持。周期平均效率散点图则可为实海况下透平转速控制、效率寻优策略的制定提供参考。

参 考 文 献

[1] Falcão A F O, Henriques J C C, Gato L M C, et al. Air turbine choice and optimization for floating oscillating-water-column wave energy converter. Ocean Engineering, 2014, 75, 148-156.

[2] Pereiras B, López I, Castro F, et al. Non-dimensional analysis for matching an impulse turbine to an OWC (oscillating water column) with an optimum energy transfer. Energy, 2015, 87: 481-489.

[3] Setoguchi T, Takao M. Current status of self-rectifying air turbines for wave energy conversion. Energy Conversion and Management, 2006, 47: 2382-2396.

[4] Falcão A F O, Henriques J C C. Oscillating-water-column wave energy converters and air turbines: A review. Renewable Energy , 2016, 85: 1391-1424.

[5] Cui Y, Liu Z, Zhang X, et al. Review of CFD studies on axial-flow self-rectifying turbines for OWC wave energy conversion. Ocean Engineering, 2019, 175: 80-102.

[6] Suzuki M, Arakawa C, Tagori T. Fundamental studies on Wells turbine for wave power generator: 1st Report, The effect of solidity, and self-starting. Bulletin of JSME, 1984, 27(231): 1925-1931.

[7] Suzuki M, Arakawa C. Guide vanes effect on Wells turbine for wave power generator. France: Proceedings of the Ninth International Offshore and Polar Engineering Conference, 2000: 162-168.

[8] Suzuki M, Arakawa C. Flow on blades of wells turbine for wave power generation. Journal of Visualization, 2006, 9(1): 83-90.

[9] Maeda H, Santhakumar S, Setoguchi T, et al.Performance of an impulse turbine with fixed guide vanes for wave power conversion. Renewable Energy, 1999, 17(17): 533-547.

[10] Setoguchi T, Santhakumar S, Maeda H, et al. A review of impulse turbines for wave energy conversion. Renewable Energy, 2001, 23(2): 261-292.

[11] Kim T H, Setoguchi T, Kinoue Y, et al. Hysteretic characteristics of Wells turbine for wave power conversion. Japan: Proceedings of the twelfth International Offshore and Polar Engineering Conference, 2002: 687-693.

[12] Kim T H, Setoguchi T, Kaneko K, et al. Numerical investigation on the effect of blade sweep on the performance of Wells turbine. Renewable Energy, 2002, 25: 235-248.

[13] Taha Z, Sugiyono, Sawada T. A comparison of computational and experimental results of Wells turbine performance for wave energy conversion. Applied Ocean Research, 2010, 32: 83-90.

[14] Taha Z, Sugiyono, Ya T, et al. Numerical investigation on the performance of Wells turbine with non-uniform tip clearance for wave energy conversion. Applied Ocean Research, 2011, 33: 321-331.

[15] Hyun B S, Moon J S, Hong S W, et al. Practical numerical analysis of impulse turbine for OWC-type wave energy conversion using a commercial CFD code.France: Proceedings of the Fourteenth International Offshore and Polar Engineering Conference, 2004: 253-259.

[16] Hyun B S, Moon J C, Hong S W, et al. Design of impulse turbine with an end plate for wave energy conversion. Korea:Proceedings of the 15th International Offshore and Polar Engineering Conference, 2005, 1: 507-512.

[17] Badhurshah R, Samad A. Multiple surrogate based optimization of a bidirectional im-

pulse turbine for wave energy conversion.Renewable Energy, 2015, 74: 749-760.

[18] Badhurshah R, Samad A. Multi-objective optimization of a bidirectional impulse turbine.Proceedings of the Institution of Mechanical, 2015, 229(6): 584-596.

[19] Okuhara S, Takao M, Takami A, et al. A twin unidirectional turbine for wave energy conversion: Effect of guide vane solidity on the Performance. Open Journal of Fluid Dynamics, 2012, 2: 343-347.

[20] Takao M, Takami A, Okuhara S, et al. A twin unidirectional impulse turbine for wave energy conversion. Journal of Thermal Science, 2011, 20(5): 394-397.

[21] Thakker A, Abdulhadi R. Effect of blade profile on the performance of Wells turbine under unidirectional sinusoidal and real sea flow conditions. International Journal of Rotating Machinery, 2007, 51598.

[22] Curran R, Gato L M C. The energy conversion performance of several types of Wells turbine designs. Proceedings of the Institution of Mechanical Engineers, 1997, 211(2): 133-145.

[23] Gato L M C, Webster M. An experimental investigation into the effect of rotor blade sweep on the performance of the variable-pitch Wells turbine.Proceedings of the Institution of Mechanical Engineers, 2001, 215(5): 611-622.

[24] Thakker A, Hourigan F. Modeling and scaling of the impulse turbine for wave power applications.Renewable Energy, 2004, 29(3): 305-317.

[25] Torresi M, Camporeale S M, Pascazio G, et al. Fluid dynamic analysis of a low solidity Wells turbine. Italy: Atti del 59° Congresso Annuale ATI, 2004, 277-288.

[26] Thakker A, Hourigan F, Setoguchi T, et al. Computational fluid dynamics benchmark of an impulse turbine with fixed guide vanes. Journal of Thermal Science, 2004, 13(2): 109-113.

[27] Thakker A, Hourigan F. Computational fluid dynamics analysis of a 0.6m, 0.6 hub-to-tip ratio impulse turbine with fixed guide vanes.Renewable Energy, 2005, 30(9): 1387-1399.

[28] Thakker A, Hourigan F, Dhanasekaran T S, et al. Design and performance analysis of impulse turbine for a wave energy power plant. International Journal of Energy Research, 2005, 29(1): 13-36.

[29] Torresi M, Camporeale S M, Strippoli P D, et al. Accurate numerical simulation of a high solidity Wells turbine. Renewable Energy, 2008, 33: 735-747.

[30] Shaaban S. Insight analysis of biplane Wells turbine performance.Energy Conversion and Management, 2012, 59: 50-57.

[31] Shaaban S, Abdel H A. Effect of duct geometry on Wells turbine performance. Energy Conversion and Management, 2012, 61: 51-58.

[32] Halder P, Samad A, Kim J H, et al. High performance ocean energy harvesting turbine design–A new casing treatment scheme. Energy, 2015, 86: 219-231.

[33] Halder P, Samad A. Wave energy harvesting turbine: performance enhancement. Procedia Engineering, 2015, 116: 97-102.

[34] Falcão A F O, Gato L M C,Nunes E P A S.A novel radial self-rectifying air turbine for

use in wave energy converters. Part2. Results from model testing. Renewable Energy, 2013, 53: 159-164.

[35] Fonseca F X C, Henriques J C C, Gato L M C, et al. Oscillating flow rig for air turbine testing. Renewable Energy, 2019, 142: 373-382.

[36] Starzmann R. Aero-acoustic Analysis of Wells Turbines for Ocean Wave Energy Conversion. Phd Dissertation, University of Siegen, Germany, 2012.

[37] Starzmann R, Carolus T. Model-based selection of full-scale Wells turbines for ocean wave energy conversion and prediction of their aerodynamic and acoustic performances. Proceedings of the Institution of Mechanical Engineers Part A Journal of Power & Energy, 2013, 228(1): 2-16.

[38] Moisel C, Carolus T H. A facility for testing the aerodynamic and acoustic performance of bidirectional air turbines for ocean wave energy conversion. Renewable Energy, 2016, 86: 1340-1352.

[39] 韩书新, 孙仁霞, 魏新华. 气象低速风洞参数及性能测试. 气象水文海洋仪器, 2013, 30 (4): 122-125.

[40] Liu Z, Cui Y, Li M, et al. Steady state performance of impulse turbine for oscillating water column wave energy converter. Energy, 2017, 141: 1-10.

[41] Liu Z, Cui Y, Xu C, et al. Experimental and numerical studies on an OWC axial-flow impulse turbine in reciprocating air flows.Renewable and Sustainable Energy Reviews, 2019, 113: 109272.

[42] Cui Y, Liu Z, Zhang X, et al. Self-starting analysis of an OWC axial impulse turbine in constant flows: Experimental and numerical studies. Applied Ocean Research, 2019, 82: 458-469.

[43] Setoguchi T, Takao M, Santhakumar S, et al. Study of an impulse turbine for wave power conversion: Effects of Reynolds number and hub-to-tip ratio on performance. Journal of Offshore Mechanics and Arctic Engineering, 2004, 126(2): 137-140.

第 4 章　冲击式透平的定常数值模拟研究

4.1　概　　述

计算流体动力学 (CFD) 技术是以计算机为工具，以流体力学基本方程为理论依据，采用离散化的数值方法对流体力学问题进行数值模拟和分析的流体动力学分支学科。近年来，伴随着计算机运行速度和存储能力的大幅度提高以及计算机软件水平的突飞猛进，以 CFD 为代表的数值模拟技术在航空、气象、海洋、流体机械、建筑和汽车工业等领域均发挥了巨大的作用。在数值模拟中，改变各种物理因素和环境条件比物理模型试验更加简单可行，因此便于拓展研究参数的变化范围，提供更详尽的数据结果与流场信息。同时，有利于加快研究进度，节省时间和费用。

自 20 世纪 80 年代起，CFD 技术开始应用于 OWC 装置空气透平的气动性能研究领域，并逐步成为物理模型试验与理论分析方法之外的又一关键研究手段。20 世纪 80 年代以来，采用上述三种方法研究 OWC 装置空气透平气动性能在国际主流期刊上发表论文的数量统计情况，如图 4-1 所示。

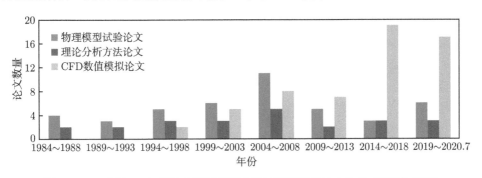

图 4-1　20 世纪 80 年代以来采用不同方法开展研究的论文数量 (不完全统计)

其中，理论分析的论文数量在 2004~2008 年期间达到顶峰，之后的产出减少。虽然理论分析是指导试验研究和数值模拟的理论基础，但该方法在空气透平三维、黏性、不稳定的流场情况下无法获得精确的解析解，因此近几年的研究成果十分有限。

物理模型试验的成果数量也在 2004~2008 年期间迎来拐点，彼时空气透平定常性能的测试体系已较为成熟、完善，定常试验研究的产出随之减少。近几年，试验研究的热点开始向非定常性能测试转变,但该部分试验尚处于起步阶段。尽管如此,物理模型试验始终是透平性能研究的重要手段,随着机械加工技术、仪器设备精度及自动化控制技术的提升,模型试验有望在未来继续产出新的研究成果。

CFD 数值模拟研究自出现伊始即展现了旺盛的生命力,论文产出逐年增长,近五年更是占据了 70% 以上的比重,这表明了 CFD 技术在空气透平性能预测及结构优化方面发挥着重要作用,而且已逐渐得到了各国专家学者的认可。目前 CFD 数值模拟研究已完成从二维模型到三维模型、从定常模拟到非定常 (瞬态) 模拟的转变。随着 CFD 商用软件的发展及计算机运行性能的提升,中国海洋大学研究团队也突破了 "气室–透平" 耦合模型的技术瓶颈,为实海况下 OWC 装置整体运行效率的预测和透平选型、转速控制策略的制定奠定了基础。

此外,现有的空气透平 CFD 论文中有 90% 的成果来自定常数值计算,早期研究主要探索了空气透平在定常工作状态下的能量转换效率及相关物理现象,包括透平叶片周围流场和压力场的分布形态、流动分离现象及威尔斯式透平的失速现象等。近年来的侧重点转为揭示不同结构参数及优化方案对透平定常性能的影响规律,如叶片形状、叶片安装角、叶片末端结构等。在研究上述问题过程中,与非定常 (瞬态) 数值计算相比,定常数值计算能够在保证结果可靠性的同时,大大缩短计算运行时间,充分提高研究效率。因此,在透平设计优化阶段,可将 CFD 技术作为探索其基本性能的主要研究手段。

本章首先概述了 CFD 方法的基本概念,汇总了冲击式透平已有定常模型的基本情况,详细介绍了中国海洋大学团队的模型构建方法。其次,在试验数据验证的基础上,通过一系列的定常数值模拟计算,给出了冲击式透平能量转换机理、定常流场形态、各结构参数影响规律的系统性描述,并据此提出了具有更高工作效率的结构形式及优化方案。

4.2   冲击式透平定常数值模型

4.2.1   计算流体动力学的基本概念

CFD 的基本思想:通过数值方法将连续的偏微分方程组及其定解条件遵循特定规则在计算区域的离散网格上转化为代数方程组,进而得到连续系统的离散数值逼近解。控制方程的离散方式,可分为有限差分法、有限元法及有限体积法。目前,有限体积法最为常用,它针对计算区域划分网格,并使每个网格点周围有一个互不重复的控制体,将偏微分方程对每一个控制体进行积分,从而得到一组离散方程。该组方程要求因变量对任意一组控制体积均保持积分守恒,因而在整个计算区域上也守恒 [1]。

本书的数值模拟工作均基于 ANSYS-Fluent 系列数值计算平台开展,该平台是一款基于有限体积法的商用 CFD 软件, 求解过程如图 4-2 所示, 现就 OWC 空气透平数值模拟过程中关键的基本概念进行简要介绍。

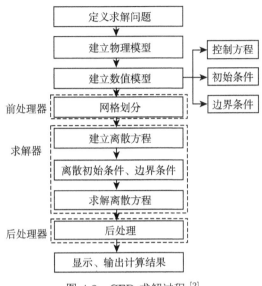

图 4-2 CFD 求解过程 [2]

4.2.1.1 控制方程

OWC 空气透平流体基本控制方程为连续性方程及纳维-斯托克斯 (Navier-Stokes, 简称 NS) 方程。有报告中指出, OWC 气室的空气气动-热力学性能导致了气室内气压-空气密度的弹簧效应, 即空气密度遵循某种规律而随时间变化 [3]。尽管如此, 我们在定常数值模型中计算空气透平的气动性能时, 通常忽略气室与透平的耦合作用及空气的密度变化, 将模型的求解器设为压力型, 这是由于透平段空气的马赫数 Ma 始终在 0.4 以下, 压缩性可忽略 [4,5]。

为了缩短计算时耗并保证 NS 方程的求解精度, 可对 NS 方程采用雷诺时均化处理, 将湍流运动中的每个瞬时物理量分为平均与瞬时脉动两个部分 [6]。其中, 雷诺时均方程等式右侧的最后一项为雷诺应力项, 代表湍流的影响。该项的存在也使得方程组不封闭, 必须引入湍流模型, 建立雷诺应力与时均速度的关系, 使方程组封闭 [7]。

4.2.1.2 湍流模型

为使雷诺时均方程组封闭, 通常根据 Boussinesq 的涡黏假定, 引入湍动黏度, 建立雷诺应力与时均速度的关系。该方法虽然假设湍动黏度为各向同性, 但仍能充分减少计算成本, 并有效适用于边界层、过渡层内的流动模拟。

　　在 Boussinesq 假定的基础上,确定湍动黏度是计算湍流流动的关键。在 OWC 空气透平的 CFD 湍流模拟中,应用最为广泛的涡黏模型包括单方程模型 (Spalart-Allmaras 模型)、标准 (Standard)k-ε 模型、可实现的 (Realizable)k-ε 模型、重整化群 (RNG)k-ε 模型及标准 (Standard)k-ω 模型 [8]。早期计算中采用单方程模型的计算较多,但随着计算能力的提升,单方程模型逐渐被两方程及其他更复杂的模型所取代。

　　针对典型工况下的冲击式透平开展数值模拟计算,应用不同湍流模型的计算结果与相应试验数据对比,如图 4-3 所示。相比之下,标准 k-ω 模型的准确性稍差,针对峰值效率点对应流量系数的预测偏小,而峰值效率点之后的效率预测比试验值偏低约 7%。标准 k-ω 模型提供了关于湍动能 k 和比耗散率 $\omega_k(\omega_k = \varepsilon/k)$ 输运的两个方程,更适于墙壁束缚流动与自由剪切流动的预测。由于冲击式透平的工作原理并不依赖动叶片附近的黏滞效应,因此标准 k-ω 模型无法在冲击式透平的性能预测中发挥其优势,而可能更适于升力型的威尔斯式透平。

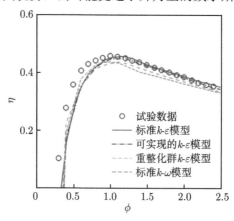

图 4-3　典型冲击式透平数值模拟工况中湍流模型的计算结果比较

　　其他三个 k-ε 模型对应的效率曲线差别不大,且均与试验数据具有完全相同的发展趋势。其中,标准 k-ε 模型与可实现的 k-ε 模型对应的效率曲线在效率峰值点之后与试验结果基本重合。这是由于 k-ε 模型采用两输运方程,更适合高雷诺数的流动 [9],而可实现的 k-ε 模型分别为 k 和 ε 各增加了一个新的输运方程 [10],模型中与雷诺应力有关的量满足某些数学约束,并与实际湍流机理相符,在预测旋转流动、强逆压梯度的边界层流动及流动分离等方面具有一定优势。因此,k-ε 系列模型也在目前的冲击式透平数值模拟计算中应用较多。

4.2.1.3　边界条件与定转子模型

　　冲击式透平定常数值模型的关键技术之一是周期性边界条件:透平周围流动的全区域可被划分为与叶片等数量的子域,且认为子域起始与终止边界上的流动情况完全相同。如此，透平定常模型的计算域可简化为仅由一个动叶片、一对上下游导流叶片及其周围子域组成的模型，因而极大地降低了计算消耗。在此基础上，冲击式透平定常模型的计算域可分为旋转的动叶片区域以及静止的上、下游导流叶片区域三个部分，如图 4-4 所示。上、下游导流叶片区分别从动叶片区向上、下游延伸一定距离，以保证湍流的充分发展。计算模型的边界条件还包括固壁边界条件、速度入口边界条件及压力出口边界条件，具体介绍详见表 4-1。

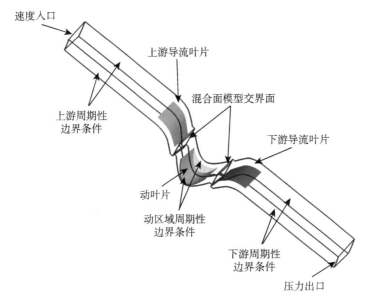

图 4-4　冲击式透平定常数值模型计算域及边界条件示意图

表 4-1　边界条件介绍 [8]

边界条件	说明
速度入口 (Velocity Inlet) 边界条件	该条件适用于不可压缩的流动，用于定义在流动入口处的流动速度及相关的其他标量，但需注意该边界应距离障碍物一定距离，以保证流动充分发展。若设置负速度，可当作出口使用。
压力出口 (Pressure Outlet) 边界条件	该条件用于定义流动出口的静压条件。在该位置，流动需充分发展，沿来流方向流动没有变化，且所有变量的梯度均为 0。当出现回流时，使用该条件代替质量出口条件常常有更好的收敛速度。
壁面 (Wall) 边界	该条件用于限制流体和固体区域。在黏性流动中，壁面处默认为无滑移光滑壁面。
周期性 (Periodic) 边界条件	该条件适用于对称问题，也被称为循环边界条件。在冲击式透平的定常数值模型中，叶片周围的流动可划分为与叶片等数量的子域，在子域的起始边界和终止边界上，流动情况完全相同，即流出循环边界出口所有变量的通量等于进入循环边界入口对应变量的通量。

在早期数值模拟计算中，定转子模型选用了多重参考系模型 (Multiple Reference Frame Model，简称 MRF 模型)，动静区域通过边界面相连，其应用详见参考文献 [11, 12]。动叶片区域呈现的静止状态建立在旋转参考坐标系基础上，数值计算得到的是相对速度场，而导流叶片区域处于绝对参考系下，数值计算得到的是绝对速度场 [8]。该模型在计算时会在边界面上强制流动速度的连续性，因此要求边界面上的网格划分必须完全一致。

透平结构的改进及结构参数的优化，对模型的流域划分、网格类型与数量以及模型计算精度等提出了更高要求。例如，当导流叶片与动叶片数目不一致时，模型动静区域内的流道宽度将有所不同，交界面上网格划分也将出现差别。此时，MRF 模型将不再适用，需采用混合面模型 (Mixing Plane Model，简称 MP 模型)。该模型最初由外国学者为轴流式透平的模拟计算所提出 [13]。MP 模型在动、静区域的处理上较为宽松，动、静区域可独立计算，交界面两侧的网格划分不要求一致。该模型将计算变量在交界面上进行圆周平均，再将平均后的信息作为边界条件传递给周围区域。例如，上游导流叶片区域计算所得的总压、速度方向角及湍动量等将进行圆周平均后作为边界条件传递给动叶片区域。此外，MP 模型为稳态模型，它不仅能提供可靠的时间平均解，给出计算域的主要流动特征，还能够有效节约计算机资源并提高计算效率。因此，MP 模型已成为冲击式透平定常数值模型中最常用的定转子模型 [14,15]。

4.2.1.4　壁面函数和 Y+

在 OWC 空气透平系统中，动叶片区域的流动为高雷诺数湍流，可调用湍流模型进行求解，但是在近壁区附近雷诺数较低，湍流发展并不充分，不适合采用湍流模型进行求解。为此，通常利用壁面函数法 (Wall Function) 处理近壁区流动问题，并通过半经验公式将壁面上的物理量与湍流核心区内待求解的未知量直接联系起来。常见的壁面函数包括标准壁面函数 (Standard Wall Function)、非平衡壁面函数 (Non-equilibrium Wall Function) 及增强壁面处理 (Enhanced Wall Treatment)。上述壁面处理方法的比较详见表 4-2。

表 4-2　壁面处理方法的比较 [16]

壁面处理方法	优点	缺点
标准壁面函数	应用较多，计算量小，精度较高	适合高雷诺数流动，对低雷诺数流动问题、有压力梯度、高度蒸腾及大的体积力与高速三维流动问题不适用。
非平衡壁面函数	考虑了压力梯度，可计算分离、再附着及撞击等问题	对低雷诺数流动问题、有较强压力梯度、强体积力及强三维问题不适合。
增强壁面处理	不依赖壁面法则，适合复杂流动特别是低雷诺数的情况	要求网格密，因而计算机处理时间长，内存需求大。

壁面处理方法的选择，对网格模型构建时近壁网格的处理提出了不同要求，此

处可引入一个无量纲参数 Y+，用于表征近壁网格的细化程度，其定义式如下：

$$Y+ = \frac{y_c}{\mu}\sqrt{\rho\tau_w} \tag{4-1}$$

其中，y_c 为近壁处网格单元与壁面间的垂直距离，τ_w 为壁面切应力。不同壁面处理方法对 Y+ 值的范围有不同的要求。一般情况下，标准或非平衡壁面函数法要求每个与壁面相邻的单元体中心必须位于对数律层中，Y+ 取值范围为 30~300；增强壁面处理要求每个与壁面相邻的单元体中心必须位于黏性亚层中，Y+ 取值推荐在 1 附近。

早期的冲击式透平模型使用的是标准壁面函数 [17,18]，随后该模型逐渐被非平衡壁面函数取代，这是由于后者在处理流动分离、再附着、非平衡效应、高压力梯度等问题时更为准确 [19]。模型中，动叶片近壁处网格的 Y+ 值建议维持在 25~45 的范围内 [20,21]。此外，有学者在构建单向非对称式透平的模型时采用了增强壁面处理方法，动叶片近壁处网格的 Y+ 小于 6[22]。针对冲击式透平的流动问题，壁面函数法在 CFD 数值模拟中的可靠性及准确性已得到了充分验证。它不仅能够极大减少近壁处的网格数量，节省计算资源，还可为透平动叶片处的边界限制流动提供合理、精确的预测，因而已广泛应用在了该类问题的研究之中。

4.2.1.5 CFD 商用软件

随着计算机硬件和软件技术的发展以及数值计算方法的日趋成熟，基于 CFD 技术的计算平台与商用软件得到了快速发展。流体力学研究人员无需再耗时编制复杂的、重复性的程序，能够将更多的精力投入到物理现象本质的揭示、问题的描述、边界 (初始) 条件的确定、计算结果的解释之中，因而大大提升了研发的效率。

CFD 商用软件实际上是一系列通用代码包，用户可通过图形用户界面快速输入与问题有关的参数、模型结构及网格文件等。近年来，CFD 商用软件发展日趋成熟，提供的湍流模型、边界 (初始) 条件日趋丰富，求解控制方程的准确性、可靠性日趋增加。自 20 世纪 90 年代以来，各国专家学者开始将 CFD 商用软件应用到 OWC 装置空气透平的性能研究中，并在流场细节特征展示、能量转换机理揭示、透平结构尺寸优化、透平工作性能改进等方面取得了一系列成果。

常见的用于旋转叶轮内流数值研究的 CFD 商用软件包括 NUMERICAL FINE/ TURBO®、TURBODesign®、ANSYS-Fluent® 及 ANSYS-CFX®。其中，最后两者是 OWC 装置空气透平气动性能数值模拟研究的主力平台。有学者分别利用上述两个 CFD 软件进行了威尔斯式透平及冲击式透平的数值模拟计算，并对结果进行了对比 [15,23]。分析表明，两个 CFD 软件在性能预测的精确度上差别不大。相对而言，ANSYS-Fluent® 使用的计算内存更低，拥有更为丰富的湍流模型及离散方式，并允许用户使用基于 C 语言的用户自定义函数对软件功能进行扩展。目前看，有超过 80% 已发表的空气透平数值计算成果是基于 ANSYS-Fluent® 平台开展的。

进入 21 世纪之后，在已发表的主要文献中，针对冲击式透平构建的定常数值模型基本情况，详见表 4-3，包括湍流模型、雷诺数、Y+、网格数、结构尺寸、模型特征等信息。

4.2.2　透平定常模型构建

利用 ANSYS-Fluent® 商用 CFD 软件平台上构建的冲击式透平三维定常数值模型，基本结构尺寸参照图 3-7，计算域的划分及边界条件的设置参照图 4-4。

模型的流域构建、网格划分可在 Gambit® 或其他前处理软件中完成，计算网格示例见图 4-5。其中，动叶片附近的体网格为 Hex/Wedge-Cooper 形式，而导流叶片附近的体网格为 Tet/Hybrid-TGrid 形式。对于冲击式透平而言，动叶片及导流叶片附近的流场较为复杂，该区域的网格需要加密以保证计算精度，而与叶片相距较远区域的网格可适当降低分布密度，速度入口及压力出口边界处的网格分布可较为稀疏。计算流域内网格分布的疏密配合充分考虑了模型计算精度与计算效率间的平衡。一般情况下，采用周期性边界条件的冲击式透平定常模型的体网格数控制在 30 万左右。此外，在动叶片边界外构建应至少两层边界层网格，网格高度通常保证 Y+ 值在 30 左右，并配合使用壁面函数 (标准壁面函数或非平衡壁面函数) 处理近壁区的流动问题。

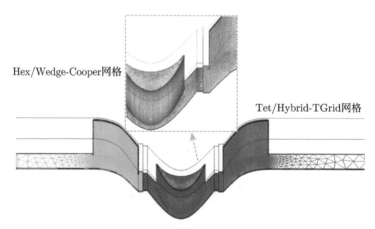

Hex/Wedge-Cooper网格

Tet/Hybrid-TGrid网格

图 4-5　冲击式透平三维定常数值模型计算网格

定常计算模型的关键技术为周期性边界条件及定转子 MP 模型的配合应用。选用周期性边界条件的初衷是为了简化流域，提高定常数值运算效率，但透平基础结构中动叶片与导流叶片数量往往不同，导致上下游导流叶片子域与动叶片子

表 4-3 冲击式透平定常数值模型的基本信息

序号	作者/年/文献号	湍流模型及雷诺数	壁面函数、Y+及网格数	导流罩直径与径向弦长	模型特征
1	Thakker et al./2001, 2004/[17, 18]	标准 k-ε 模型;重整化解 k-ε 模型;雷诺应力方程模型 0.74×10^5	标准壁面函数;Y+: 30~60;1.3×10^4	0.6 m, 0.1 m	滑移网格模型;非结构化网格, 周期性边界条件;计算域分别向上下游延伸 4、6 倍径向弦长;Fluent 5, 2-D 定常计算
2	Thakker et al./2004, 2005/[14, 20]	标准 k-ε 模型;0.86×10^5	非平衡壁面函数;Y+: 25~45;3.1×10^5	0.6 m, 0.1 m	Mixing Plane 模型, 周期性边界条件;动叶片附近为六面体 (Hexahedral) 网格, 其他区域为四面体 (Tetrahedral) 网格;Fluent, 3-D 定常计算
3	Thakker et al. /2004, 2005/[19, 21]	k-ε 模型;0.74×10^5	非平衡壁面函数;Y+: 25~45;4.0×10^5	0.6 m, 0.1 m	Mixing Plane 模型, 周期性边界条件;六面体 (Hexahedral) 网格;Fluent 6, 3-D 定常计算
4	Hyun et al./2004/[11]	Laminar 模型;k-ε 模型;$5\times10^4 \sim 3\times10^5$	3.6×10^3 (2-D);1.9×10^5 (3-D)	0.38 m, 0.0684 m	MRF 系模型, 周期性边界条件;三角形网格 (2-D 模型), 四面体网格 (3-D 模型);Fluent 5, 定常计算
5	Hyun et al./2006/[12]	k-ε 模型;$1.0\times10^5 \sim 2.5\times10^5$		0.38 m, 0.0684 m	MRF 系模型, 四面体 (Tetrahedral) 网格;全动叶片模型;Fluent 6, 定常计算
6	Liu et al./2011/[24]	重整化解 k-ε 模型;2×10^5	非平衡壁面函数;$2.0\times10^4 \sim 2.5\times10^4$	1.8 m, 0.36 m	Mixing Plane 模型;Cooper 网格;Fluent, 3-D 定常计算
7	Liu et al./2015, 2014, 2016, 2015/[25, 26, 27, 28]	标准 k-ε 模型;5.14×10^4	增强型壁面函数;$3.1\times10^5 \sim 3.6\times10^5$	0.3 m, 0.054 m	Mixing Plane 模型;动叶片附近为 Cooper 网格, 其他区域为四面体网格;ANSYS-Fluent 12.0, 3-D 定常计算
8	Badhurshah et al./2015/[15]	k-ε 模型;	1.4×10^6	0.3 m, 0.054 m	Mixing Plane 模型, 非结构化网格;周期性边界条件;CFX, 3-D 定常计算

续表

序号	作者/年/文献号	湍流模型及雷诺数	壁面函数，Y+ 及网格数	导流罩直径与径向弦长	模型特征
9	Ezhilsabareesh et al./2017/[29]	标准 k-ε 模型	25-30；1.28×10^6	0.3 m，0.054 m	非结构化网格，周期性边界条件；计算域分别向上下游延伸 8.5 倍导流叶片弦长；ANSYS ICEM-CFD 定常计算
10	Luo et al./2019/[30]	重整化群 k-ε 模型；$> 4\times10^4$	2.45×10^6	0.3 m，0.054 m	结构化网格，全流域 ANSYS-Fluent 18

域具有不同的流道宽度。为了保证流场信息在定转子子域内准确传递,选用 MP 模型,并在定转子子域结合处设置一对 MP 交界面。此外,基于前期对湍流模型的对比测试及前人的模型设置建议[14,22],可选用标准 $k\text{-}\varepsilon$ 模型或可实现的 $k\text{-}\varepsilon$ 模型闭合雷诺时均方程组。压力—速度耦合采用具有更快收敛速度的 SIMPLEC(Semi-Implicit Method for Pressure Linked Equations-Consistent) 算法,空间离散采用二阶迎风格式。定常计算工况的设计原则为入口流速固定,动叶片旋转速度由低到高变化,遍历流量系数的整个范围。

4.2.3 透平定常模型验证

在开展数值模拟研究前,需要对数值模型的可靠性及准确性进行验证。首先需要进行的是冲击式透平三维定常数值模型的验证性测试,包括网格无关性与 Y+ 值,如图 4-6 所示。其中,网格无关性测试选取了三种网格数:2.1×10^5(粗糙网格数),3.1×10^5(中等网格数),3.9×10^5(精细网格数),网格数的选择参考了其他学者的论文[11,20]。Y+ 值则选择了 15、30 与 50。

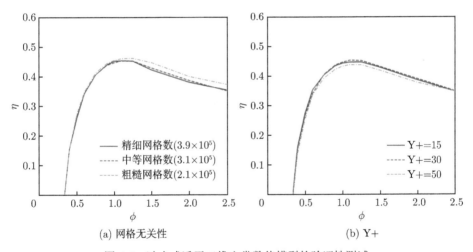

(a) 网格无关性 (b) Y+

图 4-6 冲击式透平三维定常数值模型的验证性测试

由图 4-6(a) 可知,三种网格数下的数值计算结果在预测透平效率 η 时具有相同的发展趋势。当流量系数 $\phi<1$ 时,三条数值模拟计算曲线基本重合。随着流量系数的增大,粗糙网格曲线偏离另外两组网格曲线较多,而中等网格及精细网格的曲线基本重合。由于精细网格模型花费的计算时间是中等网格模型的 1.8 倍,因此建议定常模型采用中等网格数量,控制在 30 万左右。图 4-6(b) 展示了动叶片附近 Y+ 值对数值模型预测透平效率 η 的影响。对比发现,三个 Y+ 值的曲线差别不大,与 Y+ = 50 相比,Y+ = 30 与 Y+ = 15 更为接近。

此外,根据本节构建的定常数值模型,对第 3 章中的典型工况 $(Re = 6.77\times10^4)$

进行了计算,对比结果如图 4-7 所示。在图 4-7(a) 与 (b) 中,数值结果 (数模值) 与试验结果 (试验值) 的趋势相符,但当 $\phi > 1$ 时,输入系数 C_A 与扭矩系数 C_T 的数模值明显高于试验值,产生误差的原因在于数值模型对气流的定义较为理想, 而试验中往往无法完全消除系统摩擦、环境条件等方面的影响,这从一方面也说明了定常数值计算的局限性。在图 4-7(c) 中,在整个流量系数范围内数值模型对透平效率的预测与试验结果具有较高的契合度,误差维持在 3.5% 以内。

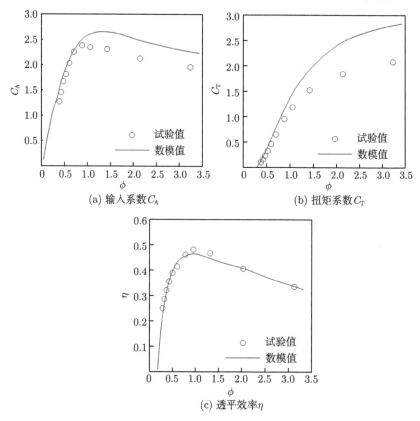

图 4-7　冲击式透平定常数值模型验证 ($Re = 6.77 \times 10^4$)

综上,三维定常数值模型在预测冲击式透平工作性能方面具有一定的可靠度与准确性。因此,该模型可用于开展以下研究工作:系统探索结构参数及优化方案对透平性能的影响规律,给出基于定常研究手段的结构优化参数及设计方案。

4.3　不同参量对冲击式透平定常性能的影响

影响冲击式透平性能的参量很多,大致可分为三类:① 工作环境参数,如气流流速大小 (雷诺数)、马赫数、流量系数、负载等;② 与尖部泄流相关的透平结构参数，如动叶片入口角、外径间隙、动叶片尖端结构等；③ 其他透平基本结构参数，包括叶片稠度、动叶片安装角、动叶片型式、轮毂比等。本节主要针对透平的结构参数开展定常数值模拟计算与分析。

4.3.1 叶片数目 (稠度) 的影响

理论上，对于透平而言，存在一个可使总损失比达到最小的叶片最佳数目 (或称最佳稠度)。在透平基本尺寸及轮毂比相同的情况下，若动叶片过多，动叶片附近的气流流道将被压缩，虽然动叶片对流体的导向作用有所增强，但也将导致更大的摩擦损失；反之，若动叶片过少，动叶片附近的气流流道过宽，动叶片对流体的导向作用衰减，因流动分离而造成的损失也将增大。此外，导流叶片与动叶片的数目比可在一定程度上影响动、静区域间的相互作用，尤其将影响气流进入下游导流叶片时的入射角大小及相应的动力损失。

对于不同动叶片数目 (动叶片稠度，$S_a = S_r/l_r$) 的透平模型，其基本结构尺寸同图 3-7。四个动叶片稠度值分别为：$S_a = 0.74$、0.61、0.49 及 0.41，对应的动叶片数目 N_B 分别为 20、24、30 及 36。此外，导流叶片数目及安装角分别为 $N_G = 30$ 和 $\theta = 30°$，动叶片与导流叶片间距 $G = 20$ mm，动叶片入口角 $\delta = 60°$，轮毂比 $\nu = 0.75$，外径间隙 $t_c = 1.0$ mm。

不同动叶片稠度条件下，中值半径截面处动叶片附近的速度云图，如图 4-8 所示。在图 4-8(a) 中，气流自上而下进入动叶片区域后，在动叶片吸力面的迎流端出现流动分离现象，一部分气流沿吸力面加速流动，在流域中部形成高流速区，另一部分气流则越过迎流端流动，在压力面迎流侧出现流动分离现象。同时，气流在吸力面尾端也发生了较大范围的流动分离。随着动叶片稠度的降低，如图 4-8(a)~(d) 所示，动叶片附近流域的宽度明显减小，流域中部高流速区的峰值及其在吸力面上的覆盖面积变大，压力面迎流侧的流动分离现象受到一定的抑制，气流流经动叶片中部后更加贴合叶片轮廓流动，尾端流动分离逐渐减弱，这充分表明动叶片稠度的降低能有效增强动叶片对流体的导向作用。

动叶片稠度对透平工作性能的影响，如图 4-9 所示。整体上，四个动叶片稠度下透平的输入系数 C_A、扭矩系数 C_T、定常效率 η 曲线在整个流量系数范围内具有相似的发展趋势。动叶片稠度越小，透平的输入系数也越小，如图 4-9(a) 所示。在图 4-9(b) 中，扭矩系数在 $\phi < 1$ 范围内差别不大，但当 $\phi > 1$ 时，动叶片稠度较小的透平对应的扭矩系数处于较低水平。在 $S_a = 0.41$ 和 $S_a = 0.49$ 两个稠度条件下，图 4-9(c) 显示透平在整个流量系数范围内均具有较高的工作效率。当 $\phi < 1.5$ 时，$S_a = 0.41$ 条件下的透平效率比 $S_a = 0.49$ 略高，差距在 5% ~ 6.5% 以内；当 $\phi > 1.5$ 时，$S_a = 0.41$ 条件下的透平效率下降幅度明显超过 $S_a = 0.49$。由于冲击式透平实际工作流量系数范围较宽，可认为动叶片稠度的优化值为 0.49。

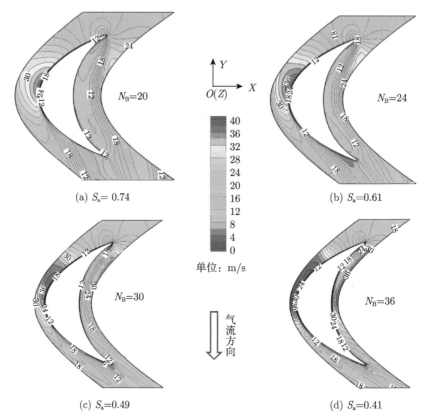

(a) S_a= 0.74 　　　　　　　　　　　　　　　　(b) S_a=0.61

(c) S_a=0.49 　　　　　　　　　　　　　　　　(d) S_a=0.41

图 4-8　不同动叶片稠度条件下，中值半径截面处动叶片附近的速度云图 ($\phi = 1.0$)[25] (已获
Springer 授权)

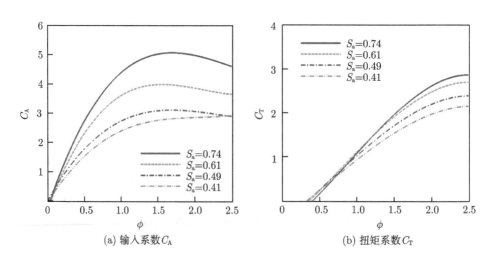

(a) 输入系数 C_A 　　　　　　　　　　　　　　(b) 扭矩系数 C_T

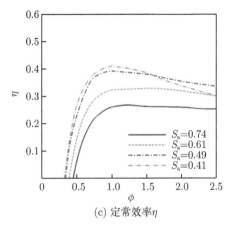

(c) 定常效率η

图 4-9　动叶片稠度对定常工作性能的影响[25](已获 Springer 授权)

　　基于上述工作，进一步探索导流叶片数目与动叶片数目之比 (又称叶片稠度比，以 κ 表示) 对透平性能的影响。如图 4-10 所示，叶片稠度比对中值半径截面处导流叶片与动叶片附近速度云图的影响主要体现在两方面：首先，随着叶片稠度比的增大，动叶片流域中部高流速区的峰值及覆盖面积有逐渐减小的趋势，在动叶片尾部开始出现低流速区或流速停滞区，流动分离现象逐渐加强，由此可见动叶片的导流效果明显减弱；其次，在高稠度比条件下，流经动叶片的气流进入下游导流叶片时具有较大的入射角，导致气流在导流叶片圆弧段附近出现了大范围的流动分离现象，造成了更大的动力损失，透平性能将随之下降。

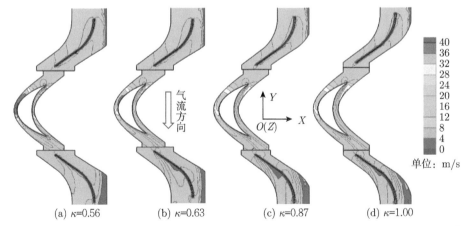

(a) κ=0.56　　　(b) κ=0.63　　　(c) κ=0.87　　　(d) κ=1.00

图 4-10　叶片稠度比对中值半径截面处导流叶片与动叶片附近速度云图的影响 (ϕ= 1.25)[26]

　　叶片稠度比对透平定常性能的影响，如图 4-11 所示。虽然目前研究及工程应用中选用的透平叶片稠度比多为 0.87，但数值模拟结果表明其并非最优值。尽

管 $\kappa = 0.87$ 和 $\kappa = 1.0$ 条件下的透平扭矩系数处于较高水平，但两者的输入系数提升幅度更大，导致他们的效率略逊于其他两个叶片稠度比。此外，$\kappa = 0.63$ 时，透平的扭矩系数大小中等，输入系数在整个流量系数范围内始终维持在较低水平，因而 $\kappa = 0.63$ 条件下的透平工作性能更好，其工作效率相对 $\kappa = 0.87$ 条件下的透平可提高 $4.1\% \sim 6.6\%$。

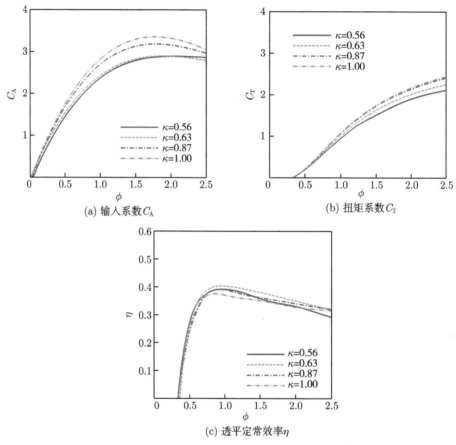

(a) 输入系数 C_{A}

(b) 扭矩系数 C_{T}

(c) 透平定常效率 η

图 4-11　叶片稠度比对透平定常性能的影响 [26]

4.3.2　动叶片安装角的影响

印度的 OWC 电站的海试数据显示，气室呼气阶段通过透平的气流流量 (气流流速) 幅值明显大于吸气阶段，即气流流量 (气流流速) 的形态相对于气流方向具有非对称的特点，如图 4-12 所示 [27]。这一气流特征也提示我们，可对传统透平对称的动叶片形式进行改进，使其更加适合非对称的气流工作条件，以提升其周期平均效率。

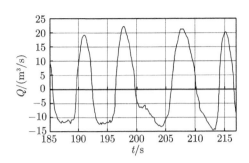

图 4-12　印度 OWC 电站海试中通过透平的气流流量 [27](已获 Elsevier 授权)

由透平的气动力学原理可知，单向气流下增大透平动叶片压力面在高入射流速下的迎流面积可在一定程度上提高透平的工作性能。受此启发，可按照简单的优化策略设置动叶片安装角，充分发挥透平在呼气阶段高气流流速条件下的能量转换优势。如图 4-13 所示，动叶片的截面轮廓及基本结构参数保持不变，仅将动叶片轮廓绕其中心旋转一定角度，同时将上、下游导流叶片做一定程度的调整以保证导流效果。此处，将动叶片旋转的角度定义为安装角，记为 γ_{r}。

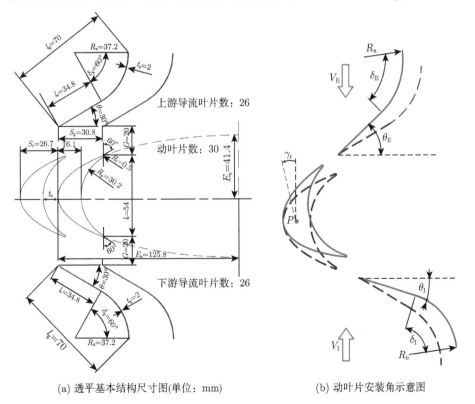

(a) 透平基本结构尺寸图(单位: mm)　　　　　(b) 动叶片安装角示意图

图 4-13　冲击式透平动叶片安装角优化设计方案 [27] (已获 Elsevier 授权)

在探索动叶片安装角 γ_r 对冲击式透平在定常气流下工作性能的影响规律过程中，共选取了四个数值：$-5°$、$0°$、$5°$ 及 $7.5°$。动叶片与导流叶片数目分别为 $N_B = 30$ 和 $N_G = 26$，动叶片与导流叶片间距 $G = 20$ mm，轮毂比 $\nu = 0.75$，外径间隙 $t_c = 1.0$ mm。导流叶片结构参数与动叶片安装角的配合设计详见表 4-4，其中 θ_E 与 θ_I、δ_E 与 δ_I 分别为呼气侧与吸气侧的导流叶片安装角与动叶片入口角。R_a 与 R_b 分别为呼气侧与吸气侧的导流叶片圆弧段半径。

表 4-4   不同动叶片安装角对应的导流叶片结构参数

动叶片安装角 γ_r^*	呼气一侧			吸气一侧		
	θ_E	δ_E	R_a/mm	θ_I	δ_I	R_b/mm
$-5°$	$25°$	$65°$	35.4	$35°$	$55°$	40
$0°$	$30°$	$60°$	37.2	$60°$	$30°$	37.2
$5°$	$35°$	$55°$	40	$25°$	$65°$	35.4
$7.5°$	$37.5°$	$52.5°$	41.7	$22.5°$	$67.5°$	34.3

* 逆时针旋转的角度为正。

动叶片安装角对中值半径截面处动叶片附近速度矢量分布的影响，如图 4-14 所示。随着动叶片安装角的增大，流域中部高流速区的峰值及面积有所减小，压力面迎流侧的流动分离范围有所扩大，吸力面尾部的流动分离现象则逐渐消失。

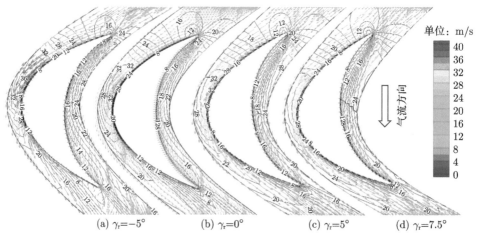

图 4-14   动叶片安装角对中值半径截面处动叶片附近速度矢量分布的影响 ($\phi = 1.25$)[27](已获 Elsevier 授权)

图 4-15 比较了不同动叶片安装角条件下透平动叶片表面压力云图。在 $\gamma_r = -5°$ 时，透平动叶片吸力面上的高压区域峰值达到 700 Pa，该区域的面积及峰值首先是随角度的增大而减小，至 $\gamma_r = 7.5°$ 时，峰值为 700 Pa 的高压区重新出现。同时，吸力面尾部靠近叶片尖端的部位在 $\gamma_r = 0°$ 时出现了负压区，负压区的范

围随着角度的增大而进一步扩大。由于吸力面上的合力将产生阻碍动叶片旋转的负扭矩，因此在 $\gamma_r \geqslant 0°$ 条件下，透平将在一定程度上降低负扭矩作用的产生。此外，随着动叶片安装角的增大，压力面迎流侧的负压区面积与峰值明显减小，两侧中压区扩大，有利于动叶片正作用扭矩的产生。

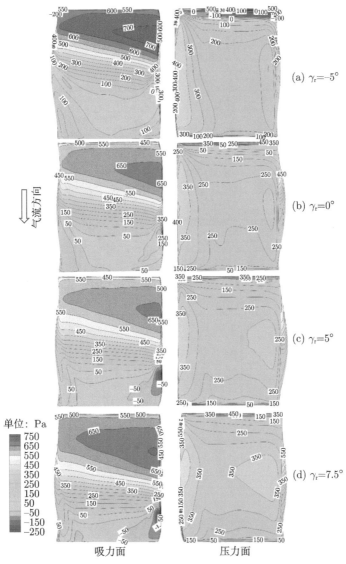

图 4-15　不同动叶片安装角条件下透平动叶片表面压力云图 $(\phi = 1.25)$[27] (已获 Elsevier 授权)

　　动叶片安装角对透平定常无量纲评价参数的影响，如图 4-16 所示。不同动叶片安装角对应的输入系数曲线间的差距随流量系数的增大而增加，如图 4-16(a)

所示。当 $\phi > 1.5$ 时，$\gamma_r = 5°$ 条件下的输入系数最小，其次为 $\gamma_r = 0°$ 对应的曲线，$\gamma_r = -5°$ 和 $\gamma_r = 7.5°$ 对应的两条曲线基本重合并位于最高水平。在图 4-16(b) 中，$\gamma_r = 0°$ 和 $\gamma_r = -5°$ 对应的扭矩系数结果在整个流量系数范围内几乎完全相等。随着角度的进一步增大，扭矩系数的数值有明显的提升。对于透平定常效率，如图 4-16(c) 所示，动叶片安装角为正的透平具有更高的效率，而安装角为负的透平效率始终处于较低水平。四条效率曲线均在 $\phi = 1.2$ 附近取得峰值效率，其中 $\gamma_r = 5°$ 和 $\gamma_r = 7.5°$ 对应的透平峰值效率相等，且比传统形式的透平高出约 15.6%。

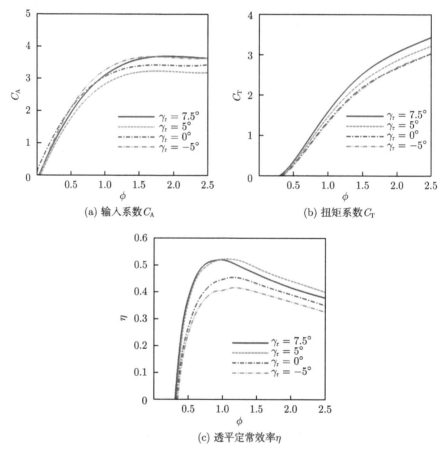

图 4-16　动叶片安装角对透平定常无量纲评价参数的影响 [27] (已获 Elsevier 授权)

动叶片安装角策略是针对往复气流流速的非对称特性提出的，若呼气阶段对应的动叶片安装角为正，则吸气阶段对应的动叶片安装角为负。由此可见，仅通过定常无量纲参数分析动叶片安装角的优化能力是不全面的。因此，还需要基于拟定常算法，估算透平在往复气流条件下的非定常性能。简化起见，将往复气流

流速表示为理想的拟正弦形式，如图 4-17 所示，呼气阶段与吸气阶段的流速曲线
均为正弦形式，相应的流速幅值分别为 V_E 和 V_I，而流速比可写作 $R_V = V_I/V_E$。

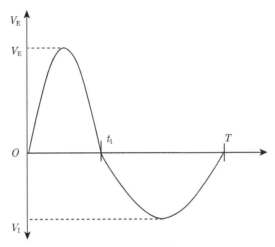

图 4-17 拟正弦气流流速形式 [27] (已获 Elsevier 授权)

拟正弦气流条件下，透平的周期平均效率及流量系数的公式如下：

$$\bar{\eta} = \frac{\dfrac{1}{T}\left(\displaystyle\int_0^{t_1} T_{0E}\omega \mathrm{d}t + \int_{t_1}^{T} T_{0I}\omega \mathrm{d}t\right)}{\dfrac{1}{T}\displaystyle\int_0^{T} \Delta pq\mathrm{d}t} \tag{4-2}$$

$$\Phi = (V_E + V_I)/2U_R \tag{4-3}$$

其中，T_{0E} 与 T_{0I} 分别代表呼气与吸气阶段的透平输出扭矩。

图 4-18 展示了在流速比 $R_V = 0.6$ 条件下动叶片安装角对透平周期平均效
率的影响。与定常效率相比，受到双向气流作用于正负安装角的影响，透平的周
期平均效率偏低，且在峰值效率点之后，周期平均效率曲线的下降趋势更为平缓。
在整个流量系数范围内，在 $\gamma_r = -5°$ 条件下的透平效率曲线几乎与 $\gamma_r = 0°$ 条
件下的曲线重合。$\gamma_r = 5°$ 与 $\gamma_r = 7.5°$ 两个条件下的透平均在流量系数 $\phi = 1.2$
附近达到峰值效率 0.46，而在 $\gamma_r = 7.5°$ 条件下的透平效率曲线具有更快的下
降趋势。在高流量系数区，$\gamma_r = 5°$ 条件下的透平周期平均效率大于传统结构约
9.2%。由此可见，动叶片安装角 $\gamma_r = 5°$ 条件下，透平在非对称气流中具有一定
的性能优势。

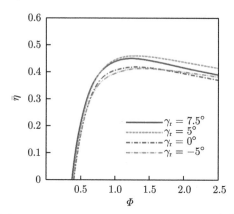

图 4-18　动叶片安装角对透平周期平均效率的影响 $(R_V = 0.6)$[27](已获 Elsevier 授权)

　　进一步对比传统对称透平 $\gamma_{\mathrm{r}} = 0$ 与动叶片安装角 $\gamma_{\mathrm{r}} = 5°$ 的透平在不同流速比条件下的周期平均效率，如图 4-19 所示。显然，具有对称结构的传统形式透平更适合对称的气流条件，而当流速比 $R_V = 0.4$ 时，其周期平均效率相对其他三个流速比平均下降了约 15%。与此相反，动叶片安装角 $\gamma_{\mathrm{r}} = 5°$ 的透平受流速比的影响较小，不同曲线间的平均差距仅在 5% 以内。上述结果表明，动叶片安装角策略使透平对非对称气流条件具有更好的适应性。

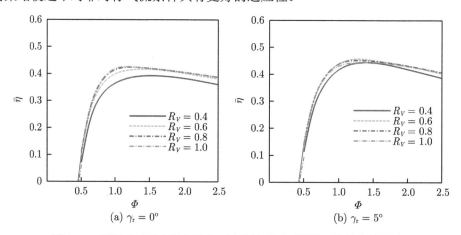

图 4-19　不同动叶片安装角条件下流速比对透平周期平均效率的影响

4.3.3　动叶片叶端结构的影响

　　在民用商业飞机上，机翼表面升力分布产生的诱导阻力往往受到翼尖涡的影响，常见的处理策略是在机翼翼尖安装小翼结构，一方面使机翼表面的流动更加均匀，另一方面也可以有效降低翼尖涡的强度。此外，某些具有特殊功能的海洋交通工具的叶片端部也装有环形结构，其目的是为了减弱叶顶泄流的影响。受此启发，本节提出的结构设计是在透平动叶片尖端安装端板或环结构，以期达到改善动叶片外径间隙区的气流流动形态、减少动叶片间隙泄流及叶片顶部涡面卷曲的影响，进而提高透平工作效率的目的。

传统型透平与端板型及环板型透平的结构对比，如图 4-20 所示。由于叶端结构将在一定程度上增大动叶片的质量、转动惯量及离心应力，设计时需控制叶端结构的厚度。为了保证透平性能的可比性，三种形式透平基本结构尺寸相同，外径间隙均为 0.5 mm。同时，端板及环板直接安装在动叶片叶端处，厚度均为 0.5 mm，轴向高度均为动叶片径向弦长的 1.15 倍。此外，导流叶片数目及安装角分别为 $N_G = 26$ 和 $\theta = 30°$，动叶片数目为 $N_B = 30$，动叶片与导流叶片间距 $G = 20$ mm，动叶片入口角 $\delta = 60°$，轮毂比 $\nu = 0.75$。

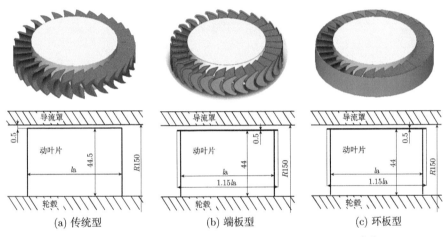

图 4-20 传统型透平与端板型及环板型透平的结构对比 [31]

在同一流量系数条件下，三种叶端型式对透平动叶片附近的速度矢量与表面压力分布的影响，如图 4-21 所示。其中，速度矢量图对应动叶片高度 0.93 倍处的截面。如图 4-21(a) 所示，端板与环板增大了流域中部高流速区的峰值及面积，也在一定程度上改善了动叶片尾部的流动分离现象。在图 4-21(b) 中，环板型的透平动叶片吸力面迎流端的梯形高压区峰值及面积相对传统型、端板型透平均有所减小，而端板、环板均扩大了吸力面尾部低压区的范围，吸力面上压力的分布形态也更加规则。由此可见，叶端结构有利于减少吸力面所产生的负扭矩作用。此外，叶端结构的存在使压力面靠近轮毂及叶端的两个相对高压区面积缩小，而压力面迎流侧的负压区面积扩大。

叶端结构对透平定常性能的影响如图 4-22 所示。在图 4-22(a) 与 (b) 中，安装叶端结构尤其是环板可使透平的输入系数显著下降，而扭矩系数在高流量系数范围内 ($\phi > 1.5$) 也出现了较小程度的下降。如前所述，叶端结构在一定程度上

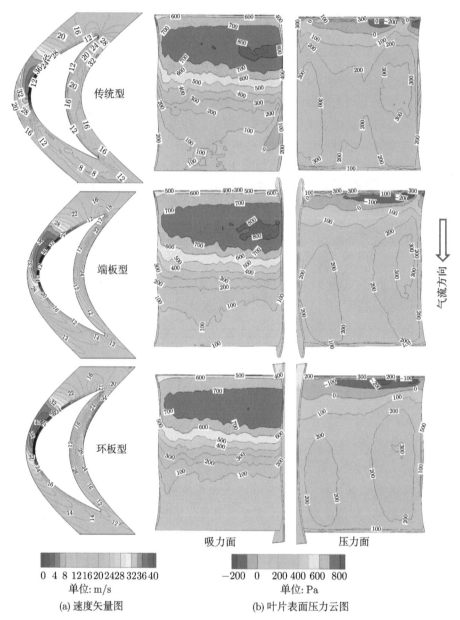

(a) 速度矢量图　　　　　　　　　　(b) 叶片表面压力云图

图 4-21　叶端结构对动叶片附近的速度矢量与表面压力分布的影响 $(\phi = 1)$[34](已获 Springer 授权)

减小了压力面产生的正作用扭矩, 这也是安装改进结构的透平的扭矩系数在高流量系数区比传统型透平小的直接原因。相比之下, 安装环板型透平的效率在整个流量系数范围内处于最高水平, 其峰值在流量系数 $\phi = 1.0$ 处取得, 并超出传统透平约 6.5％ ，如图 4-22(c) 所示。

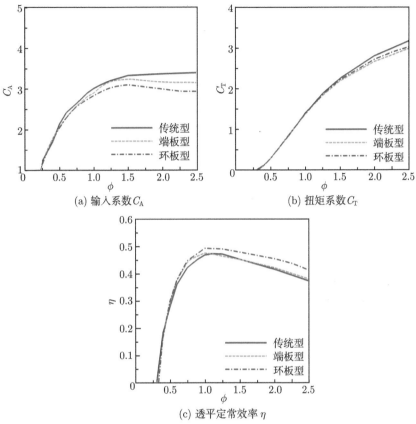

(a) 输入系数 C_A　　　　　　(b) 扭矩系数 C_T

(c) 透平定常效率 η

图 4-22　叶端结构对透平定常性能的影响 [34](已获 Springer 授权)

4.3.4　径间比的影响

透平径间比 G/l_r 是指动叶片与导流叶片间距 G 和动叶片径向弦长 l_r 的比值，由于该比值影响动叶片与导流叶片的相互作用，因此也对透平工作性能具有一定影响。本节选取五个 G/l_r 值：0.09、0.19、0.37、0.56 及 0.74，对应的 G 值分别为 4.9 mm、10.3 mm、20.0 mm、30.2 mm 及 40.0 mm。此外，动叶片和导流叶片数目分别为 $N_B = 30$、$N_G = 26$，动叶片入口角 $\delta = 60°$，$l_r = 54$ mm，导流叶片装置角 $\theta = 30°$，轮毂比 $\nu = 0.75$，外径间隙 $t_c = 1.0$ mm。

径间比对动叶片表面压力分布的影响，如图 4-23 所示。在吸力面上，当 $G/l_r <$ 0.37 时，迎流侧的梯形高压区变化无规律，但中后部的低压区范围随着径间比的增大而有逐渐减小的趋势。径间比增大后，中后部被大范围的负压区覆盖。当 $G/l_r >$ 0.74 时，出现了峰值为 -200 Pa 的负压区。压力面上，随着径间比的增大，迎流侧三角形负压区的范围明显扩大，轮毂与叶端两侧的中压区峰值及面积明显减小。

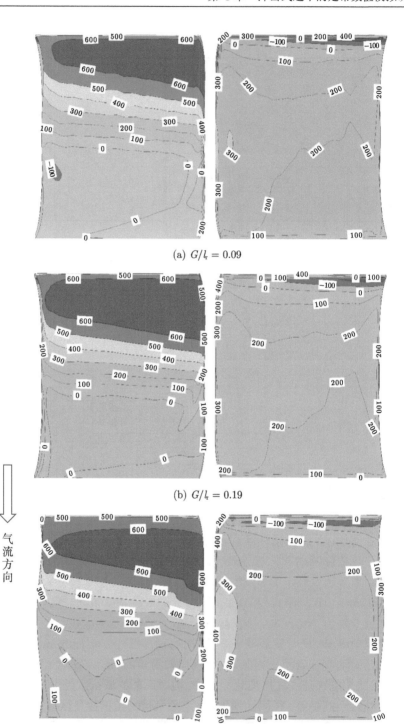

(a) $G/l_{\tau} = 0.09$

(b) $G/l_{\tau} = 0.19$

(c) $G/l_{\tau} = 0.37$

气流方向

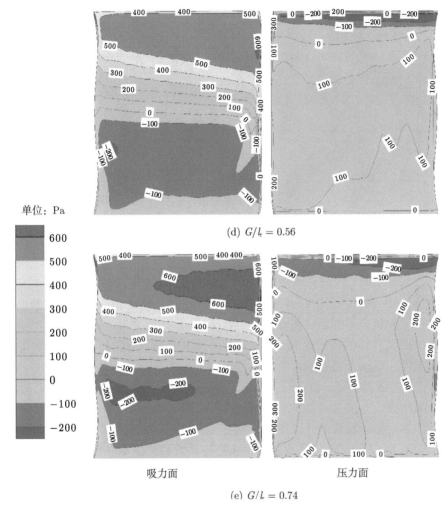

(d) $G/l_r = 0.56$

单位: Pa

(e) $G/l_r = 0.74$

吸力面   压力面

图 4-23 径间比对动叶片表面压力分布的影响 ($\phi = 1.2$)

不同径间比条件下,中值半径截面附近导流叶片及动叶片流域的速度分布对比,如图 4-24 所示。整体看,径间比对上游导流叶片附近的流速分布影响较小。在动叶片附近流域,除了 $G/l_r = 0.37$ 条件下流域中部高流速区的峰值最小以外,该区域的峰值及范围基本随径间比的升高而增大。同时,径间比对动叶片尾端的流动分离现象也有一定影响。当 $G/l_r = 0.74$ 时,动叶片尾部的流动分离较强烈,低速区的范围较其他四个径间比条件有明显扩大。此外,各径间比条件下的下游导流叶片圆弧段的流动分离现象也有明显不同。当 $G/l_r = 0.37$ 时,该处的流动分离现象最明显,低压区范围最大。当下游导流叶片与动叶片之间的距离进一步增大或减小时,该区域的流动分离现象均有所改善。

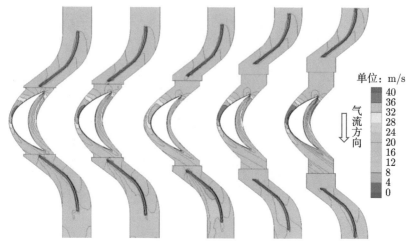

(a) $G/l_{\rm r}$=0.09 (b) $G/l_{\rm r}$=0.19 (c) $G/l_{\rm r}$=0.37 (d) $G/l_{\rm r}$=0.56 (e) $G/l_{\rm r}$=0.74

图 4-24　不同径间比条件 ($\phi = 1.2$)

图 4-25 展示了径间比对透平定常工作性能的影响。如图 4-25(a) 所示，各径间比条件下的输入系数曲线在低流量系数区 ($\phi < 0.7$) 差别不大。在此区域之外，$G/l_{\rm r} = 0.37$ 条件下的透平输入系数始终处于最低水平，而其他四条曲线满足透平径间比越大，则输入系数越高的规律。

对于扭矩系数而言，当 $\phi < 1.0$ 时，各径间比对应的曲线差距很小，随着流量系数的增大，五条曲线的发展逐渐发散，如图 4-25(b) 所示。除了 $G/l_{\rm r} = 0.37$ 条件下的透平扭矩系数最低以外，透平径间比越大，扭矩系数也相对越大。此外，$G/l_{\rm r} = 0.56$ 与 $G/l_{\rm r} = 0.74$ 条件下的两条扭矩系数曲线基本重合。

在图 4-25(c) 中，各径间比条件下的效率曲线在 $\phi < 0.5$ 的区域内无明显差距，随后均在 $\phi = 1.0 \sim 1.2$ 区域内达到峰值。同时，径间比对效率曲线的影响无

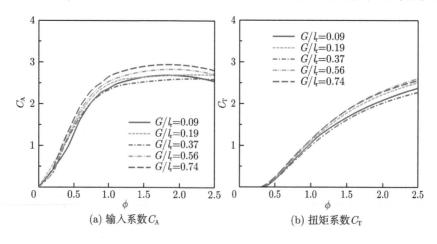

(a) 输入系数 $C_{\rm A}$

(b) 扭矩系数 $C_{\rm T}$

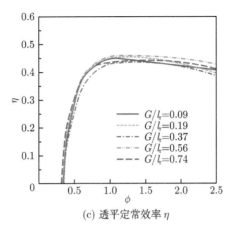

(c) 透平定常效率 η

图 4-25　径间比对透平定常工作性能的影响

明显单调规律，最高水平和最低水平曲线分别对应 $G/l_r = 0.56$ 与 $G/l_r = 0.37$ 条件下的透平。当 $\phi > 1.0$ 时，各效率曲线间的平均差值在 6% 以内。

综上所述，径间比对透平定常性能的影响有限。在实际应用中，可主要衡量径间比对制造工艺及加工成本的影响。

4.3.5　外径间隙比的影响

外径间隙是指透平动叶片顶端与叶轮外径 (或管道外壳内径) 间的距离。通常情况下，动叶片压力面与吸力面间的压力差会使外径间隙区域出现间隙泄流，间隙泄流与流域主流相互作用，形成间隙涡，可造成动力损失。因此，外径间隙的大小将直接影响透平的工作性能。

本节采用无量纲的外径间隙比 T_c 表示外径间隙的大小，其值为外径间隙 t_c 与叶轮外径 r_t 的比值。本节考察了 T_c 的五个数值：0、0.33%、0.67%、2.00% 及 3.33%。此处，叶轮外径固定不变，$r_t = 150$ mm，相应的动叶片高度 b 与外径间隙 t_c 详见表 4-5。其中，外径间隙比 $T_c = 0$ 表示动叶片尖端与管道外壳内壁间不存在间隙，这在实际应用中是无法实现的，但此处仍进行了模拟计算，以期获得该理想情况下的流场形态。此外，动叶片与导流叶片数目分别为 $N_B = 30$ 及 $N_G = 26$，动叶片入口角 $\delta = 60°$，导流叶片装置角 $\theta = 30°$，轮毂比 $\nu = 0.75$。

表 4-5　动叶片外径间隙的设计尺寸

$T_c/\%$	0	0.33	0.67	2.00	3.33
t/mm	0	0.5	1.0	3.0	5.0
b/mm	45.0	44.5	44	42.0	40.0

图 4-26 所示为外径间隙比对动叶片表面迹线分布的影响，自左向右分别对应动叶片的吸力面、动叶片顶面及动叶片压力面，气流方向从上而下。

如图 4-26(a) 所示，当 $T_c = 0$ 时，动叶片吸力面及压力面上的迹线沿气流方向分布较为平顺、均匀，气流在吸力面与压力面之间未出现相互交叉。如图 4-26(b)~(e) 所示，当外径间隙出现后，在吸力面尾部靠近叶片顶部的位置会出现涡面卷曲现象，造成这一现象的气流被称为间隙泄流。

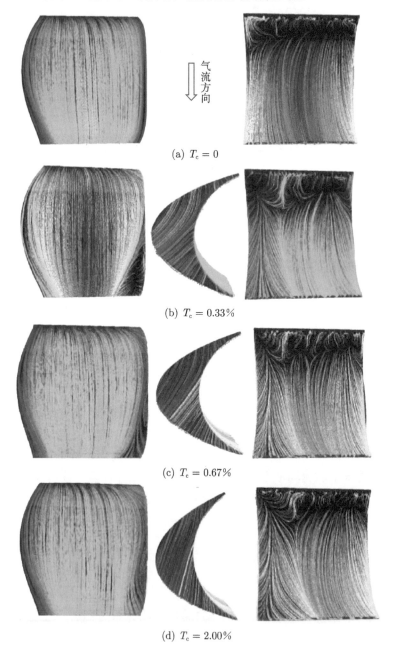

(a) $T_c = 0$

(b) $T_c = 0.33\%$

(c) $T_c = 0.67\%$

(d) $T_c = 2.00\%$

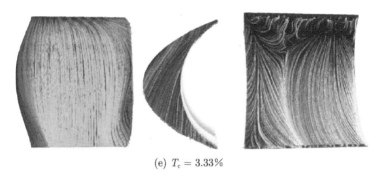

(e) $T_c = 3.33\%$

图 4-26　外径间隙比对动叶片表面迹线分布的影响 ($\phi = 1.5$)

间隙泄流主要由两部分组成：一部分气流来自吸力面迎流侧，另一部分来自压力面一侧。一方面，间隙泄流与吸力面上主流相互作用，产生的涡面卷曲会导致一定的动力损失；另一方面，来自压力面一侧的气流一旦越过叶片顶部即无法产生正作用扭矩，并导致透平工作效率损失。此外，在压力面的迎风侧还发现了一定程度的回流，这与该部位的流动分离现象直接对应，由透平本身的结构导致，受外径间隙的影响不大。外径间隙比对透平定常工作性能的影响如图 4-27 所示。

在图 4-27(a) 中，外径间隙比对输入系数有较大的影响，当 T_c 从 0.67% 增大到 3.33% 时，动叶片高程变小，对气流的阻塞效应减弱，输入系数水平因此降低。外径间隙比为零的理想透平具有较高的输入系数水平，其曲线在 $\phi < 1.25$ 的区域内与 $T_c = 0.67\%$ 的曲线基本重合，随后具有相对较大的降幅。此外，$T_c = 0.33\%$ 对应的曲线几乎在整个流量系数范围内与 $T_c = 2.0\%$ 对应的曲线完全重合。

如图 4-27(b) 所示，除 $T_c = 0.33\%$ 的曲线外，扭矩系数曲线基本遵循外径间隙比越大，则扭矩系数越低的规律，这是由于扭矩的大小与动叶片高程有直接关系。$T_c = 0.33\%$ 对应的扭矩系数曲线与 $T_c = 2.0\%$ 对应的曲线则完全重合。

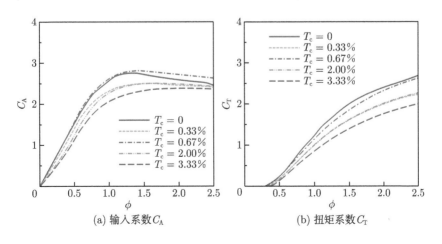

(a) 输入系数 C_A　　　　　　　　　　　　　　　(b) 扭矩系数 C_T

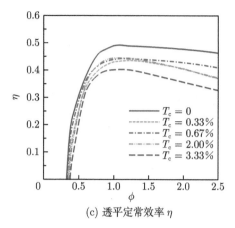

(c) 透平定常效率 η

图 4-27　外径间隙比对透平定常工作性能的影响

在图 4-27(c) 中，外径间隙比为零的理想透平在整个流量系数范围内具有最高的效率水平，效率峰值高达 0.48，在 $\phi = 1.0$ 附近取得。整体上，除 $T_c = 0.33\%$ 对应的曲线外，外径间隙比越小，效率曲线水平越高。从整个流量系数范围的表现看，推荐采用 $T_c = 0.67\%$。在实际应用中，外径间隙过小将增大透平模型制造加工工艺的难度，因此应综合考虑透平的工作效率与制造难度，或对透平动叶片顶面进行优化改进，如采用 4.3.3 节的叶端结构，以提高透平效率。

4.3.6　动叶片入口角的影响

动叶片的轮廓形状也是影响透平性能的主要因素之一，而动叶片入口角是其中一个重要的形状参数。如图 4-28 所示，动叶片入口角为动叶片压力面圆弧端点处的切线与透平轴向间的夹角，以符号 δ 表示，其大小将直接决定动叶片入口处的气流入射角，是减小气动损失、提高透平效率的关键性参数。为此，本节将考察三个 δ 角度值：50°、60° 及 70°。与其相配合的压力面圆弧半径 r_r、吸力面椭圆弧短轴半径 E_e 见表 4-6。此外，动叶片径向弦长 l_r 及椭圆弧长轴半径 E_a 分别

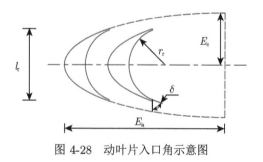

图 4-28　动叶片入口角示意图

为 54 mm 和 125.8 mm。动叶片与导流叶片数目分别为 $N_B = 30$ 及 $N_G = 26$，透平外径为 150 mm，外径间隙 $t_c = 0.5$ mm，轮毂比 $\nu = 0.75$，径间比 $G/l_r = 0.37$。

表 4-6 不同动叶片入口角对应的动叶片轮廓尺寸

$\delta/(°)$	50	60	70
$r_r/$mm	34.6	30.2	28.1
$E_e/$mm	43.1	41.4	39.8

动叶片入口角对中值半径截面上动叶片与导流叶片附近速度分布的影响，如图 4-29 所示。随着动叶片入口角的增大，动叶片附近流域中部高压区的峰值及范围明显增大，压力面迎流端流动分离现象在 $\delta = 70°$ 时尤为明显，低压区的范围甚至延伸至叶片尾部。此外，在 $\delta = 50°$ 时，气流到达动叶片吸力面尾部时将出现一定强度的流动分离现象，该部分气流在进入下游导流叶片时还将因入射角过大而产生剧烈的流动分离，导致大量的动力损失，该现象在动叶片入口角增大后将得到明显的改善。显然，动叶片入口角的增大有利于减小气流进入下游导流叶片时的入射角，从而降低该部分动力损失，但同时也会加剧动叶片压力面的流动分离。

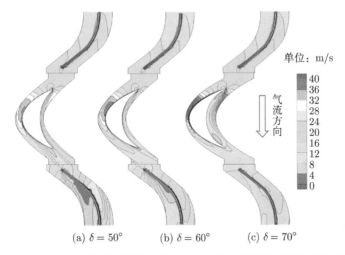

(a) $\delta = 50°$　　(b) $\delta = 60°$　　(c) $\delta = 70°$

图 4-29 动叶片入口角对中值半径截面上动叶片与导流叶片附近速度分布的影响 ($\varphi = 1.0$)

动叶片入口角对透平定常工作性能的影响如图 4-30 所示。在图 4-30(a) 中，当 $\phi < 0.4$ 时，三条输入系数曲线具有相同的发展趋势且相差不大，随着流量系数的增大，$\delta = 70°$ 时输入系数迅速增大，并与其他两条曲线拉开较大差距，这表明较大的动叶片入口角将对气流流动产生较大的阻碍作用。同时，$\delta = 50°$ 与 $\delta = 60°$ 对应的两条扭矩系数曲线在整个流量系数范围内则基本重合，而 $\delta = 70°$

对应的扭矩系数曲线始终位于最高水平，如图 4-30(b) 所示。在图 4-30(c) 中，三条效率曲线均在 $\phi = 1.0\sim1.25$ 范围内达到峰值。其中，$\delta = 70°$ 的透平性能最差，而 $\delta = 50°$ 的透平定常效率 η 具有最高的峰值 0.45，但其效率曲线在高流量系数区降幅较大。当 $\phi > 1.7$ 后，其效率明显低于 $\delta = 60°$ 的透平。由于冲击式透平的工作流量系数通常较高，实际应用时推荐采用动叶片入口角度为 60° 的透平。

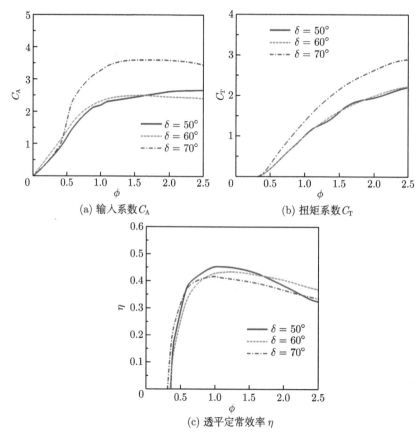

(a) 输入系数 C_A 　　(b) 扭矩系数 C_T

(c) 透平定常效率 η

图 4-30   动叶片入口角对透平定常工作性能的影响

4.3.7   轮毂比的影响

轮毂比 ν 是指透平轮毂半径 r_h 与透平叶轮外径 r_t 之间的比值，即 $\nu = r_h/r_t$。本节将考察五个 ν 值：0.60、0.65、0.70、0.75 及 0.80。其中，轮毂半径不变，固定 $r_h = 105$ mm，轮毂比越大，透平的叶轮外径越小，动叶片高度越小，各轮毂比对应的叶轮外径 r_t、叶片高度 b 及中值半径 r_R 详见表 4-7。此外，动叶片与导流叶片数目分别为 $N_B = 30$ 及 $N_G = 26$，径间比 $G/l_r = 0.37$，外径间隙 $t_c =$

0.5 mm, 径间比 $G/l_r = 0.37$, 动叶片入口角与导流叶片安装角分别为 $\delta = 60°$, $\theta = 30°$。

表 4-7 不同轮毂比条件下的叶轮外径、叶片高度和中值半径

ν	0.60	0.65	0.70	0.75	0.80
r_t/mm	175.0	161.5	150.0	140.0	131.0
b/mm	70.0	56.5	45.0	35.0	26.0
r_R/mm	140.0	133.3	127.5	122.5	118.0

图 4-31 给出了轮毂比对动叶片表面压力分布的影响。在图 4-31(c) 中，当 ν = 0.70 时，动叶片吸力面上的压力分布特征鲜明，前部迎流侧为梯形高压区，中后部出现了大范围的低压区，其压力值在 100 Pa 以下，负压区靠近叶片尖端处，且范围极小。在图 4-31(a)、(b)、(d) 及 (e) 中的其他轮毂比条件下，吸力面中后

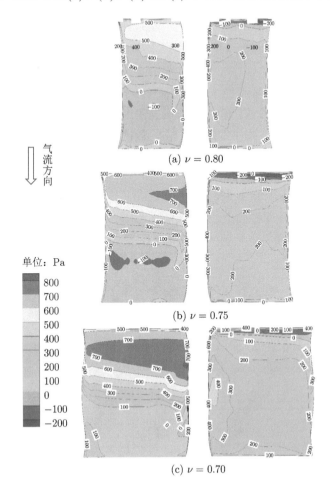

(a) $\nu = 0.80$

(b) $\nu = 0.75$

(c) $\nu = 0.70$

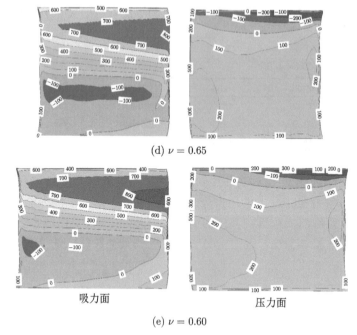

(d) $\nu = 0.65$

吸力面   压力面

(e) $\nu = 0.60$

图 4-31 轮毂比对动叶片表面压力分布的影响 ($\phi = 1.0$)

部均被大范围的负压区覆盖,迎流侧梯形高压区的峰值及在吸力面上的面积占比随着轮毂比的增大而具有减小的趋势。各轮毂比条件下压力面上的压力分布形态基本相同,随着轮毂比的增大,迎流侧低压区在压力面上的面积占比则呈现下降的趋势。

　　轮毂比对动叶片不同高度截面上速度分布的影响,如图 4-32 所示。在图 4-32(a) 中的轮毂附近截面上,随着轮毂比的增大,动叶片流域中部高流速区的范围与峰值均逐渐下降,下游导流叶片处则在 $\nu = 0.70$ 时开始出现小范围的流动

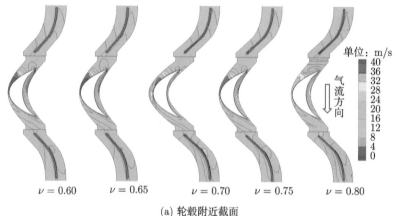

$\nu = 0.60$ 　　 $\nu = 0.65$ 　　 $\nu = 0.70$ 　　 $\nu = 0.75$ 　　 $\nu = 0.80$

(a) 轮毂附近截面

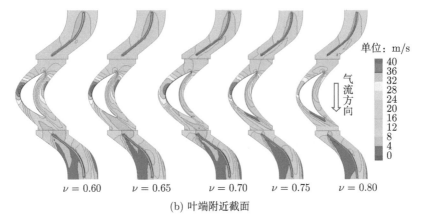

(b) 叶端附近截面

图 4-32　轮毂比对动叶片不同高度截面上速度分布的影响 ($\phi = 1.0$)

分离现象。在图 4-32(b) 中的叶端附近截面上，轮毂比越小，动叶片流域中部高流速区的范围和峰值均越大，压力面迎流侧、吸力面中后部以及下游导流叶片处出现的流动分离现象则更为明显。

　　轮毂比对透平定常工作性能的影响，如图 4-33 所示。在图 4-33(a) 和 (b) 中，轮毂比对透平输入系数与扭矩系数的影响均较为明显。相比之下，$\nu = 0.6$ 条件下的输入系数、扭矩系数曲线在整个工作范围内均处于最高水平。轮毂比越大，输入系数与扭矩系数则越小。

　　另一方面，如图 4-33(c) 所示，轮毂比对透平效率的影响有限，各轮毂比条件下的效率曲线间的平均差距仅在 7% 以内。在 $\nu = 0.75$ 条件下的透平性能最优，在 $\phi = 1.1$ 附近取得的效率峰值为 0.44，比 $\nu = 0.80$ 条件下高约 6.7%。此外，轮毂比为 0.70 和 0.60 的透平性能良好，两者的效率曲线在峰值效率点之后几乎完全重合。根据数值模拟结果，在实际工程应用中，推荐采用上述轮毂比，建议进一步结合加工制造条件与设计要求综合考虑轮毂比取值。

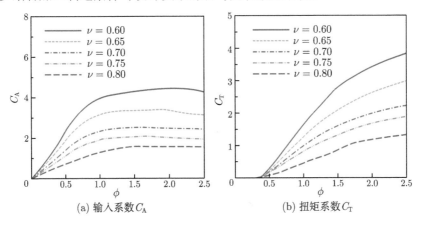

(a) 输入系数 C_A　　　　　　　　　(b) 扭矩系数 C_T

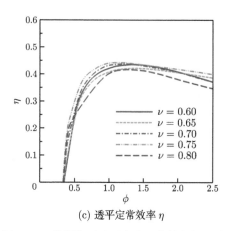

(c) 透平定常效率 η

图 4-33　轮毂比对透平定常工作性能的影响

4.4　总　　结

本章首先介绍了 OWC 装置空气透平数值模拟的基本概念、方法以及影响模型准确度与可靠度的关键参量，特别是湍流模型、定转子模型、边界条件、壁面函数与 Y+ 的选择及调整原则。在模型基本验证性测试以及试验数据验证的基础上，本节构建了基于 ANSYS-Fluent® 平台的三维定常数值模型，并针对透平定常性能的优化开展了一系列数值模拟计算，涉及的参量包括叶片数目 (稠度)、动叶片安装角、动叶片叶端结构、径间比、外径间隙比、动叶片入口角及轮毂比等。根据数值模拟计算结论如下。

(1) 动叶片稠度 $S_a = 0.49$、叶片稠度比 $\kappa = 0.63$ 条件下的透平性能最优，定常效率比原始设计可提高约 6.6%。叶片数目对动叶片的导流效果及动叶片尾部、压力面迎流侧、下游导流叶片圆弧段三处的流动分离范围具有重要影响。

(2) 动叶片正安装角不仅可增大压力面在高入射流速条件下的迎流面积，而且还可以改善动叶片的导流作用，对非对称气流条件具有更好的适应性。拟正弦气流流速比为 0.6 时，动叶片安装角为 5° 的透平周期平均效率相对原始设计可提高 9.2%。

(3) 在动叶片叶端安装端板、环板能够有效阻止气流在叶端由压力面翻转至吸力面，使动叶片吸力面上的压力分布更加平顺均匀，并可有效减少吸力面产生的负扭矩作用。安装环板的透平效率可比原始设计提高约 6.5%。

(4) 径间比主要影响动叶片与导流叶片间的相互作用，因此对动叶片尾部与下游导流叶片处的流动分离具有一定影响，不同径间比条件下透平的定常工作性能差别较小。

(5) 外径间隙的存在使间隙泄流与流域内的主流相互作用，在吸力面尾部靠近叶端部位出现涡面卷曲，并造成一定动力损失。在制造加工工艺允许的范围内，本章推荐外径间隙比的上限值为 0.67%。

(6) 较大的动叶片入口角有利于减小气流进入下游导流叶片时的入射角及流动分离损失，但也将增大动叶片压力面迎流端的流动分离强度，结合透平的工作流量系数范围，本章推荐的动叶片入口角值为 60°。

(7) 轮毂比对动叶片流域中部高流速区的峰值及面积、压力面迎流侧、吸力面中后部以及下游导流叶片处出现的流动分离现象均有一定影响。轮毂比为 0.75 的透平性能最优，在 $\phi = 1.1$ 附近取得的效率峰值为 0.44，较轮毂比为 0.80 条件下的透平提高约 6.7%。

表 4-8 汇总了基于定常数值模拟计算获得的冲击式透平最优结构参数，可为实际工程中透平设计选型提供依据。同时，透平三维定常数值模型的基本设置与计算结果，也为第 5 章透平完全气流驱动瞬态数值模型的构建奠定了初步基础。

表 4-8 基于定常数值模拟计算获得的冲击式透平最优结构参数

结构参数	定义	推荐范围
动叶片稠度	动叶片螺距与径向弦长之比	0.41~0.49
叶片稠度比	导流叶片与动叶片数目之比	0.63~0.87
动叶片安装角	动叶片绕中心逆时针旋转角度	5°~7.5°
叶端结构	叶片顶端的附着结构	环形
径间比	动叶片和导流叶片间的间距与动叶片径向弦长之比	0.56
外径间隙比	外径间隙与叶轮外径之比	<0.67%
动叶片入口角	动叶片压力面圆弧端点处的切线与透平轴向间的夹角	50°~60°
轮毂比	轮毂半径与叶轮外径之比	0.6~0.75

参 考 文 献

[1] 王福军. 计算流体动力学分析——CFD 软件原理与应用. 北京: 清华大学出版社, 2004, 1-23.

[2] 隋洪涛. 精通 CFD 动网格工程仿真与案例实战. 北京: 人民邮电出版社, 2013: 3-8.

[3] Sarmento A J N A, Falcão A F D O. Wave generation by an oscillating surface pressure and its application in wave-energy extraction. Journal of Fluid Mechanics, 1985, 150: 467-485.

[4] Torresi M, Camporeale S M, Pascazio G, et al. Fluid Dynamic Analysis of a Low Solidity Wells Turbine. Italy: Proceedings of 59° Congresso ATI, 2004.

[5] Thakker A, Dhanasekaran T, Khaleeq H, et al. Application of numerical simulation method to predict the performance of wave energy device with impulse turbine. Journal of Thermal Science, 2003, 12(1): 38-43.

[6]　Reynolds O. On the Dynamical theory of incompressible viscous fluids and the deter-
mination of the criterion.Philosophical Transactions of the Royal Society of London A,
1995, 186(1941): 123-164.

[7]　Cui Y, Liu Z, Zhang X, et al. Review of CFD studies on axial-flow self-rectifying
turbines for OWC wave energy conversion. Ocean Engineering, 2019, 175: 80-102.

[8]　Ansys Inc. ANSYS FLUENT Theory Guide, Release 14.0, Canonsburg, Pa, USA, 2011.

[9]　Launder B, Spalding D B. Lectures in Mathematical Models of Turbulence. London:
Academic Press, 1972.

[10]　Shih T H, Liou W W, Shabbir A, et al. A new k-ε eddy-viscosity model for high
Reynolds number turbulent flows-model development and validation. Computers and
Fluids, 1995, 24(3): 227-238.

[11]　Hyun B S, Moon J S, Hong S W, et al. Practical numerical analysis of impulse turbine
for OWC-type wave energy conversion using a commercial CFD code. France: Proceed-
ings of the Fourteenth International Offshore and Polar Engineering Conference, 2004:
53-259.

[12]　Hyun B S, Moon J S, Hong K, et al. On the performance prediction of impulse tur-
bine system in various operating conditions. Dalian: Proceedings of the 7th ISOPE
Pacific/Asia Offshore Mechanics Symposium, 2006, 95(1): 225-230.

[13]　Denton J D, Singh U K. Time marching methods for turbomachinery flow calculation.
Von Karman Institute For Fluid Dynamics, 1979.

[14]　Thakker A, Hourigan F, Setoguchi T, et al. Computational fluid dynamics benchmark
of an impulse turbine with fixed guide vanes. Journal of Thermal Science, 2004, 13(2):
109-113.

[15]　Badhurshah R, Samad A. Multiple surrogate based optimization of a bidirectional im-
pulse turbine for wave energy conversion. Renewable Energy, 2015, 74: 749-760.

[16]　李鹏飞, 徐敏义, 王飞飞. 精通 CFD 工程仿真与案例实战. 北京: 人民邮电出版社, 2011:
186-188.

[17]　Thakker A, Frawley P, Khaleeq H B, et al. Experimental and CFD Analysis of 0.6m
Impulse Turbine with Fixed Guide Vanes. Norway: Proceedings of the Eleventh Inter-
national Journal of Offshore and Polar Engineering Conference, 2001: 625-629.

[18]　Thakker A, Hemry M E. 2D CFD analysis and experimental analysis on the effect of hub
to tip ratios on the performance of 0.6 m impulse turbine.Journal of Thermal Science,
2004, 13(4): 315-320.

[19]　Thakker A, Dhanasekaran T S. Computed effects of tip clearance on performance of
impulse turbine for wave energy conversion. Renewable Energy, 2004, 29(4): 529-547.

[20]　Thakker A, Hourigan F. Computational fluid dynamics analysis of a 0.6m, 0.6 hub-
to-tip ratio impulse turbine with fixed guide vanes. Renewable Energy, 2005, 30(9):
1387-1399.

[21]　Thakker A, Hourigan F, Dhanasekaran T S, et al. Design and performance analysis
of impulse turbine for a wave energy power plant. International Journal of Energy

Research, 2005, 29(1): 13-36.

[22] Pereiras B, Valdez P, Castro F. Numerical analysis of a unidirectional axial turbine for twin turbine configuration. Applied Ocean Research, 2014, 47(2): 1-8.

[23] Halder P, Samad A, Kim J H, et al. High performance ocean energy harvesting turbine design-A new casing treatment scheme. Energy, 2015, 86: 219-231.

[24] Liu Z, Jin J Y, Hyun B S, et al. Transient calculation of impulse turbine for oscillating water column wave energy convertor. UK: Proceedings of 9th EWTEC, 2011: 3-8.

[25] Liu Z, Zhao H Y, Cui Y. Effects of rotor solidity on the performance of impulse turbine for OWC wave energy converter. China Ocean Engineering, 2015, 29(5): 663-672.

[26] Cui Y, Liu Z. Effects of solidity ratio on performance of OWC impulse turbine. Advances in Mechanical Engineering, 2014, 7(1): 121373.

[27] Liu Z, Cui Y, Kim K W, et al. Numerical study on a modified impulse turbine for OWC wave energy conversion. Ocean Engineering, 2016, 111: 533-542.

[28] Cui Y, Liu Z, Hyun B S. Pneumatic performance of staggered impulse turbine for OWC wave energy convertor. Journal of Thermal Science, 2015, 24(5): 403-409.

[29] Ezhilsabareesh K, Rhee S H, Samad A. Shape optimization of a bidirectional impulse turbine via surrogate models.Engineering Applications of Computational Fluid Mechanics, 2017, 12(1): 1-12.

[30] Luo Y, Presas A, Wang Z. Numerical analysis of the influence of design parameters on the efficiency of an OWC axial impulse turbine for wave energy conversion. Energies, 2019, 12(5): 939.

[31] Cui Y, Hyun B S, Kim K W. Numerical study on air turbines with enhanced techniques for OWC wave energy conversion.China Ocean Engineering, 2017, 31(5): 517-527.

第 5 章 冲击式透平的非定常数值模拟研究

5.1 概　　述

OWC 空气透平的非定常性能始终是科研人员关心的重要科学问题。受制于手段及方法，早期研究多利用拟定常算法对空气透平的定常无量纲性能参数 (试验/数值结果) 进行积分等运算，近似评价透平的非定常性能，但该方法忽略了透平在非定常工作状态下雷诺数的变化及输入系数、扭矩系数的滞后特征，因此往往与实际结果偏差较大。

目前，透平物理模型试验、数值模拟计算的研究热点正由基于定常手段的透平结构优化向基于非定常手段的透平瞬态常气动响应、透平–气室耦合效应等问题转变。随着计算机计算能力的提升及 CFD 商业软件的日趋成熟，数值模拟手段已经能够实现定常模拟向非定常 (瞬态) 模拟的转变，也使得获取更贴合实际的非定常运动状态及流场形态、揭示透平非定常机理、优化透平设计与控制策略等传统研究中无法实现的工作成为可能。

目前，空气透平非定常数值模拟的研究成果仍较少。由于威尔斯式透平与冲击式透平的模型在工作场合、定转子模型、边界条件等方面存在共性，因此本节汇总了两种透平非定常模型的基本信息，详见表 5-1。

在前期定常数值模拟研究的基础上，中国海洋大学团队构建了冲击式透平的完全气流驱动瞬态数值计算模型，可实现透平从静止到自启动直至进入稳定运动状态的实时全过程模拟，展示透平在不同时刻的流场形态、涡旋脱落及压力变化情况，为透平基于非定常性能的优化设计奠定基础。表 5-2 列出了该模型与传统定常、非定常数值模型在软件设置、模型优缺点、计算效率等方面的异同。

定常模型计算效率高，可预测透平的定常工作性能及稳态流场特征，如导流叶片的导流效应，动叶片吸力面与压力面上的压力分布，动叶片吸力面迎流与背流侧的流动分离现象，动叶片间隙泄流及尖端涡面卷曲等，因此已广泛应用于透平的结构优化设计。另一方面，定常模型忽略了非定常作用对时均流动的影响，因此常常无法体现尾流效应。在实际情况下，气流流经动叶片后会在下游导流叶片圆弧段出现流动分离，并形成强烈的低速涡旋，由此造成一定的能量损失，随后以螺旋形态流向出口，该现象仅能在瞬态非定常模型中观测到，如图 5-1 所示，由此也体现出非定常模型在该类问题上更高的可靠度与准确性。

表 5-1　威尔斯式透平与冲击式透平定常非定常数值模型对比

序号	作者/年/文献号	湍流模型及雷诺数	Y+ 与网格数	导流罩直径/径向弦长	模型特征
1	Kim, et al./2002/[1]	RNG k-ε 模型	4.0×10^5	0.3 m/ 0.09 m	威尔斯式；翼型 NACA0012, NACA0015, NACA0021；叶片数：8；四面体（Tetrahedral）网格；周期性边界条件；压力修正 SIMPLE 算法；Fluent，非定常计算
2	Kim, et al./2002,2003/ [2,3]	RNG-SGS 模型；2.1×10^5	Y+ <5; 5.6×10^5	0.3 m/0.076~ 0.105 m	威尔斯式；翼型：NACA0020；叶片数：5, 6, 7；O 型六面体（Hexahedral）网格；周期性边界条件；计算域分别向上下游延伸 4, 8 倍径向弦长；Fluent 5，非定常计算
3	Kinone, et al./2004/[4] Mamun, et al./2004/[5]	RNG-SGS 模型	Y+ <5; 5.6×10^5~7.2×10^5	0.3 m/ 0.090 m	威尔斯式；NACA0020；叶片数：6；对转式透平；Fluent 5，非定常计算
4	Torresi, et al./2004/[6]	SST k-ω 模型	增强型壁面处理，Y+ $\approx$1; 1.3×10^5~1.8×10^5	0.3 m/ 0.125 m	威尔斯式；翼型：NACA0012；叶片数：2；六面体（Hexahedral）网格；周期性边界条件；Fluent 6，非定常计算
5	Ghisu, et al./2015/[7]	SST k-ω 模型；0.8×10^5~1.5×10^5	Y+ $\approx$1; 1.0×10^6	0.25 m/ 0.036 m	威尔斯式；翼型：NACA0015；叶片数：14；结构化网格，周期性边界条件；动网格模型（体网格铺层再生）；UDF 定义活塞的位置；Fluent 14.0，非定常计算

续表

序号	作者/年/文献号	湍流模型及雷诺数	Y+与网格数	导流罩直径/径向弦长	模型特征
6	Shehata, et al./2016/[8]	S-A 模型；SST k-ω 模型；可实现的 k-ε 模型；0.6×105-2.4×105	$Y+<1$；3.1×10^5		威尔斯式；翼型：NACA0012, NACA0015, NACA0020, NACA0021; Fluent, 非定常计算
7	Liu, et al./2011/[9]	标准 k-ε 模型		1.8 m/0.36 m	冲击式;滑移网格模型，用户自定义函数;Cooper 网格; Fluent 6, 3-D 瞬态计算
8	Tog, et al./2014/[10]	k-ω 模型 5×10^5	5.85×10^6		冲击式；动叶片附近为结构化网格，其他区域为四面体 (Tetrahedral) 网格; CFX, 3-D 瞬态及定常计算
9	Pereiras, et al./2014/[11]	可实现 k-ε 模型	增强型壁面函数；$Y+$: $0\sim6$ 3.2×10^6	0.3 m/0.054 m	冲击式；滑移网格模型，周期性边界条件；六面体 (Hexahedral) 网格; Fluent 12.0, 3-D 瞬态计算
10	Liu, et al./2018,2019/[12-14]	标准 k-ε 模型	标准壁面函数 $Y+$；$25\sim45$ 1.75×10^6	0.3 m/0.054 m	冲击式；滑移网格（导流叶片区）及六面体网格模型；四面体（动叶片区）压力修正：SIMPLE 算法；计算域分别向上下游延伸 8 倍动叶片区宽度; Fluent 12.0, 3-D 瞬态计算 UDF 定义入口流速形式和动叶片运动状态

表 5-2　冲击式透平定常与非定常模型对比

模型对比	典型定常模型	其他典型非定常模型 [11]	本书中完全气流驱动瞬态模型
模型设置	周期性边界及 MP 模型, 网格数量 30 万	周期性边界及 SM 模型, 网格数量 150 万	全流域及 SM 模型, 网格数量 180 万
参数设置	入口流速、动叶片转速恒定且是人为预设	入口流速非定常, 由 UDF 实现, 动叶片转速恒定且是人为预设; 时间步长需满足 CFL 条件	入口流速非定常, 动叶片由气流驱动, 运动状态实时更新, 由 UDF 实现; 时间步长需满足 CFL 条件
运算效率	较高	较低	低
优点	可预测定常性能及主要流场特征, 用于结构优化设计	动叶片主动转动, 流场形态取决于入口流速的变化, 可体现一定的非定常流固耦合特征	动叶片被动转动, 流场形态取决于入口流速、动叶片转速的变化, 与工程实际相符, 可获得透平真实运动状态及流场的时间演化效应
缺点	忽略非定常作用对时均流动的影响, 尾流效应被消除	过渡工况	在透平结构优化方面效率较低

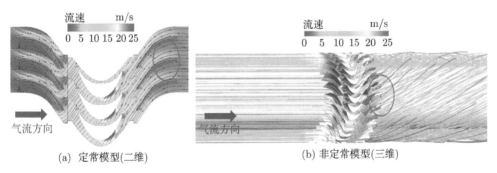

(a) 定常模型(二维)　　　　　　　(b) 非定常模型(三维)

图 5-1　相同入射流速条件下定常与非定常模型流场形态对比

　　本书介绍的完全气流驱动瞬态模型与其他团队的非定常模型 (如 Pereiras 等人的模型 [11]) 具有本质区别: Pereiras 等的瞬态计算中, 动叶片转速不变, 人为预设转速值, 用户自定义函数 (User-Defined Function, UDF) 仅用于实现正弦气流模拟, 动叶片实际为强制 (主动) 转动形态, 流场形态的变化取决于入口流速。在本书的模型中, 动叶片完全由气流驱动转动, 气流条件、动叶片运动状态的实时更新均通过 UDF 技术实现, 动叶片处于被动转动状态, 流场形态的变化取决于入口流速与动叶片转速的变化, 与工程实际更为相符, 可真实体现透平的运动状态及流场的时间演化效应。为了保证计算结果的准确性, 气流驱动模型的网格数较多, 而时间步长较小, 需满足 CFL(Courant-Friedrichs-Lewy) 条件, 因此运行时间更长, 但通过集成系统并开展并行运算, 可显著减少时间成本。

　　本章将详细介绍冲击式透平完全气流驱动瞬态模型的物理原理、数值模型设置及关键技术，并采用定常气流与正弦气流条件下透平的自启动试验数据对模型的可靠性及准确性进行验证。在此基础上，进一步探索入口流速条件、透平转动惯量、负载形式等关键因素对透平非定常动力响应、流场形态的影响规律，为实海况下透平的结构选型与优化提供决策依据。

5.2 冲击式透平非定常数值模型

5.2.1 透平非定常数值模型构建

5.2.1.1 透平非定常数值模型的物理原理

与定常数值模型不同，完全气流驱动瞬态模型中透平的转速不再采用预设值，透平完全由气流驱动旋转，其运动满足牛顿第二定律，表达式如下：

$$I \cdot \frac{d\omega}{dt} + T_L = T_0 \tag{5-1}$$

其中，I 表示透平转子的转动惯量；T_L 为负载扭矩，主要由电机反作用扭矩与系统机械摩擦扭矩组成。在数值模型中，通常假设扭矩 T_L 与透平转速有关，两者间的函数关系可由试验确定；T_0 为气流作用在透平动叶片上的合扭矩。

在非定常数值模拟计算中，透平受气流驱动由静止状态发展至加速旋转状态，最终进入稳定旋转阶段，其转速的变化取决于由系统合扭矩求得的瞬时角加速度。

透平在 t 时刻的转速可由下式计算获得：

$$\omega_t = \omega_{t-\Delta t} + \int_{t-\Delta t}^{t} \frac{[T_0(t-\Delta t) - T_L(t-\Delta t)]}{I} dt \tag{5-2}$$

其中，ω_t 与 $\omega_{t-\Delta t}$ 分别代表动叶片在 t 与 $t-\Delta t$ 时刻的角速度。

透平在 $t+\Delta t$ 时刻的角位移可按下式确定：

$$\alpha_{t+\Delta t} = \alpha_t + \omega_t \cdot \Delta t \tag{5-3}$$

其中，α_t 与 $\alpha_{t+\Delta t}$ 分别代表动叶片在 t 与 $t+\Delta t$ 时刻的角位移。

非定常数值模拟的计算流程如图 5-2 所示。在模型中，通过计算气流驱动合扭矩、角加速度、角速度及角位移，实时更新动叶片的转速、位置及流场信息，进而实现气流与动叶片之间的瞬态耦合作用。

扭矩 T_0 通过动叶片表面各网格上的压力 F_n 对旋转轴的扭矩求和而得。如图 5-3 所示，动叶片表面某网格上的压力 F_n 可在柱坐标系下分解为三个力：切向力 F_n^T、径向力 F_n^A 及轴向力 F_n^R。其中，只有切向力 F_n^T 与网格中心距转轴距离相乘的扭矩驱动动叶片及转子旋转，即扭矩 T_0 为各网格切向力扭矩的积分合扭矩。

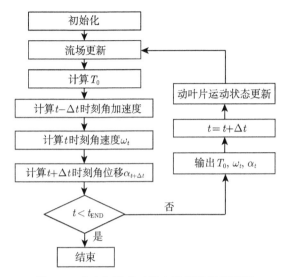

图 5-2 完全气流驱动瞬态模型计算流程图

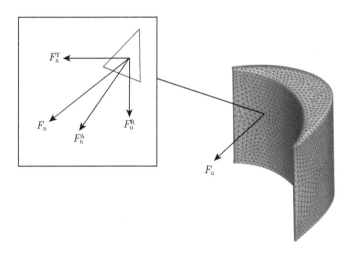

图 5-3 柱坐标系下动叶片表面计算网格上的压力分解示例[14](已获 Elsevier 授权)

5.2.1.2 透平非定常数值模型设置

透平的完全气流驱动瞬态模型同样基于 CFD 软件 Ansys-Fluent® 进行二次开发。该软件采用有限体积法求解连续方程与雷诺平均的纳维–斯托克斯方程。压力–速度耦合采用具有更快收敛速度的 SIMPLEC 算法，空间离散选用二阶迎风模式，时间离散选用二阶隐格式。湍流模型选用标准 k-ε 模型，并采用标准壁面函数处理动叶片近壁区的流动问题。

　　模型中的计算流域划分为三部分：静止的上、下游导流叶片 (定子) 区及运动的动叶片 (转子) 区，如图 5-4 所示。为了保证流动的充分发展，上、下游导流叶片区从计算域中部向两侧分别延伸动叶片区宽度的八倍距离。模型在上、下游导流叶片区域的两侧边界分别设定为速度入口、压力出口条件，动叶片、导流叶片、轮毂面设置为固定壁面边界条件。此外，为了降低计算成本、提高计算精度，计算模型放弃了透平定子的流线型端部，转而将轮毂部分直接外延，在计算过程中直接将传统入口处的圆面流速转换为现入口边界的环面流速。

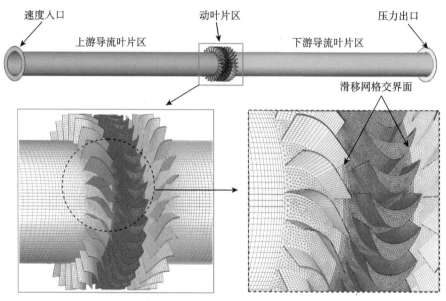

图 5-4　完全气流驱动瞬态模型流域划分及网格细节 [13](已获 Elsevier 授权)

　　模型的关键技术之一为滑移网格模型 (Sliding Mesh Model，简称 SM 模型) 的应用。SM 模型是一种非稳态定转子模型，与 MRF、MP 等稳态模型具有本质上的区别。稳态模型均基于定常近似假设，计算中的动、静区域均保持静止，并求解其瞬时稳定流场，因此无法体现动、静区域间的相互作用以及流场的非定常特征。此外，MP 模型虽能给出计算域的主要流动特征，且能在交界面上满足动量与能量守恒条件，但非定常作用对时均流动的影响通常会被忽略，此类交界面"混合"方式与实际的渐变混合过程有明显区别，例如，尾流效应被"均匀地"消除了，这与实际情况不符 [15]。在 SM 模型中，静区域绝对静止，动区域是真实旋转的，每个时刻转、定子的相对位置均发生变化，动区域相对于静区域沿着非正交分界面 (又称 SM 交界面) 滑动，可求得时间精确解，真实反映转、定子之间的相互作用及流域内非定常流动特征 [9,11,16]。SM 模型在一定程度上简化了分界面上的通量传递, 相对于动网格模型, 可提高透平瞬态模型的数值计算效率。

该非定常模型创新性地应用了 UDF 技术。用户自主编写程序, 通过编译器编译后可与 Fluent 程序同步运行, 能够提高和增强 Fluent 软件处理复杂模拟及应用的能力。UDF 使用 C 语言编写, 用户通过 Fluent 程序接口, 可增强定义边界条件、定义材料物性、定义表面和体积反应速率、定义输运方程中的源项, 实现用户自定义标量、求解初始化以及后处理等功能 [17]。此瞬态模型利用了 UDF 中的 DEFINE_PROFILE 命令对速度入口边界处的气动输入形式进行设定, 可补充实现往复正弦气流、往复不规则气流等多种形式。同时, 利用 DEFINE_ADJUST 命令以及 DEFINE_ZONE_MOTION 命令可实现图 5-2 中动叶片 (转子) 运动状态的求解与更新。

模型结构及网格的构建可在 CFD 前处理软件 Gambit 中完成, 动叶片及导流叶片表面的面网格分别为三角形及四边形网格, 相邻的轮毂面上为三角形网格, 其他区域的轮毂面上为四边形网格。动叶片及导流叶片区域的体网格分别为四面体 (Tet/hybrid-TGrid) 及六面体网格 (Hex/wedge-Cooper), 导流叶片扩展区域的体网格也为六面体网格, 模型的体网格数目约为 180 万。此外, Y+ 建议的取值范围在 25~45。

5.2.2　透平非定常数值模型验证

5.2.2.1　定常气流条件下透平自启动试验验证

本节首先选用定常气流条件下透平自启动试验数据, 对完全气流驱动瞬态模型的可靠性及准确性进行验证。转速、透平全压降、动叶片输出扭矩时程曲线的试验值 (指物模试验所得的值) 与数模值 (指数值模拟所得的值) 对比情况如图 5-5 所示。试验验证选择入射流速为 9.27 m/s、无电子负载的工况。此时, 系统中存在部分机械损失。为了匹配试验工况, 计算模型除了保证入口流速相同外, 还考虑了上述机械损失, 并将机械摩擦扭矩表达为角速度的幂函数, 函数形式由透平恒速转动下扭矩传感器示数 T_1 拟合确定。

如图 5-5(a) 所示, 在快速启动阶段, 转速的数模预测结果要比试验值低约 14.3%, 但两者在稳定阶段吻合良好。在图 5-5(b) 中, ΔP 的数值在快速启动阶段比试验值低 9.1%, 但随后在稳定阶段超出试验值约 6.4%, 这是由于数值模拟及试验中上、下游总压监测位置无法保持完全一致。由于透平自启动过程中扭矩传感器的示数 T_T 实际代表了发电机的反扭矩, 与动叶片输出扭矩 T_0 并不相同, 根据式 (5-1) 对扭矩传感器示数进行换算后, 可近似求得试验条件下透平输出扭矩。在图 5-5(c) 中, 透平输出扭矩的数模及试验曲线具有相同的发展趋势: 两者在 $t = 0$ 时均具有最大数值, 并随着时间推移而迅速减小, 在 20 s 之后达到稳定状态。相比之下, 数模值在起始时刻稍小, 较试验衰减稍慢, 进入稳定阶段后, 数模值与试验值均稳定在 0.69 N·m。

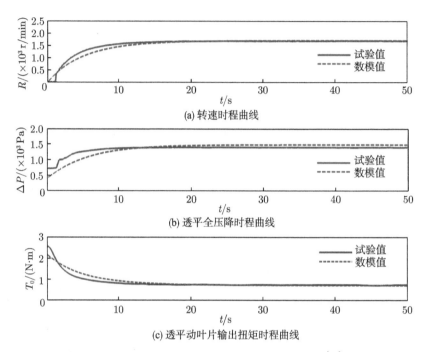

(a) 转速时程曲线

(b) 透平全压降时程曲线

(c) 透平动叶片输出扭矩时程曲线

图 5-5　定常气流条件下透平非定常数值模型自启动工况的试验验证 [13](已获 Elsevier 授权)

在数值模拟中，系统机械摩擦扭矩的函数形式过于单调，且函数参数的确定来自透平恒速转动下的数据拟合，因此快速启动阶段机械摩擦扭矩的模拟与试验真实情况存在着一定差距，这也是该阶段转速、扭矩出现偏差的直接原因。但从整体看，对于定常气流条件下的自启动工况，数值模拟结果与试验结果符合程度较好。

5.2.2.2　正弦气流条件下透平自启动试验验证

空气透平在正弦气流下的自启动形态不同于定常气流，各物理量具有明显的波动特征。因此，与试验研究类似，有必要选用此气流形式下的自启动试验数据继续验证非定常瞬态模型的可靠性与准确性。该部分验证涉及的变量数据均已进行无量纲化处理，如下所示：

$$\omega_t^* = \omega_t \cdot T_A \tag{5-4}$$

$$\Delta p^* = \Delta p / \left(\rho_A \cdot V_A^2 / 2 \right) \tag{5-5}$$

$$T^* = T_0 / \left(\pi \cdot \rho_A \cdot V_A^2 \cdot r_R^3 \right) \tag{5-6}$$

　　为了进一步验证非定常瞬态模型在复杂气流条件下的能力，本节针对两个关键参数，即时间步长和网格数，开展了无关性测试，如图 5-6 所示。其中，时间步长选择了三个，均遵循 CFL 条件。圆面流速幅值 $V_A = 9.0$ m/s，振荡周期 $T = 10.0$ s。图 5-6(a) 对比了三个时间步长下透平的角速度时程曲线。整体上，三个时间步长对应的自启动曲线具有相同的变化趋势，尤其是在振荡起始阶段，三条角速度时程曲线基本重合。当 $t^* > 0.8$ 时，时间步长值为 0.001 s 的曲线比另外两条曲线平均偏低 4% 左右。因此，本节将时间步长设定为 0.0005 s。

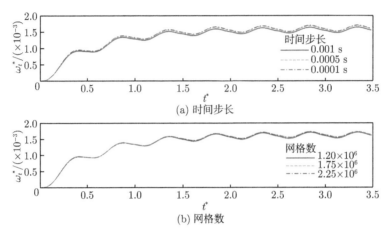

图 5-6　完全气流驱动瞬态模型的无关性测试 [14](已获 Elsevier 授权)

　　前期的探索性测试表明，网格数在 120 万以下的模型计算误差较大，网格数在 225 万以上的模型耗时过长。因此，网格无关性测试选取了 120 万、175 万和 225 万三个数值，对比结果如图 5-6(b) 所示。三个网格数对应的自启动曲线具有相同的变化趋势。其中，网格数为 175 万和 225 万的两条曲线几乎完全重合。三条曲线在初始阶段差别极小，但在 $t^* > 1.3$ 后，粗网格模型 (网格数为 120 万) 的曲线对应时刻的数值较另两条曲线稍小。由于 225 万网格模型计算时耗达到了 175 万网格模型的两倍，综合考虑计算效率与精度，选用网格数为 175 万的模型。

　　选取正弦气流下透平自启动试验数据 (工况：0.25 m³-0.4 Hz-60 Ω) 对完全气流驱动瞬态模型进行进一步验证，无量纲角速度、负载扭矩和透平总压降时程曲线的试验与数模结果对比情况如图 5-7 所示。

　　在图 5-7(a) 中，振荡启动阶段的角速度的数模值曲线位于试验值曲线之上，透平进入稳定振荡工作状态后，数值解的平均值仅偏高 2.2 %，两条曲线基本重合。振荡启动阶段的偏差主要源于数模对负载扭矩形式的假设过于简单。此处将系统机械摩擦扭矩直接表示为瞬时角速度的幂函数，函数形式由透平恒速转动下的扭矩传感器示数拟合确定,因此更加符合透平稳定工作状态下的负载特性。实际上,试验中负载扭矩受多种因素影响,尤其在启动阶段具有强烈的非线性特性,因此将负载扭矩简单地假设为幂函数形式在启动阶段将导致一定误差。如图 5-7(b) 所示,与试验值相比,数模中负载扭矩的时程变化更为规律、理想、均匀,角速度峰值与周期平均值的偏差分别在 0.9 % 和 6.0 % 以内。如图 5-7(c) 所示,透平总压降的数模值与试验值吻合良好,峰值与谷值的平均偏差分别在 1.2 % 和 8.8 % 以内。

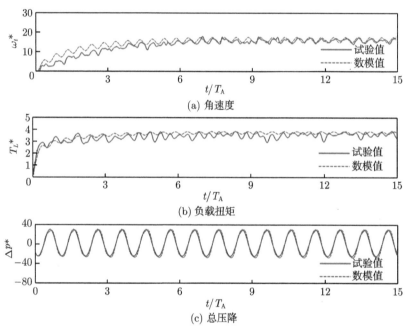

图 5-7　正弦气流条件下透平非定常数值模型自启动工况的试验验证 [12](已获 Elsevier 授权)

　　整体看,本章采用的完全气流驱动瞬态模型在预测冲击式透平的非定常动力响应上具有较高的可靠度及准确性。

5.3　透平非定常性能数值研究结果

5.3.1　定常气流条件下的透平非定常性能

5.3.1.1　定常气流流速值的影响

　　第 3 章的非定常性能模型试验系统探索了气流条件 (定常及正弦气流)、负载等因素对透平自启动模式、稳定阶段各物理量平均值及周期平均效率的影响规律,本节将利用非定常数值模拟手段从流线、压力分布、涡量等流场形态的角度揭示物理现象背后的非定常动力响应机制。

综合考虑东亚海域的海况条件及模型比尺，选取四个典型的气流流速值：$v_a =$ 3.4 m/s、4.1 m/s、5.6 m/s 及 7.1 m/s。动叶片转动惯量为 50 g·m²，且只考虑系统机械摩擦。选取流速为 3.4 m/s 的工况展示透平在稳定阶段 ($t = 30$ s) 的整体气动性能，气流方向自左向右，见图 5-8。

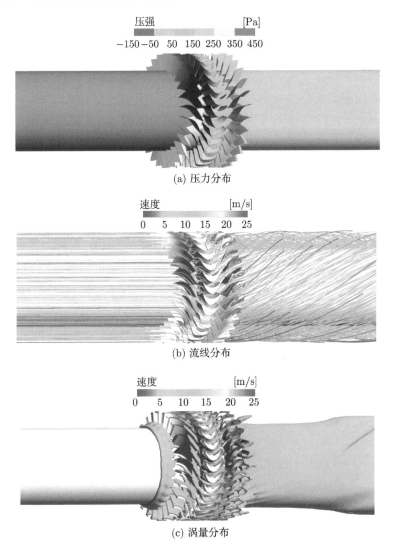

(a) 压力分布

(b) 流线分布

(c) 涡量分布

图 5-8 定常气流条件下，透平在稳定工作阶段的压力与流场分布特征 [13] (已获 Elsevier 授权)

图 5-8(a) 给出了所有动叶片、导流叶片及轮毂表面的压力分布。整体而言，

压力数值随着气流自左向右呈现下降趋势，上游导流叶片区的总压力可达 450
Pa，动叶片吸力面及压力面上压力分布较为复杂，下游导流叶片区的压力值小于
50 Pa，局部为负压区。

　　以流速值着色的全流域流线分布，如图 5-8(b) 所示。无干扰的气流以平行形
态进入上游导流叶片，经过导流叶片的导流加速，流速最大值达 25 m/s，并进入
动叶片区。在动叶片外径间隙区，可观察到一部分流线在压差作用下由动叶片的
压力面翻转至吸力面。气流流经动叶片后流速迅速降低，在下游导流叶片圆弧段
之间出现流速分离，形成了强烈的低速涡旋，这将导致一定能量损失，随后以螺
旋姿态流向出口。

　　为了进一步揭示流域内的涡旋结构及其强度，图 5-8(c) 按照 Q 准则给出了
以流速值着色的涡量分布 $(Q = 200\ \text{s}^{-2})$。Q 准则为涡量等势面准则，是常用的涡
旋判别准则之一，$Q > 0$ 为有涡旋区，代表涡旋运动所占的比重远超剪切应力产
生的运动。由图可见，上游导流叶片的吸力面、上游导流叶片轮毂面的后半部及
导流罩表面均附着片状涡旋，动叶片迎流部分被长条状涡旋覆盖，该部分漩涡会
由叶片尖端泄漏并填充至外径间隙区。同时，动叶片尾部也出现了部分涡旋。在
下游导流叶片圆弧段可见强烈涡旋，并且呈现出脱落趋势，这与图 5-8(b) 中的回
旋流线及流速分离现象相对应。

　　气流流速对动叶片表面压力分布的影响如图 5-9 所示。左侧一栏为吸力面压
力云图，气流方向由左至右，右侧一栏为压力面压力云图，气流方向由右至左。整

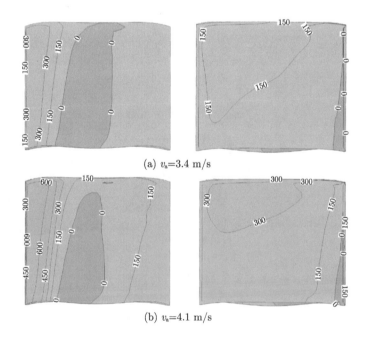

(a) v_a=3.4 m/s

(b) v_a=4.1 m/s

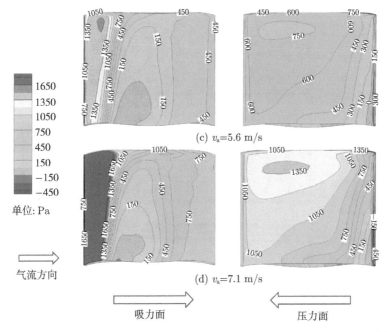

图 5-9 气流流速对动叶片表面压力分布的影响 (叶顶一侧在上，轮毂一侧在下)[13](已获
Elsevier 授权)

体而言，动叶片表面压力分布的瞬时形态与定常数值模拟结果类似。动叶片吸力面的迎流侧出现梯形高压区，中部出现低压区。在动叶片压力面上，迎流侧靠近轮毂面的部位出现小范围的三角形负压区，靠近叶片尖端的部位可见一三角形正压区。

随着入射气流流速的增大，动叶片吸力面及压力面上的压力分布梯度增大，压力分布特征更加鲜明。吸力面上，迎流侧高压区的峰值不断增大，中部低压区的范围逐渐向高压区、轮毂面方向缩减。压力面三角形正压区的峰值及面积明显增大，不断将负压区向轮毂面、迎流侧方向挤压。由此可知，气流流速对动叶片压力面及吸力面的压差存在明显影响。

气流流速对旋转参考系下动叶片附近的二维流线形态也存在明显的影响，如图 5-10 所示。气流以一定角度冲击动叶片吸力面的迎流部位，并出现流动分离现象，分离点附近为低速区域，对应图 5-9 中吸力面上的梯形高压区。随后，一部分分离流绕过动叶片迎流端，在压力面迎流一侧继续出现流动分离现象，并伴随涡旋生成，对应图 5-9 中压力面迎流侧的三角形负压区。该部分分离流与相邻动叶片吸力面上的另一部分分离流合并，在流域中部形成高流速区，之后气流流速逐渐降低直至动叶片尾部。随着气流流速的增大，如图 5-10(a)~(d) 所示，压力

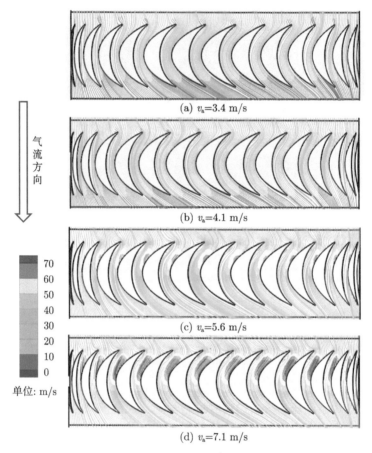

气
流
方
向

(a) v_{a}=3.4 m/s

(b) v_{a}=4.1 m/s

70
60
50
40
30
20
10
0

(c) v_{a}=5.6 m/s

单位: m/s

(d) v_{a}=7.1 m/s

图 5-10　气流流速对中值半径截面处动叶片周围流线分布的影响 [13](已获 Elsevier 授权)

面迎流部位的流动分离现象更为明显，流域中部吸力面上高流速区的峰值及面积也随之增大，动叶片出口处的流速也明显增大。

对于 R、Δp 及 T_0 的时程曲线而言，气流流速对透平自启动及非定常工作状态的影响主要体现在各物理量进入稳定阶段的快慢程度及稳定段数值大小两个方面，如图 5-11 所示。较大的流速有利于透平快速启动并在稳定阶段达到一个较高的转速，当气流大小由 3.4 m/s 增大到 7.1 m/s 时，稳定转速由 $R = 800$ r/min 上升至 $R = 2606$ r/min，如图 5-11(a) 所示。压降初始值由气流流速大小决定，较大的气流流速条件下，Δp 具有较大的初始值，并在整个自启动过程中始终处于较高水平，如图 5-11(b) 所示。在图 5-11(c) 中，透平气动扭矩具有较高的初始值，并随着透平的启动 (转速的增高) 而迅速下降，最终稳定在最低水平。流速越大，透平气动扭矩的整体水平越高。当 v_a 由 3.4m/s 增大到 7.1 m/s 时，稳定阶段的扭矩值由 $T_0 = 0.36$ N·m 相应增大至 $T_0 = 0.59$ N·m。由于四个流速条件对应的透平转动惯量一致，因此气动扭矩越大，产生角加速度也越高，透平启动则更快。

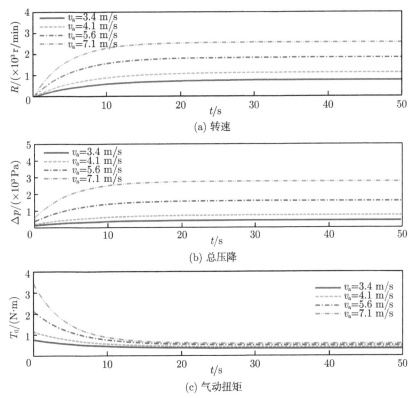

(a) 转速

(b) 总压降

(c) 气动扭矩

图 5-11 气流流速值对透平各物理量时程曲线变化的影响 [13](已获 Elsevier 授权)

5.3.1.2 转动惯量的影响

分析透平旋转体系的动力学方程可知，即式 (5-1)，除气流流速外，转动惯量也是影响透平自启动性能的关键因素之一。转动惯量是旋转物体本身的一种物理属性，其数值取决于物体的形状、质量分布及转轴位置。将透平几何形状导入 CAD 软件并定义材料属性，即可计算得到动叶片 (转子) 的转动惯量值。鉴于制造结构尺寸相同而动叶片转动惯量不同的透平物理模型过于昂贵，在数值模拟中完善相应研究成果是成本更为低廉的必然选择。根据动叶片选材及加工工艺，本节共对五个转动惯量值进行了考察：$I = 30 \text{ g·m}^2$、35 g·m^2、40 g·m^2、45 g·m^2 及 50 g·m^2。数值模拟计算中，入口气流流速均设定为 5.6 m/s。

由于转动惯量对透平启动阶段影响较明显，特选取启动阶段内 $t = 6$ s 时刻展示压力云图、流线图等流场信息。转动惯量对透平动叶片表面压力分布的影响，如图 5-12 所示，其整体特征与图 5-9(c) 类似。

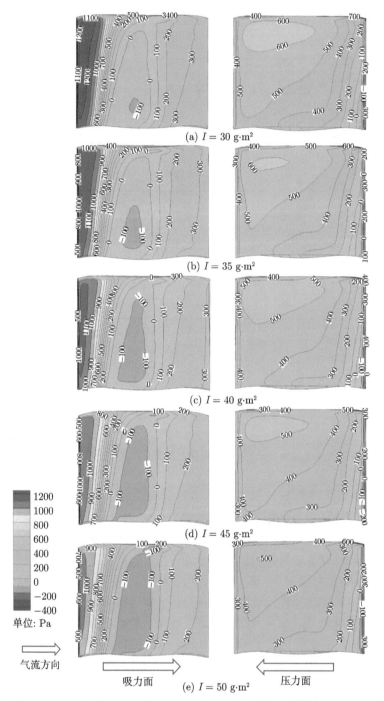

图 5-12　转动惯量对动叶片表面压力分布的影响 (叶顶一侧在上，轮毂一侧在下)[13](已获
Elsevier 授权)

由图 5-12 可知，随着转动惯量的增大，吸力面上梯形高压区的峰值与面积减小，中部低压区特别是负压区的面积扩大。压力面上迎流侧的三角形负压区无明显变化，但中部三角形正压区逐渐向叶片尖端方向收缩。

动叶片周围的流线分布整体情况，如图 5-13 所示，与图 5-10 类似。转动惯量对流线分布的影响有限，这主要是由于入口气流流速大小相同。随着转动惯量的增大，流域中部高流速区的峰值及范围逐渐减小，如图 5-13(a)~(e) 所示。

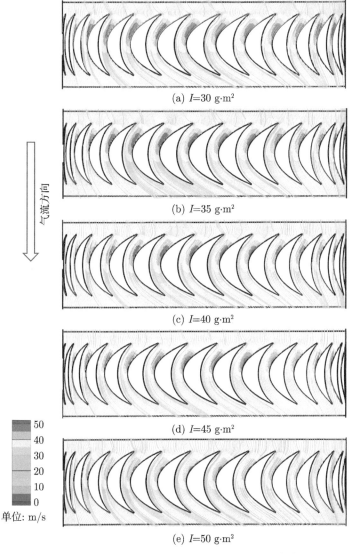

(a) I=30 g·m^2

(b) I=35 g·m^2

(c) I=40 g·m^2

(d) I=45 g·m^2

(e) I=50 g·m^2

图 5-13 转动惯量对中值半径截面处动叶片周围流线分布的影响[13](已获 Elsevier 授权)

　　不同转动惯量条件下，R、Δp 及 T_0 的时程曲线，如图 5-14 所示。与气流流速影响不同，转动惯量主要对透平自启动进入稳定阶段的快慢具有影响。如图 5-14(a) 所示，具有不同转动惯量的透平均将稳定在同一转速 $R = 1891$ r/min。转动惯量较小的透平运动响应迅速，能够较快进入稳定阶段，当转动惯量由 30 g·m² 变化至 50 g·m² 时，稳定时间也由 14 s 增加至 26 s。

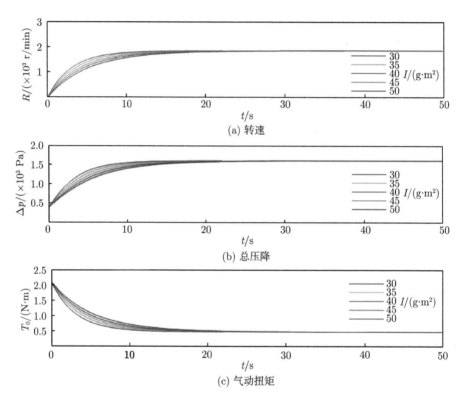

图 5-14　转动惯量对透平各物理量时程曲线的影响 [13](已获 Elsevier 授权)

　　在图 5-14(b) 中，由于入口气流流速相等，五条总压降曲线具有相同的初始值 $\Delta p = 405$ Pa，随后因转动惯量的不同而出现分散增长的趋势，最终稳定在相同数值 ($\Delta p = 1614$ Pa)。此外，五条扭矩曲线也具有相同的初始值 $T_0 = 2.15$ N·m 与稳定值 $T_0 = 0.52$ N·m，转动惯量越大，启动阶段的转矩水平越低，如图 5-14(c) 所示。

　　由上述分析可知，在定常气流与无负载条件下，对 Δp 以及 T_0 的初始值及各物理量的稳定值起决定作用的因素为入口气流流速值，而转动惯量仅影响各变量在启动阶段中发展变化的剧烈程度。

5.3.2 正弦气流条件下的透平非定常性能

5.3.2.1 正弦气流条件下的整体气动性能

典型工况中正弦气流流速的表达式如下:

$$v_{n} = V_{A} \cdot \sin(0.2\pi t) \qquad (5\text{-}7)$$

其中,流速峰值为 V_{A}=9.0 m/s,气流周期 $T = 10$ s,频率 $f = 0.1$ Hz,v_{n} 为 t 时刻的瞬时入射气流流速。此外,本节中透平转动惯量固定为 10 g·m²,且暂不考虑负载扭矩。

计算完成后,在透平进入稳定阶段后的入射流速 v_{nt}、透平输出扭矩 T_{0} 以及动叶片角速度 ω_{t} 的时程曲线中连续截取三个完整气流周期,以展示上述三个参量的相位关系,如图 5-15 所示。透平输出扭矩及角速度均具有规律的周期准正弦变化特征,存在约 $T/8$ 的相位差,且两者的周期均为 $T/2$,这是由自整流式透平的力矩输出特性决定的,即透平可分别在呼气与吸气阶段达到一次力矩峰值。此外,在气流转向时刻 (气流流速接近零时),透平的输出扭矩出现波动。此时,透平仍具有一定转速,瞬时流量系数极小,透平将输出负扭矩,这也是透平不会一直加速而维持动态平衡状态的原因。进一步将扭矩与角速度相乘,获得透平的周期输出功率为零,这也完全符合系统忽略负载的假设。

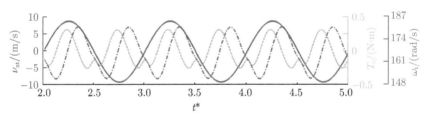

图 5-15 入口流速、透平输出扭矩、角速度相位关系图 [14](已获 Elsevier 授权)

图 5-16 展示了一个完整正弦周期内四个典型时刻的全流域流线图,气流流速值通过流线颜色表征。在 $t = T/4$ 时刻,呼气阶段的流速达到峰值,此时流线的整体形态与图 5-8(b) 类似,流线以平行姿态进入上游导流叶片,被导流叶片导流加速,以达到 40 m/s 的流速进入动叶片区。气流经过动叶片后流速迅速降低,并在下游导流叶片圆弧段之间形成强烈的低速涡旋,随后以螺旋姿态流向出口。

在 $t = T/2$ 时刻,气流由呼气阶段向吸气阶段转换,此时入口流速为零,动叶片仍具有一定转速。此时,叶片转动将带动附近气流在动叶片两侧与导流叶片之间形成流速大小约为 23 m/s 的旋转形流线,而上、下游导流叶片处的流线较

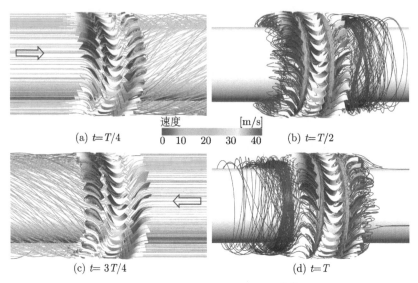

(a) t=T/4　　　　　　　　　　　　　　　(b) t=T/2

(c) t=3T/4　　　　　　　　　　　　　　(d) t=T

图 5-16　一个周期内典型时刻的全流域流线分布图 [14](已获 Elsevier 授权)

紊乱, 流速为 0。此外, 在吸气阶段对应的两个时刻 ($t = 3T/4$ 及 $t = T$), 流域内流线分别与 $t = T/4$ 及 $t = T/2$ 两个呼气时刻的流线形态相似, 分布对称。

　　上述四个时刻流域内的涡旋结构采用基于 Q 准则的涡量图展现, 颜色表征对应的流速值, 如图 5-17 所示。在 $t = T/4$ 时刻, 涡旋的整体形态与图 5-8(c) 类似, 上游导流叶片的吸力面, 上游轮毂面的后半部以及导流罩表面均附着有片状涡旋。动叶片迎流部分被长条状涡旋覆盖, 该部分涡旋由叶片尖端脱落并填充外径间隙区。动叶片尾部也出现了部分涡旋, 并填充了与下流导流叶片之间的间隙。同时, 在下游导流叶片圆弧段可见强烈涡旋, 随后呈条带状螺旋发展并脱落。在 $t = T/2$ 时刻, 由于流域内气流由动叶片旋转驱动, 部分涡旋由动叶片吸力面中部脱落, 填充了动叶片流域, 动叶片两侧与导流叶片之间的间隙区、导流叶片之间也出现了连续涡旋。与流线的周期性分布特征类似, 在 $t = 3T/4$ 及 $t = T$ 时刻, 涡旋形态分别与 $t = T/4$ 及 $t = T/2$ 时刻的结构相似、分布对称。上述透平流场流线形态及涡旋形态的周期对称性是透平在正弦气流下的特有现象。

　　对应四个时刻的全流域压力分布形态, 如图 5-18 所示。在 $t = T/4$ 时刻, 导流叶片、动叶片及轮毂表面的压力均为正, 上游导流叶片区的总压力达到 1000 Pa, 沿着气流方向压力值逐渐下降。在动叶片的阻塞效应影响下, 动叶片吸力面及压力面上压力梯度较大, 分布较为复杂。在 $t = T/2$ 时刻, 叶片及轮毂表面的压力均接近于 0。在 $t = 3T/4$ 时刻, 上游导流叶片区的总压力接近于 0, 压力值沿着气流方向逐渐下降, 在动叶片及下游导流叶片处均出现了负压区, 负

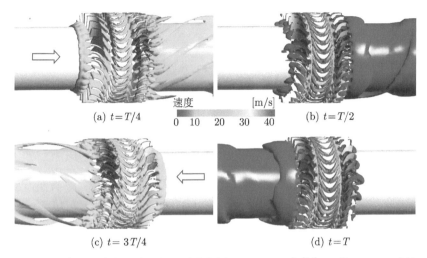

(a) $t=T/4$ 速度   [m/s]   (b) $t=T/2$
0 10 20 30 40

(c) $t=3T/4$ (d) $t=T$

图 5-17   一个周期内典型时刻的涡量分布图 $(Q=200\mathrm{s}^{-2})^{[14]}$ (已获 Elsevier 授权)

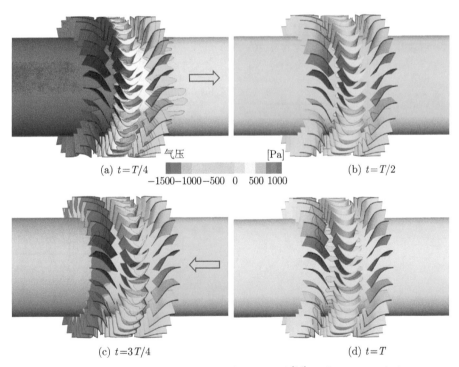

(a) $t=T/4$ 气压   [Pa]   (b) $t=T/2$
$-1500\,-1000\,-500$ 0 500 1000

(c) $t=3T/4$ (d) $t=T$

图 5-18   一个周期内典型时刻的压力分布云图 [14](已获 Elsevier 授权)

压的最大值为 $-1500\,\mathrm{Pa}$。在 $t=T$ 时刻，叶片的表面压力分布与 $t=T/2$ 时刻
类似，但压力值稍大。与流域内流线及涡旋分布不同，压力分布不具有周期对称
的特性，这也是在之前的定常试验或数值模拟中无法观测到的现象。

5.3.2.2　正弦气流流速峰值的影响

正弦气流的流速峰值由入射波浪条件决定，根据西太平洋的典型海况及模型比尺，本节选取了五个流速峰值：7.5 m/s、8.2 m/s、9.0 m/s、9.8 m/s 和 10.5 m/s。此外，正弦气流振荡频率与透平转动惯量固定，取值分别为 0.1 Hz 与 26 g·m²。与前述工况类似，该部分数值模拟计算仍忽略负载扭矩。

鉴于透平在呼气阶段流速峰值时刻的气动性能更为典型，因此选择该时刻分析流速峰值的影响规律。图 5-19 展示了不同流速峰值条件下在 $t=3.25T$ 时刻

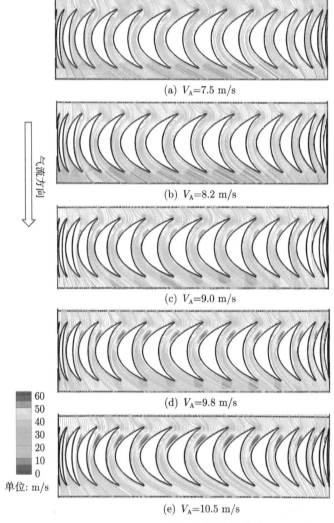

(a) V_A=7.5 m/s

(b) V_A=8.2 m/s

(c) V_A=9.0 m/s

(d) V_A=9.8 m/s

(e) V_A=10.5 m/s

图 5-19　风速峰值对动叶片区二维流线图的影响 [14](已获 Elsevier 授权)

动叶片流域的二维流线分布，此时透平已进入稳定工作状态。流线的基本形态与图 5-10 类似，气流在动叶片吸力面的迎流部位分离，部分分离流绕过动叶片迎流端，在压力面迎流侧出现流动分离，并伴随有涡旋。该部分气流与相邻叶片吸力面上的另一部分气流合并，在流域中部形成高流速区。随后，气流流速逐渐降低，动叶片尾部未发现明显的流动分离现象。随着气流流速的增大，如图 5-19(a)~(e)所示，流域中部高流速区的峰值及面积随之增大，峰值可达 60 m/s。同时，压力面迎流侧的涡旋有一定的扩大趋势，动叶片出口处的流速也明显增大。

流速峰值对动叶片表面压力分布的影响如图 5-20 所示。吸力面与压力面的压力分布情况与图 5-9 相似。一梯形高压区出现在动叶片吸力面的迎流侧，该区域承受气流的直接冲击。同时，一相对低压区出现在吸力面的中部。在压力面迎流侧靠近轮毂面的部位，出现了一片狭窄三角形低压区，靠近叶片尖端的部位可见一大范围的三角形中压区。随着气流流速的增大，吸力面上梯形高压区的面积与峰值明显增大，中部低压区面积也有所扩大，并开始在轮毂面附近出现负压区。在压力面上，叶片尖端部位的中压区面积与峰值逐渐增大，并进一步将三角形低压区向迎流侧挤压，因此有利于动叶片气动扭矩的产生。

流速峰值对动叶片角速度时程曲线的影响，如图 5-21 所示。透平在各流速峰值条件下的角速度曲线发展趋势相同，彼此之间无相位差。各曲线在启动初始

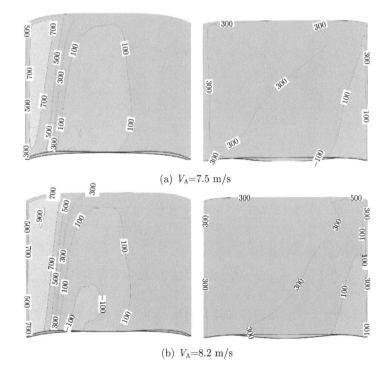

(a) V_A=7.5 m/s

(b) V_A=8.2 m/s

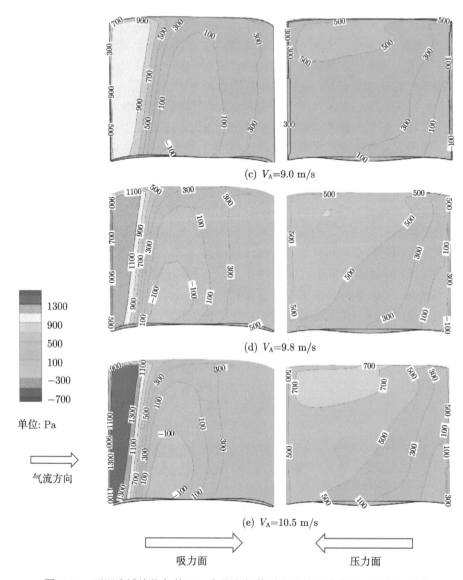

(c) V_A=9.0 m/s

(d) V_A=9.8 m/s

(e) V_A=10.5 m/s

吸力面　　　　　　压力面

图 5-20　不同流域峰值条件下，中值半径截面上动叶片流线的二维流线分布

$(t = 3.25T)$[14](已获 Elsevier 授权)

阶段差距不大，但在 $T/4$ 后开始迅速发散，流速峰值较大的条件下，角速度曲线在全过程中始终维持在较高的数值水平。若定义透平稳定用时为启动至稳定振荡阶段的角速度峰值第一次出现所用的时间，则五条曲线的稳定用时均为 $t = 2.3T$。换言之，无负载作用下，冲击式透平可在三个周期内进入稳定振荡阶段，表明其在正弦气流条件下具有优秀的自启动性能。此外，流速峰值对稳定振荡阶

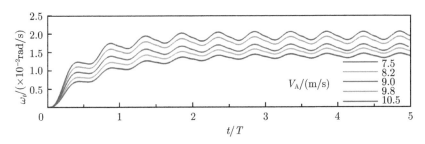

图 5-21 流速峰值对角速度时程曲线的影响 [14](已获 Elsevier 授权)

段角速度的峰值、谷值及振荡幅度也有明显影响，当流速峰值由 7.5 m/s 增大至 10.5 m/s 时，角速度峰值则由 145 rad/s 提高至 205 rad/s，谷值由 130 rad/s 提高至 180 rad/s，振荡幅度由 15 rad/s 提高至 25 rad/s，即流速峰值越高，角速度曲线振荡越剧烈。

流速峰值对透平输出扭矩时程曲线的影响，如图 5-22 所示。整体看，各流速峰值下的扭矩曲线发展趋势类似，彼此之间无相位偏移。透平输出扭矩在初始时刻为 0，并在 $t = T/4$ 时刻达到扭矩峰值，在 $t = T/2$ 时刻达到扭矩谷值。随后，扭矩峰值及谷值明显下降，并在两个气流周期后达到稳定状态。流速峰值的影响主要体现在输出扭矩的峰值、谷值及振荡幅度上。稳定振荡阶段，当流速峰值由 7.5 m/s 增至 10.5 m/s 时，透平输出扭矩峰值由 0.22 N·m 提高至 0.42 N·m，谷值由 -0.18 N·m 降至 -0.32 N·m，振荡幅度由 0.4 N·m 增大至 0.74 N·m。各流速峰值条件下透平经历负扭矩区的时长则无明显差别。

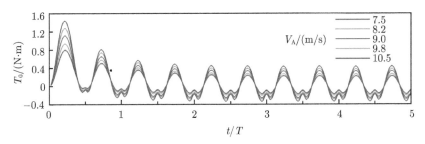

图 5-22 流速峰值对透平输出扭矩时程曲线的影响 [14]

在第 2 章关于透平输入系数与扭矩系数定义式的基础上，定义瞬时输入系数与瞬时扭矩系数如下：

$$C_{\mathrm{A}}^* = \frac{2\Delta p_t q_t}{\rho_{\mathrm{a}t}\left(v_{\mathrm{a}t}^2 + U_{\mathrm{R}t}^2\right)bl_{\mathrm{r}}N_{\mathrm{B}}v_{\mathrm{a}t}} \tag{5-8}$$

$$C_{\mathrm{T}}^* = \frac{2T_0}{\rho_{\mathrm{a}t}\left(v_{\mathrm{a}t}^2 + U_{\mathrm{R}t}^2\right)bl_{\mathrm{r}}N_{\mathrm{B}}r_{\mathrm{R}}} \tag{5-9}$$

式中, 下角标 t 代表该参量对应在 t 时刻的瞬时值。

图 5-23 展示了流速峰值对透平在稳定阶段的瞬时输入系数与瞬时扭矩系数曲线的影响。如图 5-23(a) 所示, 在一个气流周期内, 瞬时输入系数在 0 到 3.5 范围内变化, 并经历了两次峰值。自整流透平在呼气与吸气阶段输入的低压气动功率始终为正, 因此瞬时输入系数均为正值。定常性能测试结果表明, 冲击式透平输入系数的流量系数一般均小于 2.4。显然, 正弦气流下的瞬时输入系数的变化范围更广, 峰值超出定常工况下的峰值约 45.8%。此外, 各流速峰值下的瞬时输入系数曲线基本重合。

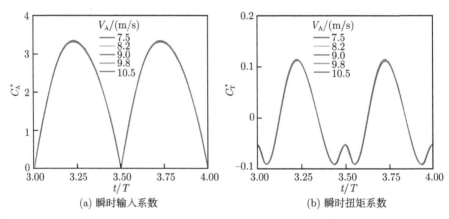

(a) 瞬时输入系数　　　　　　　　　　　　　　(b) 瞬时扭矩系数

图 5-23　峰值流速对瞬时输入系数与瞬时扭矩系数曲线的影响 [14] (已获 Elsevier 授权)

瞬时扭矩系数的数值及变化同时受到气动扭矩、入口流速及动叶片旋转速度的影响。如图 5-23(b) 所示, 瞬时扭矩系数在一个气流周期内具有两个峰值及四个谷值。由于数值模型中未考虑负载扭矩的影响, 透平仅需稍许气动扭矩即可将整个系统维持在一个具有相对较高转速的稳定状态 (透平转速约为 1300~2000 r/min)。因此, 瞬时输出扭矩系数仅在 $[-0.08, 0.125]$ 范围内变化。同时, 在气流转向时刻, 瞬时输出扭矩为负值。定常性能测试中也发现过该现象, 即在气流流速较小而透平转速较高的工况下, 透平输出扭矩为负。除此之外, 流速峰值对瞬时扭矩系数的影响可忽略不计。

5.3.2.3　正弦气流周期的影响

OWC 装置的水槽试验结果表明, 若忽略比尺效应, 流经透平的气流周期可认为与入射波浪周期基本相等 [18]。因此, 根据西太平洋的海况条件, 本节选取了四个波浪周期值作为正弦气流周期代表值: $T = 4$ s、6 s、8 s 及 12 s。与前节类似, 正弦气流流速峰值与透平转动惯量固定, 分别取值 9.0 m/s 和 30 g·m², 并忽略负载扭矩。

气流周期对透平各气动参量时程变化的影响，如图 5-24 所示。其中，图 5-24(a)、(c)、(e) 展示了各参量的有量纲数据。为了加强各物理量在时间轴上的可比性，对上述参量进行了无量纲化处理，展示于图 5-24(b)、(d)、(f) 中。

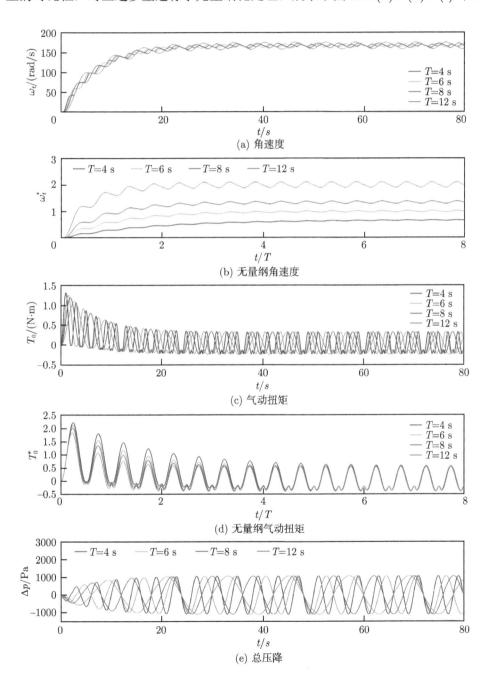

(a) 角速度

(b) 无量纲角速度

(c) 气动扭矩

(d) 无量纲气动扭矩

(e) 总压降

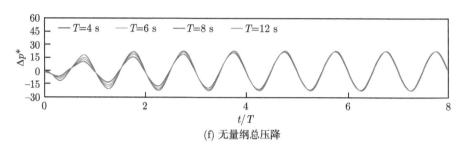

(f) 无量纲总压降

图 5-24　气流周期对透平各气动参量时程变化的影响

　　整体上,各气流周期下的角速度曲线随时间变化的趋势基本相同,四条曲线的角速度平均值在透平整个启动过程中差别很小,透平进入稳定阶段的用时几乎完全相同,如图 5-24(a) 所示。由于角速度的振荡周期为气流周期的一半,四条曲线变化并不同步。同时,角速度曲线的振荡幅度也有明显不同,周期越大,振幅也越大。另一方面,无量纲角速度的时程曲线具有同步振荡的特点,如图 5-24(b) 所示。根据式 (5-4),无量纲角速度是一个与气流周期成比例的变量,因此各曲线在纵轴上的差距进一步扩大。

　　表 5-3 列出了各周期条件下角速度振荡周期、透平进入稳定阶段用时、稳定阶段平均角速度、稳定阶段角速度振幅及稳定阶段角速度的峰值与谷值。不同周期下,透平均在约 35 s 左右进入稳定振荡阶段,且均在 168.0 rad/s 附近振荡。角速度振荡幅度随周期的增大而增大,各周期对应的稳定阶段振幅分别为 7 rad/s、11 rad/s、14 rad/s 和 19 rad/s。

表 5-3　正弦气流周期对角速度的影响

工况 /s	振荡周期 /s	稳定用时 /s	稳定段平均值 /(rad/s)	稳定段振幅 /(rad/s)	稳定段峰值 /(rad/s)	稳定段谷值 /(rad/s)
$T = 4$	2	35	168.5	7	172	165
$T = 6$	3	35	168.5	11	174	163
$T = 8$	4	35	168.0	14	175	161
$T = 12$	6	35	167.5	19	177	158

　　在图 5-24(c) 中,各周期条件下透平的输出扭矩曲线具有明显的相位偏差,振荡周期为对应气流周期的一半。除此之外,各曲线的整体变化规律相同,扭矩峰值及谷值分别在 $t = T/4$ 和 $t = T/2$ 时刻达到最大值,随后呈现下降趋势,并在 35 s 时进入稳定振荡阶段,且具有相同的振荡峰值及谷值。

　　气流周期对无量纲扭矩曲线的影响如图 5-24(d) 所示,在透平进入稳定阶段之前,周期小的无量纲扭矩具有较高的峰值及谷值,稳定阶段的无量纲扭矩差别则可忽略不计。各周期条件下透平输出扭矩的具体数值详见表 5-4，稳定阶段的振荡幅值、峰值及谷值分别为 0.57 N·m、0.33 N·m 和 −0.24 N·m。

表 5-4 正弦气流周期对透平输出扭矩的影响

工况 /s	振荡周期 /s	稳定用时 /s	峰值最大值 /(N·m)	谷值最大值 /(N·m)	稳定段振幅 /(N·m)	稳定段峰值 /(N·m)	稳定段谷值 /(N·m)
$T=4$	2	35	1.34	0.00	0.57	0.33	−0.24
$T=6$	3	35	1.27	−0.03	0.57	0.33	−0.24
$T=8$	4	35	1.21	−0.05	0.57	0.33	−0.24
$T=12$	6	35	1.10	−0.08	0.57	0.33	−0.24

如图 5-24(e) 所示，气流周期对透平总压降的影响也局限在透平启动阶段。总压降的振荡周期与气流周期相等。因此，四条总压降曲线具有明显的相位偏差。整体上，总压降的变化趋势相同，总压降在初始时刻为零，谷值及峰值分别在 $t=T/4$ 和 $t=3T/4$ 时刻达到最大值，随后总压降谷值呈下降趋势，而总压降峰值不断增大。在 $t=35$ s 时刻之后，总压降曲线进入稳定阶段，并具有相同的振荡峰值及谷值。在透平进入稳定阶段之前，周期大的无量纲总压降具有较高的峰值及较低的谷值，如图 5-24(f) 所示。除此之外，周期对稳定阶段无量纲总压降的影响可忽略不计。表 5-5 列出了四个周期下透平总压降的具体信息，稳定阶段的振荡幅值、峰值及谷值分别为 2225 Pa、1125 Pa 及 −1100 Pa。

表 5-5 正弦气流周期对透平总压降的影响

工况 /s	振荡周期 /s	稳定用时 /s	峰值最小值 /Pa	谷值最大值 /Pa	稳定段振幅 /Pa	稳定段峰值 /Pa	稳定段谷值 /Pa
$T=4$	4	35	500	−313	2225	1125	−1100
$T=6$	6	35	525	−375	2225	1125	−1100
$T=8$	8	35	725	−438	2225	1125	−1100
$T=12$	12	35	875	−550	2225	1125	−1100

5.3.2.4 转动惯量的影响

由于透平的运动状态在正弦气流条件下始终是波动的，转动惯量对透平气动响应的影响将覆盖透平非定常运行的全过程。基于前期工作，此处确定了各转动惯量值：10 g·m²、22 g·m²、26 g·m²、30 g·m² 及 40 g·m²。正弦气流流速幅值与周期固定，取值分别为 9.0 m/s 与 10 s，并忽略负载扭矩。

转动惯量对中值半径截面上动叶片附近二维流线分布的影响，如图 5-25 所示，对应的时刻为 $t=3.375T$，此时入射气流的流速为 6.36 m/s。二维流线的整体分布形态与图 5-19 相似，此处不再赘述。不同转动惯量条件下，流线的分布、

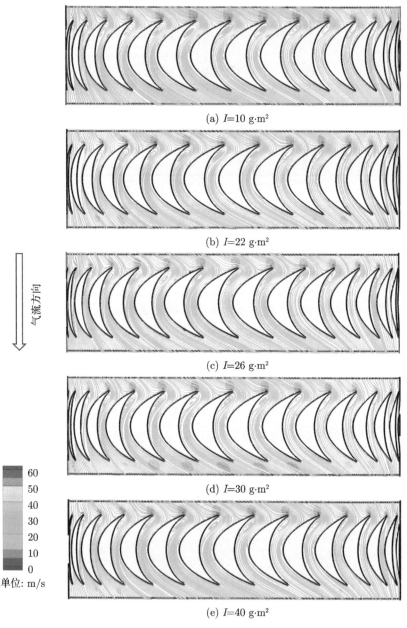

(a) $I=10$ g·m²

(b) $I=22$ g·m²

(c) $I=26$ g·m²

(d) $I=30$ g·m²

(e) $I=40$ g·m²

图 5-25   转动惯量对中值半径截面上动叶片附近二维流线分布的影响

$(t=3.375T, v_n=6.36\text{m/s})$ [14](已获 Elsevier 授权)

流速分离的强度、涡旋的位置与强度十分相似，这表明转动惯量对动叶片附近二维流场的影响十分有限。

在 $t = 3.375T$ 时刻，转动惯量对动叶片表面压力分布的影响，如图 5-26 所

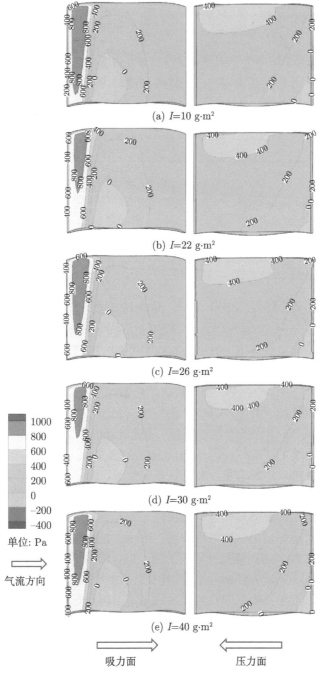

(a) I=10 g·m²

(b) I=22 g·m²

(c) I=26 g·m²

(d) I=30 g·m²

(e) I=40 g·m²

图 5-26　转动惯量对动叶片表面压力分布图的影响 [14] (已获 Elsevier 授权)

示。压力分布的整体形态与图 5-20 相似，且不同转动惯量下的压力分布差别很小。如图 5-26(a)~(e) 所示，压力分布仅在吸力面梯形高压区的面积及压力面迎流侧负压区的面积上存在稍许差异，这可能是由动叶片迎流侧存在流动分离及涡旋等复杂现象导致的。

图 5-27 展示了转动惯量对动叶片 (转子) 角速度时程曲线的影响。转动惯量对角速度曲线的影响主要体现在透平进入稳定阶段的耗时以及稳定阶段的振荡幅度两方面。转动惯量越小，启动阶段角速度的增长越快，透平进入稳定振荡阶段也越快，而且稳定阶段的角速度振幅也越大。

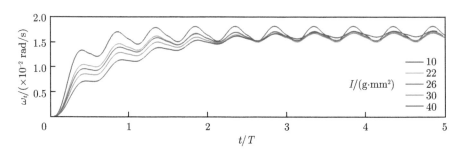

图 5-27   转动惯量对动叶片角速度时程曲线的影响 [14](已获 Elsevier 授权)

在五个转动惯量条件下，透平进入稳定振荡阶段的时刻分别为 $1.3\,T$、$1.8\,T$、$2.3\,T$、$3.0\,T$ 及 $3.3T$。当转动惯量由 $10\ \mathrm{g \cdot m^2}$ 增至 $40\ \mathrm{g \cdot m^2}$ 时，振荡幅值由 $28\ \mathrm{rad/s}$ 降至 $12\ \mathrm{rad/s}$。此外，不同转动惯量条件下，稳定阶段的角速度峰值、谷值的变化无特定规律。其中，转动惯量为 $22\ \mathrm{g \cdot m^2}$、$26\ \mathrm{g \cdot m^2}$ 及 $30\ \mathrm{g \cdot m^2}$ 的三条角速度曲线基本重合。对应五个转动惯量，角速度峰值在 $165\ \mathrm{rad/s}$ 至 $180\ \mathrm{rad/s}$ 范围内变化，谷值在 $150\ \mathrm{rad/s}$ 至 $159\ \mathrm{rad/s}$ 范围内变化。整体看，角速度均值的差距在 $8\ \mathrm{rad/s}$ 以内。由此可见，在无负载条件下，转动惯量决定了自身运动状态转变的难易程度，而对最终平衡状态影响有限，该现象也与定常气流下转动惯量对透平角速度变化的影响规律有一定相似之处。

转动惯量对透平输出扭矩时程曲线的影响，如图 5-28 所示。扭矩分别在 $t = T/4$ 和 $t = T/2$ 时刻达到峰值及谷值的最大值，转动惯量增大一方面将导致扭矩峰值与谷值增大，另一方面将导致轻微的相位偏移现象，即扭矩曲线沿着时间轴发生轻微偏移。五条扭矩曲线在经过多次振荡后，在峰值和谷值上的差距逐渐减小，尤其是透平进入稳定阶段后，五条扭矩曲线间的差距消失，此阶段透平输出扭矩的峰值、谷值以及振荡幅值分别为 $0.35\ \mathrm{N \cdot m}$、$-0.26\ \mathrm{N \cdot m}$ 和 $0.61\ \mathrm{N \cdot m}$。

图 5-29 展示了一个完整气流周期内，转动惯量对透平瞬时输入系数与瞬时扭矩系数时程曲线的影响，两曲线的发展形态与图 5-23 相似。各转动惯量条件下对

应的两系数曲线仅在峰值和谷值处存在一定差距, 但转动惯量的影响不明显。除此之外, 在无负载条件下, 转动惯量的影响可忽略不计。

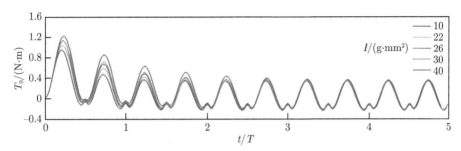

图 5-28 转动惯量对透平输出扭矩时程曲线的影响 [14](已获 Elsevier 授权)

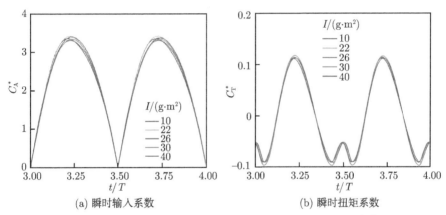

(a) 瞬时输入系数

(b) 瞬时扭矩系数

图 5-29 转动惯量对透平瞬时输入系数与瞬时扭矩系数时程曲线的影响 [14] (已获 Elsevier 授权)

5.3.2.5 负载的影响

对透平系统添加负载 (数值模拟计算中为负载扭矩) 可起到控制转速, 进而提高透平功率性能的作用。因此, 本节通过编译 UDF 程序, 在数值模型中添加负载模块, 用于探索负载形式及大小对透平非定常动力响应、流场形态的影响规律。

首先在透平旋转系统中添加恒定负载, 并假设恒定负载的大小与正弦气流流速峰值成正比, 即 $L_C = -k_L \cdot V_A$。其中, k_L 为恒定负载系数, 单位为 N·s。根据第 3 章的试验结果, 选取三个恒定负载系数用于比较: 2.22×10^{-3} N·s、8.89×10^{-3} N·s 及 16.67×10^{-3} N·s。模型中, 正弦气流流速峰值、周期及转动惯量均固定, 取值分别为 9.0 m/s、10 s 与 30 g·m²。图 5-30 和图 5-31 分别展示了恒定负载值对无量纲角速度与无量纲气动扭矩时程曲线的影响。

如图 5-30 所示，各无量纲角速度时程曲线具有相似的发展形态，透平进入稳定阶段的用时也相差无几。同时，各曲线在 $t = T/2$ 时刻左右开始发散，稳定阶段的无量纲角速度平均值随恒定负载的增大而降低，角速度振幅则有增大的趋势，负载对角速度的控制作用明显。例如，在 $k_L = 16.67 \times 10^{-3}$ N·s 条件下，透平的无量纲角速度平均值最终稳定在 1290，与无负载条件相比，该数值下降了 20%，而振幅增大了 33%。

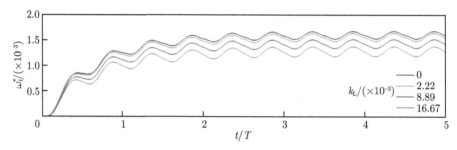

图 5-30　恒定负载值对无量纲角速度时程曲线的影响

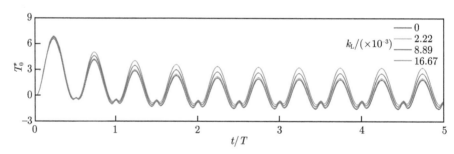

图 5-31　恒定负载值对透平输出扭矩时程曲线的影响

在图 5-31 中，不同恒定负载条件下的无量纲气动扭矩时程曲线也具有相同的发展趋势。在最初半个气流周期内，各扭矩曲线基本重合，随后差距渐显，特别是在扭矩峰值与谷值附近。在呼气阶段与吸气阶段，当气流流速达到幅值时，透平连接的负载值越大，角速度则越小，有利于产生更大的扭矩峰值。另一方面，气流换向时，通过透平的气流流量为零，负载值越大，透平的负扭矩区间越窄，而扭矩的绝对值越小。此外，$k_L = 16.67 \times 10^{-3}$N·s 条件下的透平在稳定阶段的周期平均效率为 14%，约等于 $k_L = 2.22 \times 10^{-3}$ N·s 条件下的 7 倍。

除了恒定负载外，本节还设定了另外两种与透平角速度有关的负载形式，一种与角速度呈线性关系，以下简称线性负载，其函数形式为 $L_x = -k_x \cdot \omega_t \cdot V_A$。其中，$k_x$ 为线性负载系数，单位为 N·s^2；另一种与角速度呈非线性关系，以下简称非线性负载，其函数形式为 $L_f = -k_f \cdot \omega_t^2 \cdot V_A$，$k_f$ 为非线性负载系数，单位为 N·s³。测试结果显示，无论采用何种形式负载，均可通过调整负载系数值而达到相同的控制效果。为此，本节选取了三组具有不同负载形式但启动形态基本相同的试验结果进行对比，对应的负载系数分别为 $k_L = 6.67 \times 10^{-3}$ N·s，$k_x = 3.89 \times 10^{-5}$ N·s² 及 $k_f = 3.11 \times 10^{-7}$ N·s³。

图 5-32 对比了不同负载形式下的角速度时程曲线，各角速度曲线随时间的发展形态基本重合。由于恒定负载与角速度无关，其数值在透平转速较低的启动阶段相对其他两种形式负载更大，因此恒定负载条件下角速度曲线对应的数值在该阶段略低于其他两条曲线。三条曲线具有几乎完全相同的稳定用时，而线性负载形式下的角速度曲线对应数值略高于其他两条曲线。

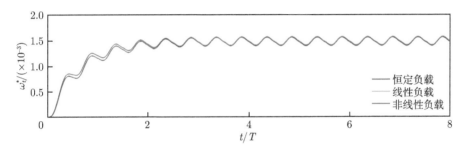

图 5-32 不同负载形式下的角速度时程曲线

不同负载形式下的负载扭矩与透平气动扭矩的时程曲线，如图 5-33 所示。图中的实线与虚线分别代表透平气动扭矩与负载扭矩。除恒定负载外，线性与非线性负载扭矩的发展变化均与角速度同步，两条曲线均起始于零，在经过充分振荡后进入稳定阶段。在稳定阶段，非线性负载扭矩的平均水平与恒定负载扭矩基本相等 ($T_L^* = -0.10$)，而线性负载扭矩水平稍高 ($T_L^* = -0.09$)，这也是该阶段

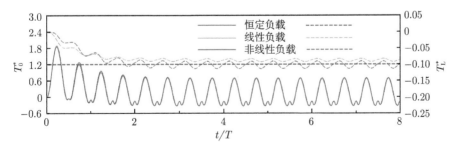

图 5-33 不同负载形式下的负载扭矩与气动扭矩时程曲线

线性负载下的角速度曲线对应数值略高于其他两条曲线的直接原因。此外，三种负载形式下的气动扭矩曲线也基本重合，仅在启动阶段扭矩峰值上稍有不同。透平在稳定振荡阶段的流量系数为 0.27，对应的周期平均效率约为 6%。由此可见，对于实际工程应用中的透平转速控制机制问题，可不必拘泥于负载形式，仅需要调整负载数值，即可使透平具有理想的非定常响应形态并达到可观的功率输出。

5.3.3　不规则气流条件下的透平非定常性能

5.3.3.1　不规则气流流速的制作

实际海况中的波浪为不规则形态，因此 OWC 气室产生的气流也为不规则形式。本节以青岛市南部斋堂岛东南侧海域的典型海况为例，生成不规则气流流速时程曲线。该海域的有效波高 $H_{\rm S} = 0.97$ m，平均周期 $\bar{T} = 3.4$ s。基于线性波理论及模拟靶谱法，可反演出基于 JONSWAP 谱的不规则波波面时程曲线，谱峰升高因子为 $\gamma = 3.3$[19]。其次，气室内的自由水面高度 a 与波面时程 a_i 间有如下关系[20]：

$$\frac{\rm d}{{\rm d}t}\left(\rho_{\rm s} a A_{\rm c}\frac{{\rm d}a}{{\rm d}t}\right) = \{\rho_{\rm s}g\left(a_i - a\right) - p\}A_{\rm c} \tag{5-10}$$

其中，$\rho_{\rm s}$ 为海水密度，$A_{\rm c}$ 为气室截面面积，p 为气室内压强。在入射波波面时程已知的情况下，可利用 Runge-Kutta-Gill 法对式 (5-10) 进行求解，获得气室内相对自由水面高度的时程曲线，如图 5-34 所示。最终，式 (5-7) 中流经透平的气流流速 $v_{\rm n}$ 在此处可表示为

$$v_{\rm n} = \frac{1}{m_{\rm r}}\frac{{\rm d}a}{{\rm d}t} \tag{5-11}$$

其中，$m_{\rm r}$ 为透平管截面面积与气室截面面积的比值。经过换算后透平管内不规则气流的环面流速时程曲线，如图 5-35 所示。其中，选取了四个代表性的典型时刻，分别为 $t/\bar{T} = 3.3$、5.5、5.9 和 14.0，对应两个不同的换向时刻以及吸气阶段和呼气阶段的流速峰值时刻，在时程曲线上的具体位置详见图 5-35 中的红色标记点。

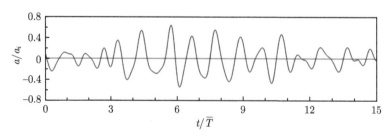

图 5-34　气室内相对自由水平高度的时程曲线

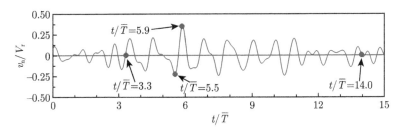

图 5-35 不规则气流环面流速时程曲线

5.3.3.2 不规则气流下的整体气动性能

图 5-36 给出了不规则气流条件下四个典型时刻的全流域流线图，流线的整体形态及发展规律与规则正弦流下的流线分布类似。气流换向时刻，见图 5-36(a) 与 (d)，入口流速为零，流域内气流完全由动叶片旋转驱动，在动叶片两侧与导流叶片之间形成了流速大小分别为 8 m/s 和 12 m/s 的旋转形流线，而上下游导流叶片处的流线紊乱，流速大小为 0。在吸气阶段与呼气阶段的流速峰值时刻，如图 5-36(b) 与 (c) 所示，气流在进入上游导流叶片前始终保持平行姿态，经导流叶片加速后分别以 15 m/s 和 25 m/s 的流速进入动叶片区。气流经过动叶片后流速迅速降低，并在下游导流叶片之间形成了强烈的低速涡旋，随后以螺旋姿态流至出口。

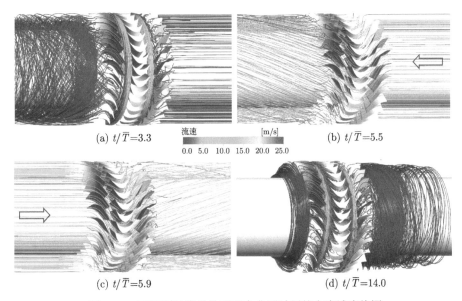

图 5-36 不规则气流条件下四个典型时刻的全流域流线图

　　不规则气流条件下四个典型时刻透平叶片与轮毂表面的压力分布情况，如图 5-37 所示。在气流换向的两个时刻，如图 5-37(a) 与 (d) 所示，叶片及轮毂表面压力均接近于 0，且沿轴向无明显变化；在吸气阶段流速峰值时刻，如图 5-37(b) 所示，压力分布形式较简单。其中，上游导流叶片区总压接近于 0，动叶片及下游导流叶片区则出现大范围负压。

　　在呼气阶段的流速峰值时刻，如图 5-37(c) 所示，上游导流叶片附近的压力值明显高于下游导流叶片。整体上，气压值沿着气流方向呈现下降趋势。同时，动叶片吸力面和压力面上的压力变化则更为复杂。

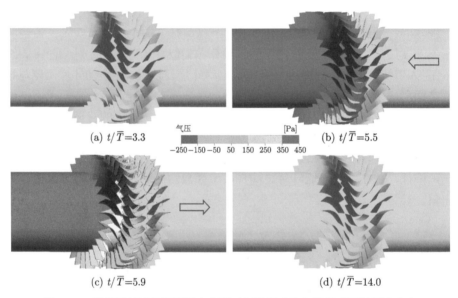

(a) $t/\overline{T}$=3.3

气压　　　　　　　　[Pa]

−250 −150 −50　50　150　250　350　450

(b) $t/\overline{T}$=5.5

(c) $t/\overline{T}$=5.9

(d) $t/\overline{T}$=14.0

图 5-37　不规则气流条件下四个典型时刻透平叶片与轮毂表面的压力分布

5.3.3.3　不规则气流条件下转动惯量的影响

　　不规则气流的流速特性决定了非固定转速的透平无法始终维持在某一稳定的工作状态。因此，转动惯量对其气动响应的影响尤为明显。此处将转动惯量进行无量纲化处理，即 $I^* = I/(\pi \cdot \rho_\mathrm{a} \cdot r_\mathrm{R}^5)$，并选用三个转动惯量作为代表值：78、235 及 392。与 5.3.2.4 节类似，该部分数值计算忽略外加负载。

　　图 5-38 展示了转动惯量对动叶片表面压力分布的影响，选取的时间点为呼气阶段风速峰值时刻 $(t/\overline{T} = 5.9)$。随着转动惯量的增大，吸力面迎流端的梯形高压区的面积及数值逐渐减小，而中部低压区的面积有所扩大，因此，吸力面产生的反作用扭矩明显减小。在压力面上，随着转动惯量的增大，迎流侧的三角形负压区呈现出了一定程度的扩大趋势，其他区域的压力值也有所减小。

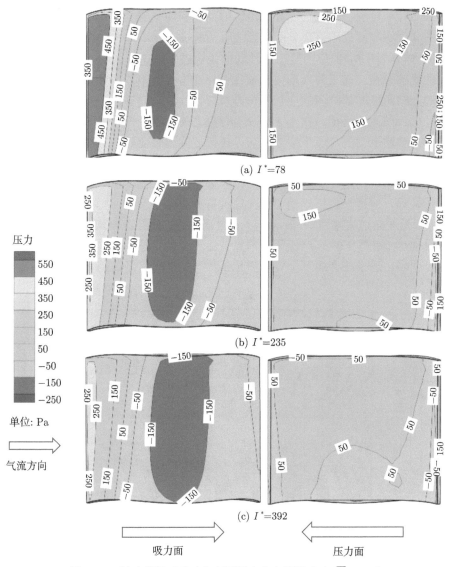

(a) $I^* = 78$

(b) $I^* = 235$

(c) $I^* = 392$

压力

550
450
350
250
150
50
−50
−150
−250

单位: Pa

气流方向

吸力面

压力面

图 5-38 转动惯量对动叶片表面压力分布的影响 $(t/\overline{T} = 5.9)$

转动惯量对中值半径截面上动叶片附近二维流线分布的影响, 如图 5-39 所示。同一时刻, 若入射流速相同, 经导流叶片加速进入动叶片区的流速也相同。然而, 由于转动惯量不同, 透平的角速度发展具有不同的形态 (图 5-40), 在该时刻透平具有不同的旋转圆周速度, 与入射气流合成的气流相对速度具有不同的大小和方向 (或称为入射角)。整体来看, 转动惯量较小时, 透平圆周速度较大, 气流入射角及气流相对速度均偏大。随着转动惯量的增大, 动叶片区域的气流流线更加贴合动叶片轮廓，流域中部高流速区的面积和峰值随之减小。同时，压力面迎流侧的涡旋逐渐消失，该部分能量损失有所减少。

图 5-40～图 5-42 分别展示了转动惯量对透平角速度、气动扭矩及输出功率时程曲线的影响。在三种转动惯量条件下，冲击式透平均能在不规则气流中成功自启动，但角速度随时间的变化不再具有规律性波动，透平的自启动形态取决于不规则气流的流速特征。在 $t/\overline{T} = 2.4$ 时刻之前，流经透平的气流流速较小，透平气动扭矩输出有限，透平缓慢启动。在此之后波况变好 (波高变大)，入口气流流速较大，而此时透平角速度较小，因此产生了较大的扭矩，透平有快速启动的趋势。随着透平角速度达到较高水平，即使气流条件在 $6.6 < t/\overline{T} < 11.5$ 时间段内仍然较好，但透平的扭矩输出已无法维持原有水平。在 $I^* = 235$ 与 $I^* = 392$ 条件下，透平角速度增速放缓；在 $I^* = 78$ 条件下，透平甚至出现了降速趋势。随后波况变差 (波高变小)，气流流速降低。由于此阶段透平转速最高，透平扭矩输出接近于零，透平在上述三个转动惯量条件下均呈现出降速趋势。

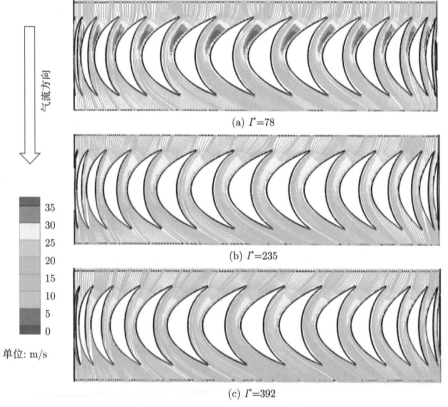

(a) I^*=78

(b) I^*=235

(c) I^*=392

图 5-39   转动惯量对中值半径截面上动叶片附近二维流线分布的影响 ($t/\overline{T} = 5.9$)

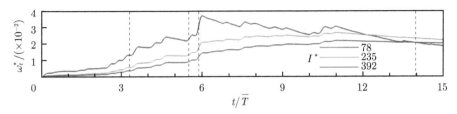

图 5-40 转动惯量对角速度时程曲线的影响

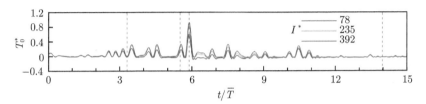

图 5-41 转动惯量对透平气动扭矩时程曲线的影响

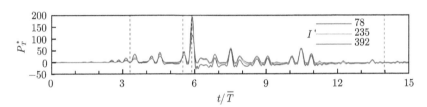

图 5-42 转动惯量对透平输出功率时程曲线的影响

在不规则气流条件下，透平动叶片转动惯量对其自启动性能影响明显，如图 5-41 所示，转动惯量较小的透平对入口流速的变化更为敏感，角速度加速或减速变化明显。例如，在 $t/\overline{T} < 6$ 期间，尽管在 $I^* = 78$ 条件下透平具有较小的正扭矩峰值及较小的负扭矩谷值，其角速度仍然具有更快的增长趋势，并始终位于最高水平。此外，在 $12.1 < t/\overline{T} < 16.4$ 期间，虽然三个转动惯量下的透平具有几乎相同的扭矩及变化趋势，但在 $I^* = 78$ 条件下，透平角速度降幅是 $I^* = 392$ 条件下透平的 5.7 倍。

透平输出功率由瞬时角速度和透平输出扭矩相乘计算而得，如图 5-42 所示，其整体形态与透平气动扭矩类似。在 $I^* = 78$ 条件下，在 $2.4 < t/\overline{T} < 11.2$ 期间，由于角速度数值较大，因此透平具有相对较高的正、负输出功率。在随后的时间段内，三个转动惯量条件下的透平输出功率十分相近。

在实际工程中，空气透平角速度波动过大将导致透平长期处于一种过度反应的运行状态，对其获能以及结构强度均不利，因此在实海况条件下，不推荐使用转动惯量较小的透平。

5.4　总　　结

本章首先汇总了空气透平已有传统非定常数值模型的基本信息，通过与典型定常及传统非定常数值模型的对比，介绍了透平完全气流驱动瞬态模拟的必要性及优势。

本章详细介绍了 OWC 空气透平完全气流驱动瞬态模型的物理原理、模型设置及关键技术。模型的可靠性和准确性，分别采用定常气流与正弦气流条件下透平的自启动试验数据进行了验证。在此基础上，开展了透平自启动过程的瞬态模拟，探索了入口流速条件、透平转动惯量、负载形式等因素对其非定常动力响应、流场形态的影响规律，获得的非定常数值模拟计算结论如下。

(1) 在定常气流条件下，透平各物理量的时程曲线平滑无波动，进入稳定阶段后，透平动叶片、导流叶片、轮毂面表面的压力分布情况与定常数值模拟结果类似，二维流线及涡量图显示气流从动叶片尾端流出后将在下游导流叶片圆弧段之间形成强烈的低流速涡旋，并以螺旋姿态出流至流域出口，该现象仅能被瞬态模拟方法捕捉，属于一种尾流效应。

气流流速值主要影响透平进入稳定阶段的快慢程度及相应数值大小。若流速增大 22%，转速值、压降值及扭矩输出将分别增大 45%、17% 及 69%；转动惯量的影响主要体现在启动阶段，当转动惯量增大 67% 时，透平稳定用时需增加 86%。

(2) 在正弦气流条件下，各物理量具有周期性的波动特性，其中透平总压降周期与气流周期相同，透平扭矩输出及动叶片角速度变化周期为入射气流周期的一半，这体现了自整流式透平的扭矩输出特性，即透平可分别在呼气及吸气阶段的半周期内各达到一次扭矩峰值。气流转向时输出波动的负扭矩，这也决定了透平不会一直加速，而是维持在动态平衡状态。

导流叶片及动叶片附近的流线图、涡量图均具有周期性对称的相似特点，呼气阶段流速峰值时刻的流线、涡旋分布特征与定常气流条件下的特征相似。此外，导流叶片、动叶片及轮毂表面压力分布不具有周期对称的特征，吸气阶段流速峰值时刻的压力分布出现了与定常数值模拟或定常气流条件下瞬态模拟结果不相同的情况，即上游导流叶片区的总压力接近于零，压力值沿着气流方向逐渐降低，在动叶片、下游导流叶片区出现了负压。

气流流速峰值主要影响稳定振荡阶段各参量的峰值、谷值及振荡幅度。当气流流速峰值增大 40% 时，角速度及透平气动扭矩的振荡幅度将分别提高 67% 及 85%；气流周期对角速度的振荡幅度的影响明显，对透平气动扭矩、压降的影响仅局限在启动阶段；转动惯量对角速度曲线的影响主要体现在透平进入稳定阶段的用时以及稳定阶段的振荡幅度之上。当转动惯量增大 3 倍时，透平稳定用时延长 1.5 倍，但振幅将降低 57%；外加负载对透平稳定用时影响有限，但对角速度控制作用明显，当对系统施加 $k_L = 16.67 \times 10^{-3}$ N·s 的恒定负载时，透平稳定阶段的角速度将降低 20%，周期平均效率可提高 14%。

(3) 在不规则气流条件下，透平能够成功自启动，但角速度随时间的变化不再具有规律性波动的特征，透平的自启动形态取决于不规则气流的流速形态。动叶片转动惯量对其自启动性能影响明显，转动惯量较小的透平对入口流速的变化更为敏感，角速度加速或减速变化明显。

本章的瞬态数值模拟结果表明，冲击式透平具有良好的自启动性能，且在非定常气流条件下，透平的气动响应与流场形态、气流条件、转动惯量及负载条件的影响规律与定常情况均有较大差异，但也更加贴合工程实际。该部分非定常数值结果可为透平基于非定常性能的优化选型奠定基础。在实际应用中，可根据气流流速条件，调整负载以实现对透平转速的控制。同时，适当增大透平转动惯量，最终使透平处于相对平稳且周期平均效率较高的运行状态。

截至本章，本书仅将透平作为独立环节对其气动性能进行单独研究，并未考虑气室与透平之间的相互影响。透平的高速转动将造成气室内水柱振荡的衰减效应，而气室内气压的变化又将进一步影响流经透平的气流流量，因此，上述研究在 OWC 装置整体性能的预测方面仍存在一定偏差。随着 CFD 技术的不断发展，构建基于 CFD 的 OWC 装置全过程模型已成为现实。中国海洋大学团队建立了"气室-透平"耦合数值模型与水工物理试验模型，开展了气室与透平间的双向耦合研究。相关内容将在第 6 章进行介绍。

参 考 文 献

[1] Kim T H, Park I K, Lee Y W, et al. Numerical analysis for unsteady flow characteristics of the Wells turbine. Japan: Proceedings of the twelfth International Offshore and Polar Engineering Conference, 2002: 694-699.

[2] Kim T H, Kinoue Y, Setoguchi T, et al. Effects of hub-to-tip ratio and tip clearance on hysteretic characteristics of Wells turbine for wave power conversion. Journal of Thermal Science, 2002, 11(3): 207-213.

[3] Setoguchi T, Kinoue Y, Kim T H, et al. Hysteretic characteristics of Wells turbine for wave power conversion. Renewable Energy, 2003, 28: 2113-2127.

[4] Kinoue Y, Setoguchi T, Kim T H, et al. Mechanism of hysteretic characteristics of Wells turbine for wave power conversion. Journal of Fluids Engineering, 2003, 125: 302-307.

[5] Mamun M, Kinoue Y, Setoguchi T, et al. Hysteretic flow characteristics of biplane Wells turbine. Ocean Engineering, 2004, 31(11-12): 1423-1435.

[6] Torresi M, Camporeale S M, Pascazio G, et al. Fluid Dynamic Analysis of a Low Solidity Wells Turbine. Italy: Proceedings of 59° Congresso ATI, 2004.

[7] Ghisu T, Puddu P, Cambuli F. Numerical analysis of a Wells turbine at different non-dimensional piston frequencies. Journal of Thermal Science, 2015, 24(6): 535-543.

[8] Shehata A S, Saqr K M, Xiao Q, et al. Performance analysis of wells turbine blades using the entropy generation minimization method. Renewable Energy, 2016, 86: 1123-1133.

[9] Liu Z, Jin J Y, Hyun B S, et al. Transient calculation of impulse turbine for oscillating water column Wave energy convertor. UK: Proceedings of 9th EWTEC, 2011, 3-8.

[10] Tog R A, Tousi A M. Flow pattern improvement in nozzle-rotor axial gap in impulse turbine. Aircraft engineering and aerospace technology, 2014, 86(2): 108-116.

[11] Pereiras B, Valdez P, Castro F. Numerical analysis of a unidirectional axial turbine for twin turbine configuration. Applied Ocean Research, 2014, 47(2): 1-8.

[12] Liu Z, Cui Y, Xu C, et al. Experimental and numerical studies on an OWC axial-flow impulse turbine in reciprocating air flows. Renewable and Sustainable Energy Reviews, 2019, 113: 109272.

[13] Cui Y, Liu Z, Zhang X, et al. Self-starting analysis of an OWC axial impulse turbine in constant flows: Experimental and numerical studies. Applied Ocean Research, 2019, 82: 458-469.

[14] Liu Z, Cui Y, Xu C, et al. Transient simulation of OWC impulse turbine based on fully passive flow-driving model. Renewable Energy, 2018, 117: 459-473.

[15] 张启华. 离心叶轮内流数值计算基础. 北京: 科学出版社, 2014: 189-197.

[16] Thakker A, Frawley P, Khaleeq H B, et al. Experimental and CFD analysis of 0.6m impulse turbine with fixed guide vanes. Norway: Proceedings of the Eleventh International Journal of Offshore and Polar Engineering Conference, 2001: 625-629.

[17] 李鹏飞, 徐敏义, 王飞飞. 精通 CFD 工程仿真与案例实战. 北京: 人民邮电出版社, 2011: 186-188.

[18] Liu Z, Xu C, Qu N, et al. Overall performance evaluation of a model-scale OWC wave energy converter. Renewable Energy, 2020, 149: 1325-1338.

[19] 王树青, 梁丙臣. 海洋工程波浪力学. 青岛: 中国海洋大学出版社, 2013.

[20] Maeda H, Setoguchi T, Takao M, et al. Comparative study of turbines for wave energy conversion. Journal of Thermal Science, 2001, 10(1): 26-31.

第 6 章　冲击式透平的全过程模拟研究

6.1　概　　述

典型波浪能装置从波能到电能的转换通常包含三级能量转换过程，如图 6-1 所示。在一级能量转换过程中，捕能机构 (如振荡水柱装置的气室、聚波越浪装置的蓄水池或振荡体装置的浮体等) 将波浪能转换为可供装置利用的其他形式的能量，如气流动能、水体势能或装置的机械能等；二级能量转换是通过能量摄取 PTO 系统 (如振荡水柱装置的空气透平、聚波越浪装置的水轮机或振荡浮子的液压系统) 将前述能量经过稳向、增速、传输等过程转换为发电机所需的能量，通常为转轴轴功；最后，通过发电机及电力变换设备输出为用户所需的电能，完成三级能量转换。一般地，发电机会与 PTO 系统耦合在一起。因此，第二、三级能量转换过程也可以合并为二级能量转换过程。

图 6-1　典型波浪能装置能量转换过程

以上各级能量转换过程通常是相互作用、耦合联动的，特别是 PTO 系统作为中间环节，与上下游转换过程相互影响，串联波浪能发电装置的整个过程。以振荡水柱装置的空气透平为例，如图 6-2 所示，气室与透平存在明显的耦合联动关系。假设入射波浪为正弦规则波，输气管道内未安装透平时，气室内外压差与气管内的流量也将按照理想化的正弦形态变化。安装透平后，受到透平转动及能量摄取的作用，气室内外的压差幅度将明显增大，并将直接导致振荡水柱气室内的自由水面升沉幅度减小，因而通过透平的气流流量也将随之减小；气流流量的减小又将引起透平能量摄取的减少，使气室内外的压差幅度变小，自由水面升沉增大，气流流量再次增大，透平摄取的能量随之增大，如此形成循环往复。由此可见，任一能量转换过程均非独立运行完成，而是受到其他过程的影响，并发生耦合作用。

另一方面，在早期研究中，上述三级能量转换过程均被视为单独的环节进行相对独立的研究，其间往往忽略各过程间的耦合联动，导致研究结果过于理想化，无法反应装置真实的工作状态，实际运行效果与理论设计预期存在较大的差距。

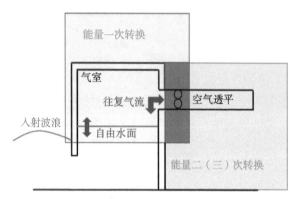

图 6-2　OWC 装置能量转换耦合过程及空气透平所处位置

因此，为了探索 OWC 空气透平在整个能量转换链条中的真实工作状态，必须将其置于完整的两级能量转换过程之中。全过程模拟 (Wave-to-Wire) 即可完成上述工作，全过程模拟是指对装置从捕获波浪能 (Wave) 到转换为电能 (Wire) 进行完整模拟，如图 6-3 所示。

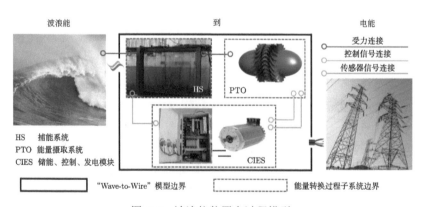

图 6-3　波浪能装置全过程模型

在全过程模型中，波浪能装置的能量捕获、传递、转换、存储等多个过程之间相互耦合联动，并且一个环节的变动往往会影响到其他环节的表现，进而继续反作用到原环节，从而影响整体。模型本身还涉及水动力学、空气动力学、机械力学、电气学等多个学科。利用全过程耦合模型，可针对特定的波况与波浪能装置，直接给出装置发电出力的预测，各能量转换环节之间的相互作用机理也能得到准确揭示，进而有效评估波能装置的工作状态，指导装置优化开发。

振荡水柱式波能装置的全过程模型通常包括气室模块和空气透平 (发电机) 模块。在传统研究中，气室与透平 (本书第 3 至第 5 章) 的研究均相对独立。在早期气室研究中，透平常被忽略，近期则采用孔板 (Orifice) 结构或多孔介质作为其替代机构，用以模拟其对气室的影响。另一方面，对于空气透平的研究，无论是采用定常气流、正弦形态气流还是不规则气流，包含的前提假设是气流均为单方面的强制输入，这其中忽略了透平对于气室内自由水面乃至入射波浪的影响，气室动力过程对透平的反作用影响也就无从谈起了。

客观而言，传统独立过程研究仍然必不可少，其在装置基本结构设计、优化等方面发挥着不可替代的作用。一旦完成上述工作，确定了装置的基本型式与参数之后，通过有效耦合串联 OWC 装置各级能量转换过程，构建从波浪能到电能的全过程模型，实现从波浪能输入到电能输出的准确预测，对于指导 OWC 装置整体优化、合理预测装置实海况工作性能、进行发电出力预估、开展相关技术经济评价也将具有重要的指导作用。

对于振荡水柱波能发电装置及冲击式透平而言，开展全过程模拟可在三个层次上进行：

(1) 气室与透平采用拟 (全) 稳态 (Fully-Pseudo-Steady) 模式进行耦合联动。具体技术手段为：分别构建引入透平影响的气室性能数据库与透平拟稳态性能数据库，利用 Matlab-Simulink 工具箱编制拟稳态耦合程序，针对预设波浪、转速及控制条件进行库间数据交换，达到稳态平衡后，输出装置整体性能。

(2) 气室与透平采用半稳态模式进行耦合联动，具体技术手段为：仍构建透平稳态性能数据库，特别是不同透平在不同控制条件下的流量–压力关系。在 CFD 软件中构建针对气室的数值波浪水槽，引入 Porous Jump 条件模拟上述流量–压力关系，实现基于稳态透平数据输入的瞬态数值水槽模拟计算，并进行装置性能整体预测。

(3) 气室与透平采用全瞬态模型进行耦合联动，具体技术手段为：在气室数值波浪水槽中嵌入包含完整输气管道与空气透平 (非替代机构) 的模型，实现上述耦合系统的直接数值模拟计算。

显然，上述模型从全稳态到全瞬态，计算精度与计算消耗均将逐渐升高。计算精度最高的全瞬态模型计算耗时也将显著提高。在实际工程应用中，可根据设计阶段的不同，合理选择不同的模式开展不同精度的预测与优化。

根据本书的章节安排与技术基础，本章将直接选择计算精度最高的全瞬态模型开展 OWC 装置的耦合联动直接模拟。为了更好地验证上述模型，本章将首先介绍气室–透平双向耦合联动的 OWC 全过程水槽试验。试验中，采用缩尺冲击式透平作为能量转换的二次部件，取代传统研究中常用的孔板介质等替代 PTO，考察在不同波况以及控制策略条件下，透平与气室之间的相互作用影响机理，并为后续直接模拟模型提供数据支持。在充分验证数值模型准确性与可靠性的基础上，利用数值模拟不受比尺限制的优点，将模型扩展至原型比尺，考察实海况条件下 OWC 装置及空气透平的工作性能。

6.2　典型 OWC 装置全过程物理模型试验

在传统的 OWC 水动力学研究中，由于受到比尺、加工制作难度及模拟精度等因素的限制，物理试验中多采用孔板等简化结构替代空气透平，无法完全表征透平的气动性能及其与气室的相互作用，因而带来了性能预测上的误差。为了实现 OWC 装置多级能量转换过程的耦合联动，对装置的能量转换机理及全过程转换性能做出准确预测，中国海洋大学研究团队设计了缩尺版的冲击式透平并制作了模型，将其作为二级能量转换的关键部件直接连接到气室后方，开展了典型 OWC 装置全过程水工物理模型试验研究。

6.2.1　全过程物理模型试验设计

本章的水工物理模型试验全部在中国海洋大学山东省海洋工程重点实验室 (青岛市海洋可再生能源重点实验室) 宽断面波浪水槽中进行。波浪水槽长 60 m，高 1.5 m，宽 3 m，水槽的一端安装推板式造波机，可产生规则波与不规则波，水槽另一端装有消波网用于消除对向来波。为了增强消波效果，水槽被分隔为 0.8 m 宽与 2.2 m 宽两部分，试验在窄侧进行。水槽内的试验布置如图 6-4 所示，OWC 模型摆放在水槽末端距离造波板 50 m 处，试验水深固定为 0.75 m。

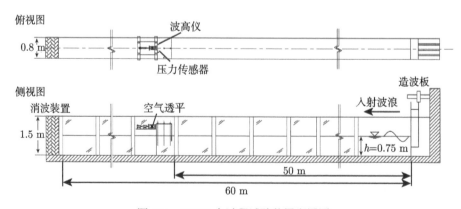

图 6-4　OWC 全过程试验装置布置图

试验采用立方体结构作为典型气室型式，由厚度为 10 mm 有机玻璃制成，如图 6-5 所示，高 1.2 m，宽 0.8 m，长 0.6 m，前墙高度为 0.65 m；气室顶端布置了 5 个 ∅26 mm 圆孔，用于安装波高仪，另有 ∅6 mm 的圆孔用于连接压差计；气室的后墙有一 ∅120 mm 开口，用于在水平方向上安装空气管道，冲击式透平置于管道内。所有开孔均进行精细密封处理，防止试验过程中水面之上出现漏气现象，从而影响试验结果。缩尺冲击式透平尺寸与实物，如图 6-6 所示。

透平模型外径为 0.12 m，导流叶片的径向弦长 $l_g = 27.8$ mm，中心线弯曲角 $\delta_g = 60°$，中值半径截面处导流叶片间隔 $S_g = 14.6$ mm。动叶片弦长 $l_r = 21.6$ mm，动叶片的压力面为一段半径为 12.1 mm 的圆弧，吸力面为一段椭圆弧，中值半径截面处动叶片间隔 $S_r = 11.4$ mm，其他具体尺寸详见图 6-6(a)。转子包含 22 组动叶片，上、下游定子分别安装了 22 组对称的导流叶片，叶片由铝合金制成，如图 6-6(b) 所示。

试验数据采集系统中的主要仪器设备与布置，如图 6-7 所示。气室内固定的电容式波高仪，用于实时测量气室内水面的升沉，最大量程为 1100 mm，测量精度为 ±0.05%。压力传感器可用于测量气室内外气压差，由日本基恩士公司生产，型号为 KEYENCE AP-10S，最大量程为 10 kPa，测量精度为 ±0.5%。

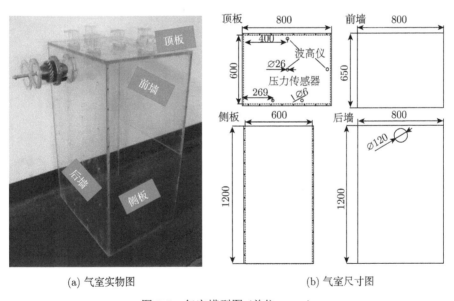

(a) 气室实物图　　　　　　　　　　(b) 气室尺寸图

图 6-5　气室模型图 (单位：mm)

为了准确测量冲击式透平的试验参量，透平模型通过联轴器与扭矩传感器及伺服电机依次连接，形成传动系。其中，扭矩传感器用于测量透平转速与扭矩，由

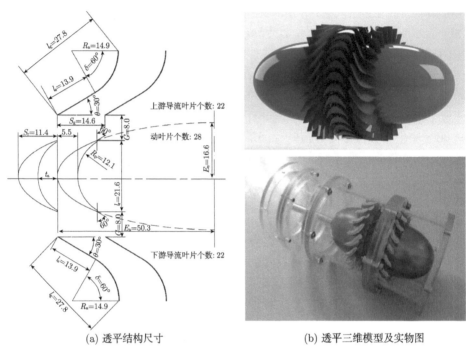

(a) 透平结构尺寸　　　　　　　　(b) 透平三维模型及实物图

图 6-6　缩尺冲击式透平模型图 (单位：mm)

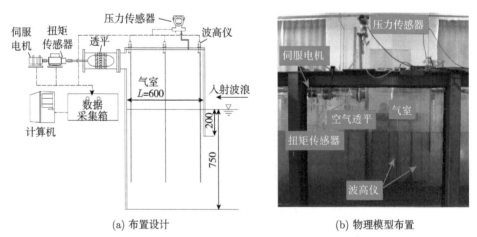

(a) 布置设计　　　　　　　　(b) 物理模型布置

图 6-7　数据采集系统示意图 (单位：mm)[1](已获 Elsevier 出版社授权)

深圳柯亿达称重设备有限公司生产，型号为 GGSNJT-0.5，量程为 3000 r/min 和 0.3 N·m，测量精度为全量程的 0.05%。交流伺服电机由苏州汇川技术有限公司生产，型号为 ISMH1-10C30CB，其额定转速和额定扭矩分别为 3000 r/min 与 0.32 N·m，该伺服电机可通过与之配套的伺服驱动器控制透平固定在某一转速条件下旋转，实现透平的定转速运动。此外，将伺服电机与电子负载连接，通过设置不同的电阻值可为整个旋转体系增加相应的负载扭矩，从而实现透平的自由转动。试验中所有传感器的数据采集均由中国海洋大学海洋能团队自主研发、完全具有自主知识产权的数据采集系统完成，该系统可实现所有设备数据的同步采集与实时处理。

试验中，采用的入射波浪包括规则波与不规则波。其中，规则波的入射波浪功率计算公式如下：

$$P_{\text{W\_R}} = 0.5\rho_{\text{w}} g \zeta_{\text{i}}^2 C_{\text{g}} L_{\text{CW}} \tag{6-1}$$

不规则波的波浪谱采用 JONSWAP 谱，谱峰升高因子取 $\gamma = 3.3$，不规则波入射波功率为

$$P_{\text{W\_IRR}} = \rho_{\text{w}} g \int_0^{\infty} C_{\text{g}}(\omega_{\text{w}}) S(\omega_{\text{w}}) L_{\text{CW}} \mathrm{d}\omega_{\text{w}} \tag{6-2}$$

式中，$P_{\text{W\_R}}$ 和 $P_{\text{W\_IRR}}$ 分别为规则波与不规则的入射波功率，ρ_{w}, g, ζ_{i}, C_{g}, ω_{w}, S 和 L_{CW} 分别代表水的密度，重力加速度，规则入射波振幅，入射波群速，入射波频率，入射波谱及气室的宽度。

空气功率的计算公式为

$$P_{\text{P\_R}} = \frac{1}{nT} \int_{t_0}^{t_0+nT} p(t) \cdot q(t) \, \mathrm{d}t, \quad P_{\text{P\_IRR}} = \frac{1}{nT_{\text{S}}} \int_{t_0}^{t_0+nT_{\text{S}}} p(t) \cdot q(t) \, \mathrm{d}t \tag{6-3}$$

式中，$P_{\text{P\_R}}$ 与 $P_{\text{P\_IRR}}$ 分别为规则波与不规则波条件下的空气功率；$p(t)$ 为气室内瞬时空气压强；$q(t)$ 为导管内瞬时空气流量；t_0 代表数据采集开始时刻，通常在前五个波到达气室之后开始采集，以排除造波板初始效应并确保行进波的稳定；T 与 T_{S} 分别代表规则波平均周期与不规则波的有效周期；n 代表波数。

透平的输出功率为

$$P_{\text{T\_R}} = \frac{1}{nT} \int_{t_0}^{t_0+nT} T_0(t) \cdot \omega(t) \, \mathrm{d}t, \quad P_{\text{T\_IRR}} = \frac{1}{nT_{\text{S}}} \int_{t_0}^{t_0+nT_{\text{S}}} T_0(t) \cdot \omega(t) \, \mathrm{d}t \tag{6-4}$$

$P_{\text{T\_R}}$ 与 $P_{\text{T\_IRR}}$ 分别为规则波与不规则波条件下的透平输出功率，$T_0(t)$ 为透平瞬时扭矩，$\omega(t)$ 为透平瞬时旋转角速度。

根据以上公式，OWC 气室的一级转换效率 η_1、空气透平的二级转化效率 η_2 以及整体转换效率 η_0 分别为

$$\eta_1 = \frac{P_{\text{P\_R}}}{P_{\text{W\_R}}} \quad \text{或} \quad \eta_1 = \frac{P_{\text{P\_IRR}}}{P_{\text{W\_IRR}}} \tag{6-5}$$

$$\eta_2 = \frac{P_{\mathrm{T\_R}}}{P_{\mathrm{P\_R}}} \quad \text{或} \quad \eta_2 = \frac{P_{\mathrm{T\_IRR}}}{P_{\mathrm{P\_IRR}}} \tag{6-6}$$

$$\eta_\mathrm{o} = \eta_1 \eta_2 \tag{6-7}$$

6.2.2　典型 OWC 装置的全过程能量转换性能

本节将介绍在透平固定转速模式下,OWC 装置全过程模型在规则波及不规则波条件下的能量转换规律,考察空气透平与气室的相互作用影响机理,并对 OWC 装置的全过程转换效率做出直接预测。固定空气透平转速一直是 OWC 电站中常用的控制策略。在试验中,此模式下的空气透平由伺服电机驱动,可不受气流条件影响,在预设的转速下保持旋转。该模式的优点是在波浪能资源较差的海域或时间范围内,在相对较小的空气流量条件下,透平仍然能够保持原有的转速,此时,虽然系统需要外部能量维持,但整个系统可在大流量条件恢复时快速进入发电出力状态。

6.2.2.1　规则波波况

本节主要考察在规则波作用下,透平与气室之间的相互作用影响机理以及 OWC 装置的全过程能量转换性能,试验变量主要为透平转速与波浪条件。其中,透平转速 R 的取值范围为 $100\sim2100$ r/min,间隔 200 r/min;入射波波高为 $H = 0.10$ m,平均周期为 $1.25\sim2.25$ s,间隔 0.25 s。

选取规则波试验中的典型波况条件如下:波高 $H = 0.10$ m,周期 $T = 1.50$ s,透平转速 $R = 300$ r/min。在入射波作用下,OWC 全过程模型内各关键物理参量的时程曲线,如图 6-8 所示。在图 6-8(a) 中,气室内自由液面高度变化采用相对幅值 a/A 表示,a 与 A 分别代表气室内自由液面振幅与入射波幅,a 取气室内五支波高仪数据的平均值。如图 6-8(a) 所示,自由液面呈正弦变化,变化周期与入射波周期保持一致,振幅小于入射波幅,主要受到透平阻尼作用的影响。

气室内空气压强 p 的时程曲线,如图 6-8(b) 所示,其变化周期也与入射波周期一致,并与气室内的液面高度变化存在 $T/4$ 相位差。在固定转速模式下,如图 6-8(c) 所示,透平转速始终在预设值附近波动,波动幅度小于预设值的 3%。图 6-8(d) 为透平气动扭矩 T_0 的时程曲线,其变化周期为入射波周期的一半,这是由冲击式透平在双向气流下保持单向旋转的内在禀赋决定的,气室的呼气和吸气过程均对透平动叶片产生正驱动作用。在气流换向时,由于风阻及系统摩擦的影响,扭矩存在短时负值,该工况的扭矩平均值为 0.025 N·m。

空气功率 P_P 的时程曲线如图 6-8(e) 所示。根据式 (6-3) 可知,空气功率均为正值,而平均值为 5.53 W。图 6-8(f) 展示了透平输出功率 P_T 的时程曲线。由于转速保持固定,功率的变化主要取决于透平扭矩,该工况下透平输出功率的平均值为 0.79 W。

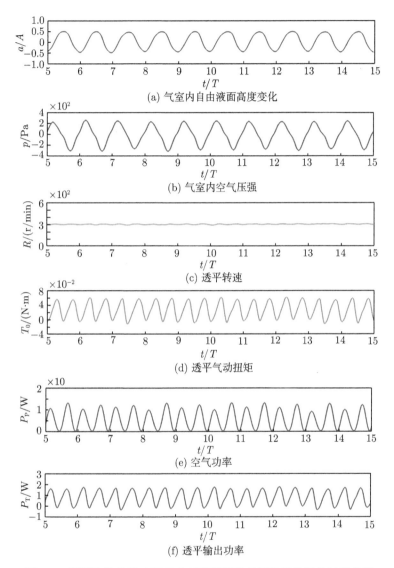

图 6-8　规则波条件下 OWC 全过程模型各关键物理参量的时程曲线

　　入射波高 $H = 0.10$ m 时，不同波周期与代表性转速条件下的 OWC 装置气室内自由液面的平均相对振幅如图 6-9 所示，图中横坐标 λ/l 为无量纲量，λ 代表入射波波长，由入射波浪周期决定，l 代表气室长度。由图 6-9 可见，自由液面的相对幅值均小于 1.0。在所有的测试工况中，最小值与最大值分别为 0.28 与 0.88。此外，在同一波况下，随着透平转速的增大，气室内液面的振幅将随之减小。这是因为透平转速增大时，往复气流更加难以通过透平，阻碍了气室内与外界的气体交换，即透平的阻尼作用增强，从而导致气室内的压强变化的幅值增大，如图 6-10 所示，而压强幅值的增大又将导致气室内自由液面高度幅值的减小。在同一转速条件下，随着入射波浪周期的增大，气室内自由液面的相对振幅有逐渐增大的趋势。

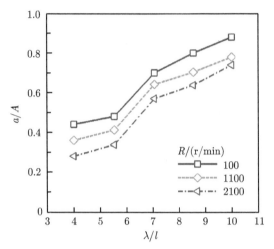

图 6-9 气室内自由液面的平均相对振幅

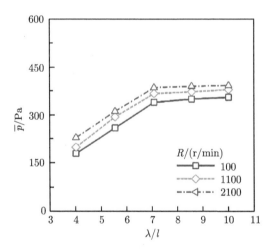

图 6-10 气室内空气压强变化的平均幅值

进一步分析图 6-10 中气室内压强即纵坐标 $\bar{p}$ 代表压强变化的平均幅值。由图可见，在同一波况下，气室内压强平均幅值随透平转速的增大而增大，原因如上所述。当 $\lambda/l < 7.1$ 时，随着入射波长的增大，气室内压强幅值的增大效果较为明显；当 $\lambda/l > 7.1$ 时，随着入射波长的增大，增大幅度趋缓。在波高 $H = 0.10\text{m}$

条件下，压强平均幅值的最小值为 179 Pa，发生在转速最小的 100 r/min 条件下，压强平均幅值的最大值为 391 Pa，发生在转速最大的 2100 r/min 条件下。

根据式 (6-5) 计算所得代表性工况下 OWC 全过程模型装置的一级转换效率，如图 6-11 所示。由图可见，随着入射波周期，即 λ/l 的增大，转换效率呈现出先增大后减小的趋势。在 $\lambda/l = 7.1$ 时，一级转换效率 η_1 取得最大值，可认为在此波周期条件下，OWC 气室与波浪产生了相对共振。另一方面，透平的转速对于一级转换效率影响较为明显，随着转速的逐渐增大，一级转换效率也是先增大后减小。在三组转速中，$R= 1100$ r/min 时取得效率最优值。在展示的工况中，一级效率的覆盖范围为 $\eta_1 = 0.30 \sim 0.67$。以上结果说明，在设计 OWC 的气室尺寸时，气室的长度需要根据实际波况确定，最好的结果是使气室的长度与主导波长达到共振比例。此外，由于透平的转速影响气室的转换效率，因此也需要根据当地波浪条件进行优化，使得气室具有较高的能量转换效率。

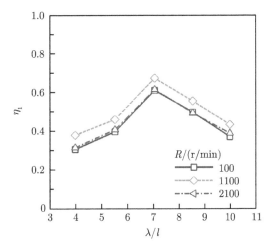

图 6-11 代表性工况下的 OWC 全过程模型的一级转换效率 [2](已获 Elsevier 出版社授权)

在 OWC 全过程模型中，气室与透平之间相互作用且相互影响，透平的阻尼作用影响气室内气流的变化，而气流的变化也会影响透平的输出。全过程模型试验中二级转换过程的工作性能如图 6-12 所示。

透平的输出扭矩平均值 $\overline{T}_0$ 如图 6-12(a) 所示。整体上，随着转速的增大，输出扭矩减小，而且当转速增大到一定数值时，输出扭矩平均值变为负值。这是由于在此工况下，气室产生的气流无法维持透平对应的预设转速，需要电机补能方可继续保持。由图可见，$\overline{T}_0$ 也在 $\lambda/L = 7.1$ 时取得最大值，与一级转换效率对应的共振周期一致。

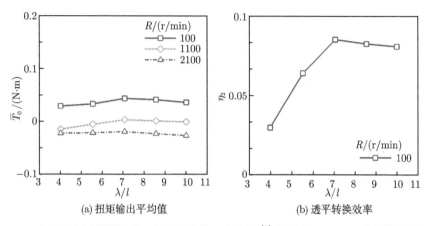

图 6-12　OWC 全过程模型的二级能量转换工作性能 [2](已获得 Elsevier 出版社的授权)

图 6-12(b) 展示了透平的能量转换效率。由式 (6-4) 可知，当透平转速固定时，透平的输出功率由其扭矩值决定，因此二级转换效率同样存在正负值差异，但在实际工程中负效率无意义，此处只展示非负值效率。当 $H = 0.10$ m 时，透平的转换效率在 $\lambda/L = 7.1$ 且 $R = 500$ r/min 处取得最大值 0.18。结果表明，在实际情况中，透平不能盲目选择高转速，需要根据实际波浪条件选取合适的数值，以保证其转换性能最优。

结合一二级转化效率，利用式 (6-7) 计算可得 OWC 模型装置的全过程转换效率，如图 6-13 所示。由图可见，全过程转换效率在 $\lambda/L = 7.1$ 时取得最大值，且

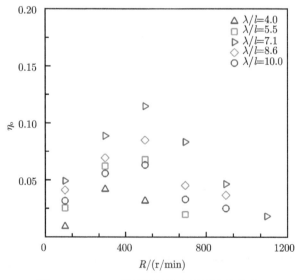

图 6-13　OWC 模型装置的全过程转换效率

随着转速增大，OWC 装置的总效率先增大后减小，存在最优转速使得全过程转换效率最高。在已测试的有限工况条件下，装置最优全过程转换效率为 11.5%。

由以上结果可以看出，空气透平的转速对于气室内自由液面高度、气体压强以及一级转换效率均有较明显的影响。同时，气室内的气流条件又将影响透平的气动扭矩与装置的二级转换效率。上述二者相互作用，共同决定了 OWC 模型装置的全过程转换效率。

6.2.2.2 不规则波波况

本节主要考察在不规则波条件下，典型 OWC 模型装置在固定转速模式下的能量转换机理、发电出力性能及全过程效率。试验中，转速取值方法与规则波相同，入射波有效波高 $H_S = 0.10$ m，有效周期 $T_S = 1.25 \sim 2.25$ s，间隔为 0.25 s，因此不规则波波况共 5 组。

在有效周期 $T_s = 1.50$ s，透平转速 $R = 300$ r/min 条件下，各关键物理参量的时程曲线如图 6-14 所示。与图 6-14(a) 中的入射波幅相比，图 6-14(b) 中的气室内自由液面的振幅明显减小。若定义自由液面波波峰到波谷的垂直距离为 h，统计可得，此工况下 h 的最大值 $h_{max} = 0.070$ m（入射波波高的最大值 $H_{max} = 0.152$ m），有效振幅 $h_S = 0.056$ m，液面升沉的有效周期 $T_{aS} = 1.50$ s，与入射波的有效周期一致。图 6-14(c) 为气室内空气压强的变化，与规则波条件下结果相似，气室内的压强在时程曲线上与相邻时刻点上的液面升沉存在四分之一周期的相位差，压强的最大值 $p_{max} = 738$ Pa，有效值 $p_S = 403$ Pa。

透平的转速与气动扭矩分别如图 6-14(d) 与 (e) 所示，与规则波条件下的结果相似，在测试过程中其波动程度小于预设值的 3%，且扭矩的变化周期为相邻时刻点上的液面升沉变化周期的一半，在气流换向时同样存在短暂的负扭矩。该工况下扭矩的最大值为 0.168 N·m，平均值为 0.020 N·m。根据实时气流流量、气压、转速及扭矩计算获得瞬时空气功率和透平输出功率分别如图 6-14(f) 与 (g) 所示。统计时段内的最大空气功率为 51.9 W，由于忽略了空气的压缩性，该时刻透平的输出功率也最大，具体数值为 5.4 W。空气功率和透平功率的平均值分别为 4.3 W 与 0.7 W。

波浪有效周期及透平转速对气室内自由液面相对有效波高的影响如图 6-15 所示，纵坐标值代表测试时段内，液面升沉峰谷有效值 h_S 除以入射波高的有效值 H_S 得到的无量纲相对有效波高。由图可见，当透平转速固定时，随着 T_S 的增大，气室内相对液面高度的统计值也随之增大，波浪更易于涌入气室，在 $R = 100$ r/min、$\lambda_S/l = 10.0$ 时，h_S/H_S 的最大值为 0.92。值得注意的是，与规则波的平均相对振幅类似，所有测试的工况条件下该相对值均小于 1。另外，气室内的液面振荡幅度受透平的转速影响较大。随着透平转速的增大，振幅逐渐减小。

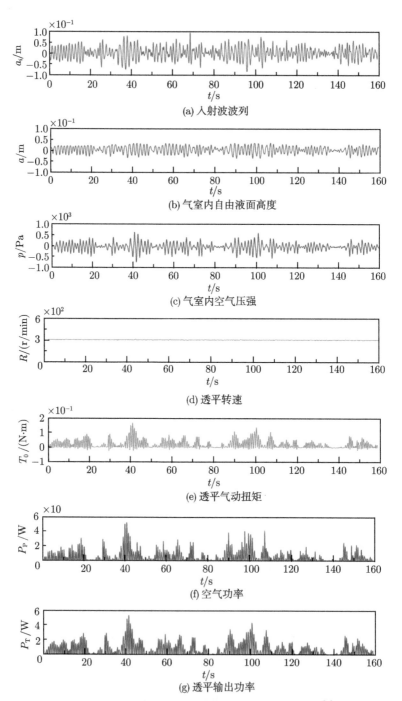

图 6-14　不规则波条件下 OWC 模型装置各关键物理参量的时程曲线 [3](已获得 Elsevier 出版社授权)

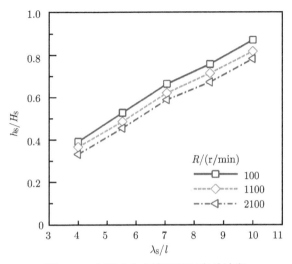

图 6-15　气室内自由液面相对有效波高

对于不规则波波况，除了对时程曲线进行统计值分析，还可以通过快速傅里叶变换 (Fast Fourier Transform, 简称 FFT) 算法进一步对其进行谱分析。该方法从组成波角度分析不同试验变量产生的影响。图 6-16 展示了由图 6-14(b) 气室内自由液面高度变化的时间序列数据进行谱分析后得到结果。由图可知，透平转速对于谱峰值影响明显，随着转速的增大，谱峰值逐渐减小，即气室内自由液面的振幅逐渐减小。此外，透平转速对谱峰频率无影响，各转速工况对应的谱峰频率均与入射波谱峰频率相同，也与时序数据统计值的分析结果一致。

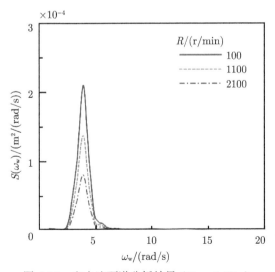

图 6-16　自由液面谱分析结果 ($T_S = 1.50$ s)

气室内气压有效幅值的统计结果如图 6-17 所示。与规则波相似,气压有效幅值随 λ_S/l 及透平转速的增大而增大,在 $R = 2100$ r/min、$\lambda_S/l = 10.0$ 时,p_S 的最大值为 610 Pa。同样对气压时序数据进行谱分析,结果如图 6-18 所示。随着转速的增大,气压谱峰值也明显增大。此外,透平转速的变化也不会对压强的谱峰频率产生影响。

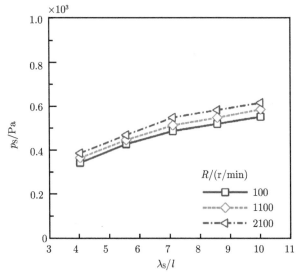

图 6-17 气室内气压有效幅值 [3] (已获得 Elsevier 出版社授权)

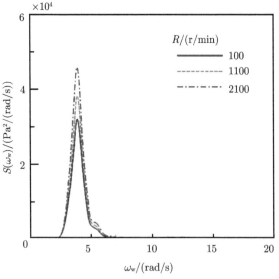

图 6-18 气压谱分析结果 $(T_S = 1.50 \text{ s})$ [3] (已获得 Elsevier 出版社授权)

透平的气动扭矩与输出功率分为如图 6-19 和图 6-20 所示。与 6.2.2.1 节中规则波况条件下的规律相似，随着转速的增大，透平气动扭矩的平均值逐渐减低；当 $R > 1100$ r/min 时，气动扭矩平均值变为负值。另一方面，透平的输出功率则是先增大后减小，若输出功率为负，说明该转速过高，气流流速达不到维持该透平转速的要求。

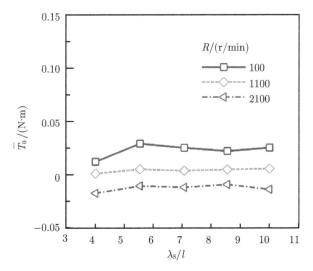

图 6-19 透平气动扭矩的平均值[3](已获 Elsevier 出版社授权)

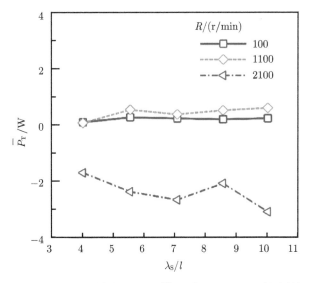

图 6-20 透平输出功率的平均值[3](已获 Elsevier 出版社授权)

不规则波条件下，典型 OWC 模型装置的一级转换效率如表 6-1 所示。由表可见，随着入射波有效周期及透平转速的增大，气室的一级转换效率呈现先增大后减小的趋势，并在有效周期 $T_S = 1.50$ s 处及转速 $R = 900 \sim 1300$ r/min 范围内一级效率较高。在 $T_S = 1.50$ s，$R = 900$ r/min 时，一级转换效率最高达到 $\eta_1 = 0.62$。由此可见，若要获得较高的一级能量转换效率，需根据当地主导波况设计气室尺寸，并选取合适的透平转速。

表 6-1　不规则波条件下 OWC 模型装置一级转换效率 [3](已获 Elsevier 出版社授权)

T_S/s	R/(r/min)											
	100	300	500	700	900	1100	1300	1500	1700	1900	2100	2300
1.25	0.38	0.40	0.43	0.44	0.45	0.42	0.37	0.35	0.34	0.34	0.34	0.33
1.5	0.52	0.56	0.58	0.61	0.62	0.60	0.56	0.56	0.53	0.51	0.49	0.48
1.75	0.48	0.50	0.51	0.54	0.54	0.55	0.57	0.56	0.50	0.50	0.44	0.44
2	0.42	0.43	0.44	0.45	0.47	0.46	0.49	0.45	0.44	0.44	0.41	0.41
2.25	0.41	0.41	0.42	0.45	0.47	0.46	0.45	0.46	0.45	0.42	0.42	0.42

不规则波条件下，典型 OWC 模型装置的二级转换效率如表 6-2 所示。由表可见，在不规则波条件下，OWC 模型装置的二级转换效率随入射波有效周期及透平转速的增大，均呈现出先增大后减小的趋势。在有效周期 $T_S = 1.50$ s、转速 R 在 $500 \sim 900$ r/min 范围内，二级转换效率较高，最高达到 $\eta_2 = 0.21$。

表 6-2　不规则波条件下 OWC 模型装置二级转换效率 [3](已获 Elsevier 出版社授权)

T_S/s	R/(r/min)											
	100	300	500	700	900	1100	1300	1500	1700	1900	2100	2300
1.25	0.06	0.12	0.18	0.16	0.09	0.04	0.01	-0.29	-0.34	-0.51	-0.87	-1.15
1.5	0.08	0.15	0.20	0.21	0.15	0.12	0.09	-0.01	-0.09	-0.21	-0.63	-0.86
1.75	0.07	0.13	0.19	0.13	0.15	0.09	0.07	0.04	-0.16	-0.57	-0.73	-0.98
2	0.06	0.11	0.14	0.17	0.14	0.12	0.08	0.05	0.01	-0.25	-0.53	-0.88
2.25	0.06	0.10	0.16	0.17	0.15	0.13	0.08	0.07	-0.03	-0.21	-0.71	-0.97

不规则波条件下，典型 OWC 模型装置的全过程转换效率如表 6-3 所示。在 $H_S = 0.10$ m 条件下，试验中的全过程转换效率最高达到 $\eta_o = 0.13$。由表可见，若入射周期确定，随着透平转速的增大，OWC 全过程转换效率均先增大后减小，且存在最优透平转速，使全过程转化效率最高。此外，在各特定转速条件下，试验中的 OWC 模型装置在有效周期 $T_S = 1.5$ s 时取得最优转换效率；而在规则波条件下，$T = 1.75$ s 为装置的最优 (共振) 周期。上述差异说明，在进行 OWC 原型全尺寸电站设计时，若只简单地采用规则波波况作为设计波浪条件，将在设计及效率预测上导致无法忽略的误差。

表 6-3 不规则波条件下 OWC 模型装置整体转换效率

T_S/s	R/(r/min)											
	100	300	500	700	900	1100	1300	1500	1700	1900	2100	2300
1.25	0.02	0.05	0.08	0.07	0.04	0.02	0.00	−0.10	−0.12	−0.17	−0.30	−0.39
1.5	0.04	0.08	0.12	0.13	0.10	0.07	0.05	0.00	−0.05	−0.11	−0.31	−0.41
1.75	0.03	0.06	0.10	0.07	0.08	0.05	0.04	0.02	−0.08	−0.28	−0.32	−0.43
2	0.02	0.05	0.06	0.08	0.06	0.06	0.04	0.02	0.00	−0.11	−0.22	−0.36
2.25	0.03	0.04	0.07	0.08	0.07	0.06	0.03	0.03	−0.02	−0.09	−0.30	−0.41

6.2.3 小结

本节介绍了典型 OWC 模型装置全过程物理模型试验的设计及结果，冲击式透平被置于完整的两级能量转换过程之中。试验探索了空气透平与 OWC 气室关键参量的相互作用影响机理，并对 OWC 装置的全过程转换效率给出了直接预测，主要研究结论如下。

(1) 在固定转速模式下，空气透平转速对 OWC 模型装置一级能量转换过程的影响明显。转速越大，透平的阻尼作用越强，气室内压强幅值也越高，而自由液面升沉幅度则越小，透平转速可在一定范围内使 OWC 气室达到较好的转换效率。

(2) 气室长度对一级转换效率影响明显。当气室的长度与主导波长达到共振条件时，气室具有较高的能量转换性能。合理的设置透平转速，在气室–透平的耦合作用下，可使 OWC 二级及全过程转换效率达到最优。实际工程设计中，应根据当地波浪条件选取合理的转速。

(3) 本节的全过程物理模型试验，OWC 模型装置的全过程转换效率最高仅为 13%，对应的二级能量转换效率仅为 21%，远低于前述章节中介绍的冲击式透平最优性能，其原因主要在于透平尺寸未与气室尺寸进行优化匹配，入射波浪与透平的阻尼耦合作用下产生的气流条件无法保证透平在最优流量系数范围内工作，导致其难以按照最优性能做功。这也是传统研究中，透平与气室分别单独研究、按照最优结果设计后，OWC 工程电站无法按照预期性能工作的重要原因，即未考虑两级能量转换的耦合作用导致的性能偏差。上述优化匹配工作将在未来研究中开展，以便指导实际工程电站设计。

本节的全过程物理模型试验结果为典型 OWC 装置的工程开发奠定了初步的数据基础，部分结果也为下一步开展更多控制模式下的模型试验与构建 OWC 全过程数值模型提供了必要的数据支撑。

6.3　典型 OWC 装置全过程数值模拟研究

随着计算机技术的快速发展，构建基于 CFD 软件的全瞬态全过程数值模拟模型已成为可能。数值模型不仅可减少人力、物力及材料的消耗，还不受实验室比尺条件的限制，适于扩展研究工况，有利于填补试验空缺，可直接使用原型比尺进一步探索 OWC 装置的全过程能量转换机理。

中国海洋大学团队基于多年前期积累，成功构建了典型 OWC 装置的全瞬态全过程数值模拟模型。该模型较复杂，需要克服精细网格匹配、低速自由水面振荡与高速透平叶轮旋转匹配、大量用户自定义函数 (UDF) 编写等困难，在数值波浪水槽的气室中嵌入空气透平模型，开展气室与透平耦合的全瞬态计算，实现多个能量转换环节联动的直接模拟。本节将介绍典型 OWC 装置全过程全瞬态数值模型的构建、验证以及对代表性 OWC 电站在实海况条件下全过程工作性能的预测与评价。

6.3.1　全瞬态模型的构建

全瞬态模型的构建基于 CFD 计算平台 ANSYS-Fluent®，计算中描述与求解流体运动的控制方程分别为连续性方程与雷诺时均纳维–斯托克斯 (Navier-Stokes) 方程。模型使用两相流体体积法 (Volume of Fluid, VOF) 追踪水气交界面的实时变化。其中，水体假定为不可压缩流体，空气可根据需要设置为不可压缩或者可压缩。湍流处理采用 RNG k-ε 模型。

模型采用有限体积法 (Finite Volume Method, 简称 FVM) 与半隐式压力耦合方程组 (Semi-implicit Method for Pressure Linked Equations, 简称 SIMPLE) 实现方程的离散与求解，动量方程和湍动能求解均采用二阶格式以提高求解的精度。

以 6.2 节中水工物理模型试验中的模型装置为对象构建三维全瞬态全过程数值模型，具体计算域划分如图 6-21 所示，共分为水槽、气室以及空气透平三部分，各部分的具体尺寸与试验保持一致。OWC 模型位于水槽末端，并与水槽等宽，因此不考虑波浪绕射等问题。水槽另一端为造波板，其边界条件设置为运动无滑移壁面，可通过 UDF 函数控制造波板运动，利用主动吸收式造波法产生目标规则波和不规则波，并消除波浪在造波端的反射；水槽以及气室的边壁与底部边界设置为静止无滑移壁面，水槽顶部与输气管道的出口设置为压力出口边界条件。气室与包含透平模型的输气管道之间采用交界面边界条件连接，并实现数据通量的传输与交换。

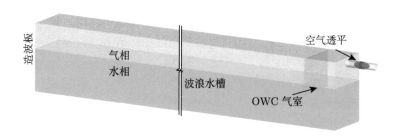

图 6-21 典型 OWC 装置三维全过程全瞬态模型计算域划分

  典型 OWC 装置三维全过程全瞬态模型网格的设置,如图 6-22 所示。所有结构与网格均在专用前处理软件 GAMBIT® 中绘制完成。其中,水槽部分采用六面体网格,网格高度与长度分别不超过入射波高与波长的 1/15 与 1/70。为使波浪更好地在水槽内传播,液面追踪更加精确,自由液面附近的网格在竖向上进行了加密,高度为 1.5 倍波高,水槽 (包含气室结构) 部分的网格数约为 70 万。透平模型中,动叶片的表面、动叶片处轮毂及导流叶片处轮毂采用三角形网格,动叶片区域由四面体混合网格生成;上下游导流叶片表面则使用四边形网格,导流叶片区域由六面体网格生成,适当位置包含楔形网格。动叶片与上下游导流叶片之间通过滑移网格界面连接,该方法能够更真实地反映定转子间的相互作用关系,以及所有计算通量的交换,更适用于全瞬态模型的计算,透平部分的网格总数约为 150 万。

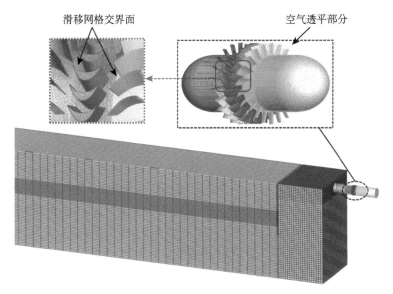

图 6-22 典型 OWC 装置三维全过程全瞬态模型的网格结构

计算由初始化造波板运动开始，入射波将随造波板的运动产生并传播到远端的气室，在入射波作用下气室内自由液面在竖向上形成往复振荡，从而带动产生输气管道中的往复气流。此时，空气透平会在往复气流的驱动下启动旋转，并产生扭矩输出。利用 UDF 可实现空气透平的运行策略控制，并可根据实际情况添加相应的阻力项与外接负载项。

全瞬态计算的时间步长与入射波浪的周期有关，一般设置为入射波浪周期的 1/300；全过程耦合模型的总网格数约为 220 万，时间步长与网格数量的无关性验证表明，上述设置可在满足计算精度的前提下提高计算速度。本节计算均在国家超级计算天津中心 "天河" 计算平台上完成。该平台计算机的 CPU 型号为 Intel(R) Xeon E5-2690V4 @ 2.60 GHz，单个 CPU 包含 28 个核心，使用 4 个 CPU 并行计算，总计算内存为 512 GB，计算速度约为 40s/d。

6.3.2　全瞬态模型的试验验证

本节将利用 6.2 节的试验结果，验证在相关透平控制策略下，全瞬态数值模型在规则波与不规则波条件下的可靠性与准确性。其次，利用相关文献数据，验证在大比尺条件下，全瞬态模型对于空气压缩性模拟的准确性。

6.3.2.1　入射波波况验证

为了确认数值波浪水槽的造波精确性，验证示例工作首先在空水槽中进行。规则波示例工况条件：波高 $H = 0.10$ m，周期 $T = 1.50$ s。选取稳定阶段的十个周期进行对比，气室中部点位的自由水面升沉时程曲线的试验值与数模值 (数值模拟结果) 对比，如图 6-23 所示，整体趋势上二者符合良好。根据统计计算，试验与数值模拟得到的平均波高分别为 0.0995 m 和 0.0994 m，与目标入射波波高的误差在 1% 以内，周期均为 1.50 s。由此可见，该数值水槽的规则波造波能力良好。

不规则波示例工况条件：有效波高 $H_S = 0.10$ m，有效周期 $T_S = 1.50$ s，采用 JONSWAP 波浪谱，谱峰因子 $\gamma = 3.3$。不规则波理论上可认为是由无限多个简谐正弦波叠加而成，但由于其随机性，如非特殊记录处理，很难在模拟中将试验中的不规则波列完全还原。根据《波浪模型试验规程》[4]，不规则波可通过将其频谱以及关键统计值控制在误差范围内，以完成率定，如图 6-24 所示。其中，图 6-24(a) 对比了不规则波列的相关统计值，模型试验与数值模拟中给出的 $H_{1\%}$，$H_{4\%}$，$H_{13\%}$ 和 $T_{13\%}$ 值的误差分别为 2.6%，3.3%，0.9% 和 2.0%。此外，分别将模型试验与数值模拟得到的入射波波列通过傅里叶变换进行谱分析，结果如图 6-24(b) 所示，二者峰频偏差为 3.7%，谱矩偏差为 2.6%。所有偏差均在规程的要求范围内，该数值水槽的不规则波造波能力也满足要求。

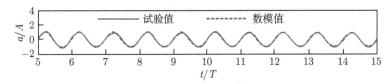

图 6-23 规则波对比验证 [1](已获 Elsevier 出版社授权)

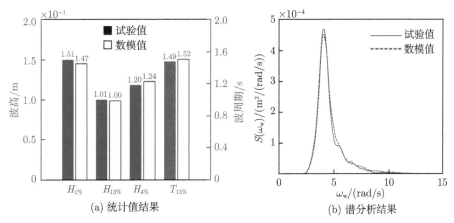

(a) 统计值结果   (b) 谱分析结果

图 6-24 不规则波对比验证 [1](已获 Elsevier 出版社授权)

6.3.2.2 规则波工况验证

规则波工况验证选取的波况条件：入射波平均波高 $H = 0.10$ m，周期 $T = 1.50$ s，透平转速固定为 $R = 300$ r/min。规则波条件下 OWC 模型装置的各关键物理参量时程曲线，如图 6-25 所示。选取波浪稳定阶段的十个周期作对比。整体看，数值模拟结果与试验结果在时间序列上符合较好。除了透平转速之外，数值模拟的结果均略高于试验结果。这是由于在数值模拟中的所有计算条件均为理想化假设，而实际试验中的影响因素较多，例如边壁耗散、系统摩擦等。将上述十个稳定周期内的时序数据进行统计可知，气室内自由液面升沉的相对波高值 $\overline{h}/\overline{H}$、气压幅值 p、平均转速 R 以及平均气动扭矩 T_0，模拟的结果与试验结果的误差分别为 4.3%，3.0%，1.0% 和 3.4%，如图 6-26 所示。空气功率与透平输出功率的平均值误差分别为 3.8% 与 5.9%。在效率预测方面，OWC 模型装置的一、二级转换效率及全过程转换效率误差分别为 3.7%、2.8% 和 6.5%。由此可见，全过程全瞬态数值模型能够较为精确地预测在透平固定转速策略及规则波条件下的 OWC 装置的工作性能及各级转换效率。

6.3.2.3 不规则波工况验证

不规则波工况验证选取的波浪条件：有效波高 $H_S = 0.10$ m，有效周期 T_S —1.50 s，透平的固定转速 $R = 300$ r/min。数值模拟中得到的各关键参量时程曲线, 如图 6-27 所示。对应的试验时程曲线, 如图 6-14 所示。由于不规则波的随机性, 虽然数值模拟无法在时间序列上完全复现并与试验的入射波波列对比, 但在展示的 160 s 时间段内, 入射波的相关统计值及谱形形状是接近的, 可将二者结果进行进一步对比分析。

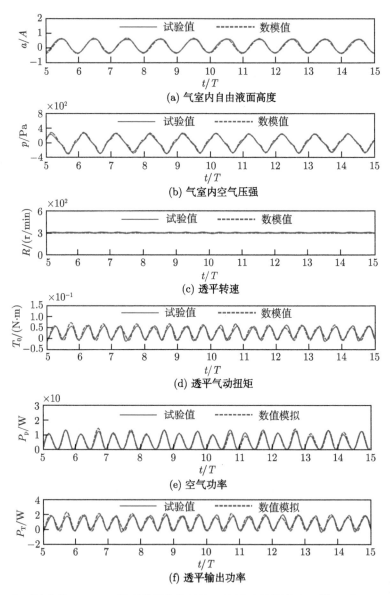

图 6-25　规则波条件下 OWC 模型装置各关键物理参量时程曲线对比 [1](已获 Elsevier 出版社授权)

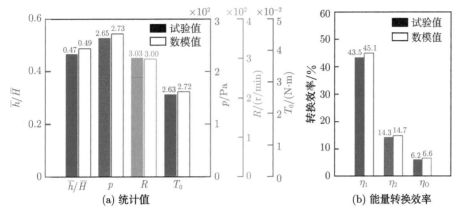

(a) 统计值　　　　　　　　(b) 能量转换效率

图 6-26　规则波条件下数值模拟与物理模型试验结果统计值对比 [1](已获 Elsevier 出版
社授权)

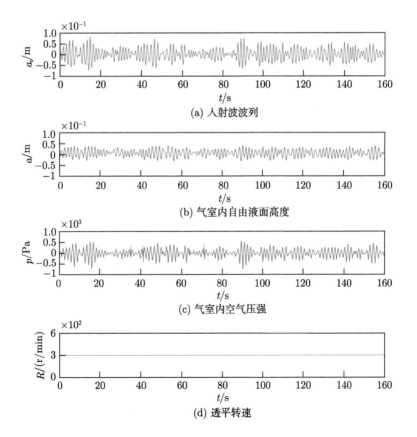

(a) 入射波波列

(b) 气室内自由液面高度

(c) 气室内空气压强

(d) 透平转速

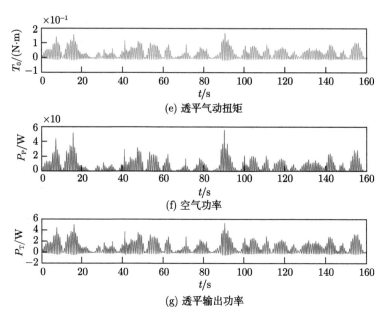

(e) 透平气动扭矩

(f) 空气功率

(g) 透平输出功率

图 6-27　不规则波条件下，各 OWC 模型装置关键物理参量的数值模拟预测时程曲线 [1](已获 Elsevier 出版社授权)

气室内自由液面升沉峰谷值、空气压强的统计值对比，如图 6-28 所示。数值模拟与试验结果之间，$h_{1\%}$, $h_{4\%}$ 和 $h_{13\%}$ 误差分别为 4.3%, 1.5% 和 1.8%；对于空气压强，$p_{1\%}$, $p_{4\%}$ 和 $p_{13\%}$ 的误差分别为 1.4%, 1.9% 和 5.0%。由此可见，对于一级能量转换过程数值模型的预测结果与试验统计值吻合较好。

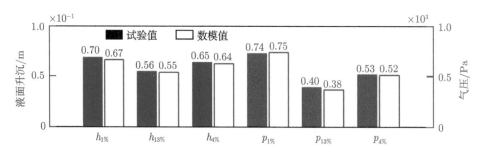

图 6-28　不规则波条件下，气室内自由液面升沉峰谷值、空气压强统计值对比 [1](已获 Elsevier 出版社授权)

此外，对气室内自由液面升沉及空气压强变化的时间序列数据进行 FFT 处理，谱分析对比的结果，如图 6-29 所示。由图可见，峰频及谱矩数值模拟的结果与试验数据均较接近。对于气室内自由液面的峰频和谱矩，数值模拟与试验的偏差分别为 3.3% 和 5.2%，而空气压强相应的预测误差分别为 1.9% 和 1.7%。

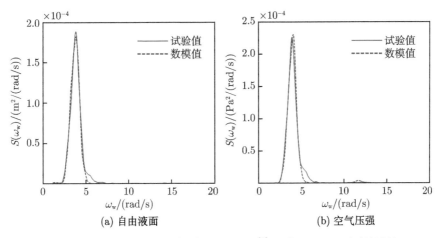

图 6-29　不规则波条件下，谱分析结果对比 [1](已获 Elsevier 出版社授权)

　　该工况下，透平气动扭矩、空气功率及透平输出功率平均值的数值模拟预测误差分别为 4.1%、4.7% 和 4.5%。不规则波条件下，OWC 模型装置的各级能量转换效率对比，如图 6-30 所示。数值模拟得到的一、二级转换效率及全过程效率的相对误差分别为 4.6%、0.7% 和 4.8%。由此可见，对于二级能量转换过程不规则波条件下的全过程全瞬态模型也具有较高的准确性。

6.3.2.4　空气压缩性验证

　　在小尺度的 OWC 模型装置中，气室内的空气难以被压缩。在原型全尺度装置或者大比尺模型中，气室内空气受透平或其替代机构的阻塞效应影响，往往存在类弹簧效应 (Spring-like Effect)。此时，可认为空气是可压缩的，即空气密度随着吸入和呼出过程而实时变化。已有研究表明，忽略空气的压缩性将导致 OWC 装置性能预测的误差。前期的数值模拟结果表明，当空气可被压缩时，相较于不可压缩情况，OWC 装置的平均转化效率将降低约 5%~8%[5]。通过理论推导可求解 OWC 气室内的热力学过程，并在试验中采用活塞推板模拟气室波面，可发现气室内空气在到达 PTO 时由于空气的压缩性将导致能量损失，最大损失比约为 2%[6]。数值模拟的结果表明，在特定的波浪周期下，空气的可压缩性将导致气室转化效率降低约 13%[7]。不同比尺的 OWC 数值模拟计算结果表明，当长度比尺小于 1:10 时，空气压缩性的影响可忽略不计；在大比尺模型中，忽略空气的压缩性将高估 OWC 的转换效率，误差可达 12%[8]。类似结果在其他文献中也有所提及 [9-11]。由此可见，忽略空气的压缩性将导致错误地高估 OWC 装置的工作性能，而充分考虑空气的可压缩性，是准确预测 OWC 装置性能的重要基础条件之一。

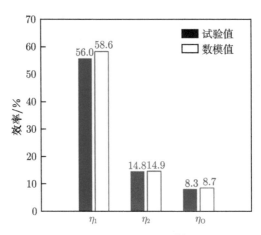

图 6-30　不规则波条件下的能量转换效率对比 [1](已获 Elsevier 出版社授权)

　　本节将重复文献 [5] 中的 OWC 装置计算模型，分别研究空气不可压缩与可压缩条件下，OWC 装置的水动力学与气动力学特性，并与文献报道的计算结果进行对比验证，验证模型的形状参量与三维结构如图 6-31 所示。

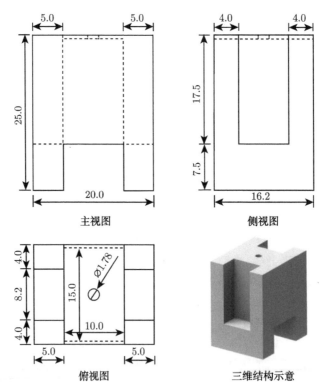

图 6-31　空气压缩性验证模型的形状参量与三维结构示意图 (单位：mm)

验证模型在数值波浪水槽中的计算区域设置与划分如图 6-32 所示,气室内水面的尺寸为 15 m×10 m,顶部开有半径为 0.89 m 的圆形孔口 (Orifice) 替代空气透平的阻尼作用。水槽及模型的其他具体尺寸与文献中保持一致,此处不再赘述。选取验证的规则波条件为:入射波平均波高 $H=2.5$ m,平均周期 $T=9.9$ s,空气分别考虑具有不可压缩性及可压缩性两种情况。

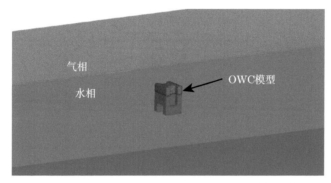

图 6-32 数值波浪水槽中的空气压缩性验证模型 [1](已获 Elsevier 出版社授权)

当设置空气不具有压缩性时,OWC 验证模型各关键物理参量的时程曲线对比,如图 6-33 所示。由图可见,时间序列上二者符合良好。通过五个周期的平均统计值可知,气室内自由液面、孔口处空气流量、气室内空气压强等参量幅值,以及空气功率平均值的相对偏差分别为 1.3%、1.9%、2.1% 及 1.3%,本书模型与文献模型的计算结果符合良好。

当空气具有可压缩性时,OWC 验证模型各关键物理参量的时程曲线对比,如图 6-34 所示。通过五个周期的平均统计值可知,对于气室内自由液面、孔口处空气流量、气室内空气压强等参量幅值,以及空气功率平均值,本书模型与文献模型的计算结果偏差分别为 1.8%、0.3%、1.9% 及 1.8%。由此可见,空气可压缩时本书模型也能够较为精确地模拟原型全尺度 OWC 装置的工作状态。

OWC 装置的全过程全瞬态模型极为复杂,涉及波动力学、水动力学、气动力学与 CFD 技术的耦合开发。本节充分验证了该模型的可靠性与准确性。经验证计算,该模型可覆盖自模型至原型范围的所有装置尺度,即装置比尺的全覆盖,这也体现了数值模拟计算的优势;模型可生成无反射的规则波与不规则波,并可根据要求调整不同的波浪参数以匹配设计要求与开发站位的波浪资源;模型计算获得的 OWC 装置全过程参量和效率值与试验及文献数模获得的数据匹配良好,验证结果充分表明本书开发的三维全过程全瞬态模型具有较好的应用普适性。

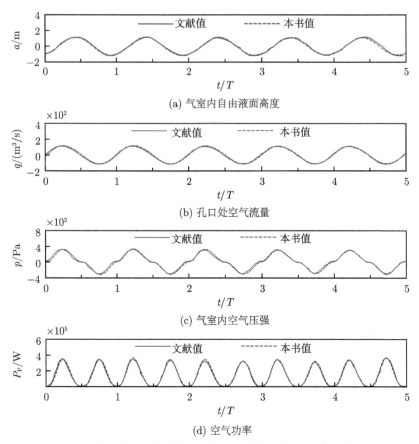

(a) 气室内自由液面高度

(b) 孔口处空气流量

(c) 气室内空气压强

(d) 空气功率

图 6-33 空气不可压缩条件下各关键物理参量时程曲线对比验证 [1](已获 Elsevier 出版社授权)

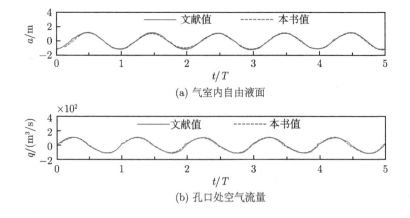

(a) 气室内自由液面

(b) 孔口处空气流量

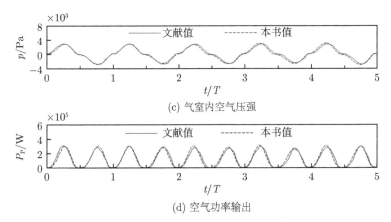

(c) 气室内空气压强

(d) 空气功率输出

图 6-34 空气可压缩条件下各关键物理参量时程曲线对比验证 [1](已获 Elsevier 出版社授权)

6.3.3 实海况条件下原型 OWC 电站的全过程模拟研究

包括 6.2 节的研究内容在内,受试验条件的限制,目前国内外开展的 OWC 装置水工物理试验多为小比尺的模型试验,该类型试验中的空气往往是不可压缩的。本节将构建原型全尺度 OWC 电站的三维全过程全瞬态模型,充分考虑空气压缩性,以电站原位波浪资源特征为基础,制作规则波与不规则波波列,考察装置在上述条件下的能量转换性能,并对全过程发电出力做出直接预测。

原型全尺度 OWC 电站的算例为韩国济州岛 Yongsoo OWC 电站。该电站位于济州岛西南海域,距岸约 1 km,如图 2-12 所示。电站整体采用重力式单一沉箱结构,沉箱的后部隔舱抛填砂石料进行坐底配重,前部通过设计改造为气室结构。配重隔舱上部安装了两组输气管道,管道内各配备一台冲击式透平,单机装机容量为 250kW,总装机容量为 500kW。配重舱上部建设工程用房,输气管道、人员休息室、电力处理设备、其他辅助设施等均置于工程用房内。电力系统通过海底电缆与济州岛当地电网并网。电站 2017 年 10 月开始并网试运行,整体运行状况良好。

500kW Yongsoo OWC 电站两部分结构尺寸如图 6-35 所示。其中,气室断面结构如图 6-35(a) 所示,其整体高度 $h_c = 30$ m,上方为梯形结构,梯形下底部长度 $l_c = 9$ m,上底长度 $l_a = 4.5$ m,梯形高度 $d_a = 8$ m。水深 h_w 固定为 20 m,气室的吃水深度 $d_w = 3$ m。气室后方输气管道的长度 $l_t = 10$ m,输气管直径 $d_t = 1.8$ m。此外,气室宽度为 35.0 m,在垂直于入射波方向上整体呈对称分布。

冲击式透平安装在输气管中部,输气管气室入口处安装有阀门,在风暴潮或恶劣海况条件下可通过关闭阀门对气室内自由水面进行最大程度的抑制,保障整体结构安全。冲击式透平外径为 1.8 m,转子上安装有 26 组动叶片,上下游定子上分别安装有 26 组导流叶片。透平的具体尺寸,如图 6-35(b) 所示。

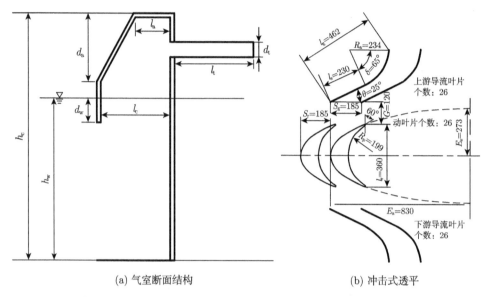

(a) 气室断面结构   (b) 冲击式透平

图 6-35   500kW Yongsoo OWC 电站结构尺寸示意图 (单位：mm)

原型全尺度 OWC 电站计算域及其网格结构，如图 6-36 所示。如前所述，OWC 电站在垂直于入射波向上呈对称分布，考虑到模型设置与计算效率的平衡问题，可只选取装置的一半进行建模。水槽与气室宽为 17.5 m，水槽长度保证大于气室长度的 30 倍。数值水槽、气室、透平的网格划分及相应的边界条件可参考 6.3.1 节，模型网格总数量控制在约 232 万。

电站当地实测的波浪条件为 $H_{13\%} = 2.5$ m，$T_{13\%} = 6.6$ s。电站在试运营期间，透平采用了固定转速模式。根据上述条件，分别针对规则波与不规则波工况开展计算。其中，空气设定为可压缩的理想气体。

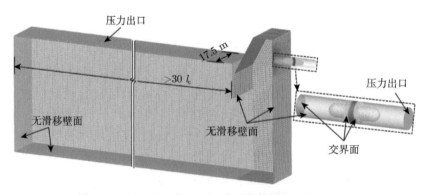

图 6-36   原型全尺度 OWC 电站计算域及其网格结构

规则波工况的计算条件包括：入射平均波高 $H=2.5$ m，平均周期 $T=6.6$ s，透平转速固定在 $R=450$ r/min。在一个波浪周期内的四个典型时刻下，气室内自由液面、空气压强及输气管内流线的分布规律，如图 6-37 所示。在图 6-37(a) 中的 $t=T/4$ 时刻，气室内空气压强接近于 0，由于空气压缩性的影响，其与气室内自由液面的相位差不再为 $T/4$。由输气管内的流线分布可知，该时刻气流流速约为 0，气流处于换向时刻，流线较紊乱。由于在该模式下透平一直处于匀速转动状态，动叶片附近的流线在叶片带动下呈现出螺旋形态。

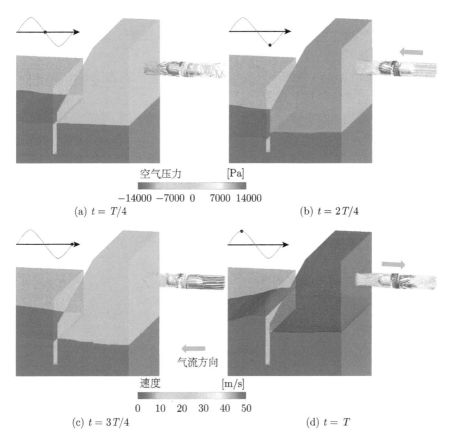

图 6-37 在一个波周期内典型时刻下，气室内自由液面与空气压强及输气管内流线分布图

在图 6-37(b) 中的 $t=2T/4$ 时刻，气室内空气达到吸气阶段的负压最大值，约为 -1.0×10^4 Pa。在该时刻，气流以约 25 m/s 的速度呈平行姿态由输气管道管口流入气室，在轮毂束窄与导流叶片导流的合加速作用下，以约 42 m/s 的速度进入动叶片区，通过下游导流叶片后，流线以螺旋姿态进入气室内，并且流速逐渐下降。

在图 6-37(c) 中的 $t = 3T/4$ 时刻，气室内空气压强与输气管内流速再次接近于 0，气流处于从吸气阶段到呼气阶段的换向时刻。在图 6-37(d) 中的 $t = T$ 时刻，气室内气压达到呼气阶段的最大正值，约为 1.2×10^4 Pa。输气管内的空气流速峰值约为 48.1 m/s，流线形式与 $t = 2T/4$ 时刻大致呈现对称式分布。

　　一个波周期内四个典型时刻下，冲击式透平区域附近的涡量分布，如图 6-38 所示。涡量计算基于 Q 准则，其中 $Q = 200$ s^{-2}。在 $t = T/4$ 时刻，即呼气阶段转为吸气阶段的临界时刻，如图 6-38(a) 所示，此时的气流流速最低，但由于透平一直保持匀速转动，在动叶片两侧与导流叶片之间的间隙区出现了涡旋，涡旋随即发展至导流叶片之间。由于即将进入吸气阶段，在出口端轮毂面开始出现涡湍动，而气室端轮毂面则未发现明显的涡旋。

　　在 $t = 2T/4$ 时刻，即吸气阶段的气流流速峰值时刻，如图 6-38(b) 所示，由涡量图可见，气流在经过透平球形端部时产生加速，并可见片状涡旋覆盖在输气管管口端轮毂面的后半部分及导流叶片的吸力面上，由管口导流叶片发展为长条状涡旋覆盖在动叶片的迎流部分，并填充在动叶片之间。涡旋从动叶片流出后进入气室端导流叶片，在气室端导流叶片圆弧段可见强烈的涡旋，随后以螺旋状发展流出导流叶片并在气室端的透平球形端处脱落。

　　在 $t = 3T/4$ 时刻，即吸气阶段转为呼气阶段的临界时刻，如图 6-38(c) 所示，涡量图的分布与 $t = T/4$ 时刻大致对称。在 $t = T$ 时刻，呼气阶段流速达到峰值，其涡量形态与 $2T/4$ 时刻大致呈对称分布，如图 6-38(d) 所示。

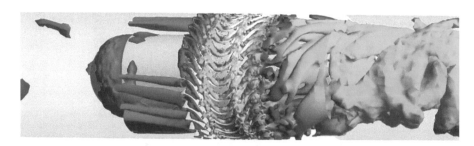

(a) $t = T/4$

(b) $t = 2T/4$

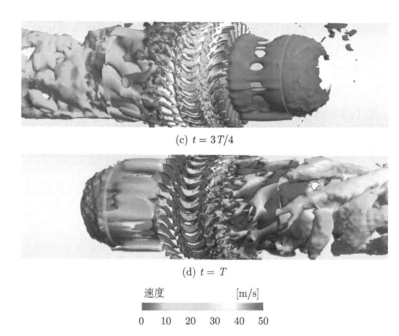

(c) $t = 3T/4$

(d) $t = T$

速度 [m/s]

0 10 20 30 40 50

图 6-38 一个波周期内典型时刻下冲击式透平附近的涡量分布 (基于 Q 准则，$Q = 200 \text{ s}^{-2}$)

冲击式透平在一个波浪周期内典型时刻的表面压力分布，如图 6-39 所示。在气流换向的 $t = T/4$ 与 $t = 3T/4$ 时刻，如图 6-39(a) 与 (c) 所示，导流叶片及轮毂表面的压力均接近于 0，动叶片的压力面与吸力面均被低压区覆盖，且未出现明显的压力差。

在 $t = 2T/4$ 时刻，即吸气阶段流速峰值时刻，如图 6-39(b) 所示，上游轮毂面和导流叶片区的压力接近于 0，沿着气流方向，轮毂表面的负压逐渐增大，在下游导流叶片处可达 $-1.1 \times 10^4 \text{Pa}$。该时刻动叶片吸力面上压力梯度分布较明显，叶片中部的负压区极值约为 $-1.4 \times 10^4 \text{Pa}$。压力面上，中等高压区的分布面积较大，压力分布梯度不及吸力面明显，叶片两侧压差较大。

在 $t = T$ 时刻，即呼气阶段流速峰值时刻，如图 6-39(d) 所示，气室端轮毂及导流叶片区正压约为 $1.0 \times 10^4 \text{Pa}$，且轮毂面上压力随气流方向逐渐降低，出口段压力值接近于 0。动叶片上吸力面迎流区的压力分布梯度较明显，高压区呈梯形分布，并在叶片中部出现 $-0.4 \times 10^4 \text{Pa}$ 左右的负压区，压力面呈中等压力分布形态较多。在动叶片吸、压力面两侧同样出现压差。

规则波条件下，原型全尺度 OWC 电站内各关键参量的时程曲线，如图 6-40 所示。由图 6-40(a) 与 图 6-40(b) 可见，气室内气压与自由液面的相位差不再是 $T/4$，而是存在更多的滞后。如图 6-40(c) 所示，输气管内气流流速与气室内空气压强仍以同相位变化，且呼气阶段的峰值高于吸气阶段，这主要受到空气压缩性的影响。如图 6-40(d) 所示，由于冲击式透平在双向气流的作用下可单向旋转，透平气动扭矩的变化周期仍为入射波浪周期的一半。在气流换向时，受到风阻影响，扭矩存在短暂时刻的负值。该工况下，两组透平对应的空气功率的最大值与平均值分别为 1054.5 kW 与 401.3 kW，两组透平气动功率的最大值与平均值分别为 412.3 kW 与 135.8 kW。全瞬态全过程模型预测的电站能量一级、二级及全过程转换效率分别为 52.2%、33.8%及 17.7%。

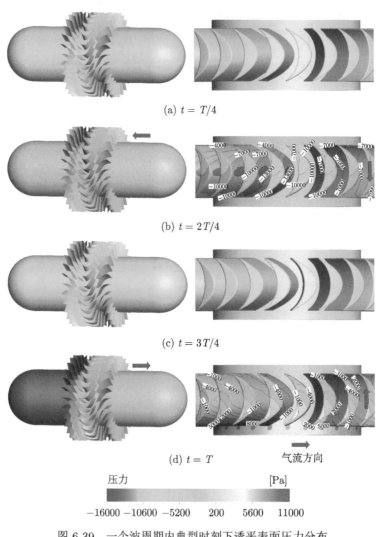

(a) $t = T/4$

(b) $t = 2T/4$

(c) $t = 3T/4$

(d) $t = T$

气流方向

压力   [Pa]

−16000 −10600 −5200　　200　　5600　　11000

图 6-39　一个波周期内典型时刻下透平表面压力分布

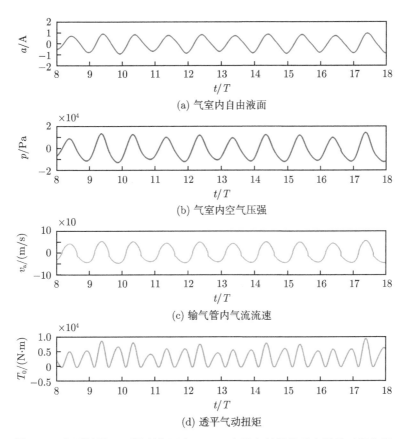

(a) 气室内自由液面

(b) 气室内空气压强

(c) 输气管内气流流速

(d) 透平气动扭矩

图 6-40　规则波波况下原型全尺度 OWC 电站各关键物理参量的时程曲线

　　不规则波波况与当地实测波况条件一致：$H_{13\%} = 2.5$ m，$T_{13\%} = 6.6$ s，波浪谱采用 JONSWAP 谱，谱峰升高因子取 $\gamma = 3.3$。数值模拟计算中，透平与电站选取的转速一致，固定为 $R = 450$ r/min。

　　不规则波条件下，原型全尺度 OWC 电站各关键参量的时程曲线，如图 6-41 所示。模拟的电站运行时长为 680 s，共计 103 个入射波。由于受到透平阻尼作用的影响，相较于图 6-41(a) 中的入射波波列，图 6-41(b) 中的气室内自由液面升沉幅度明显减小。从统计值上看，自由液面升沉峰谷差值对应的 $h_{1\%}$、$h_{4\%}$ 和 $h_{13\%}$ 分别为 2.83 m、2.23 m 和 1.88 m，分别对应为入射波统计值的 67.1%、70.3% 和 75.2%。相应地，图 6-41(c) 中的气室内空气压强对应的 $p_{1\%}$、$p_{4\%}$ 和 $p_{13\%}$ 分别为 25.4 kPa、16.2 kPa 和 13.3 kPa。

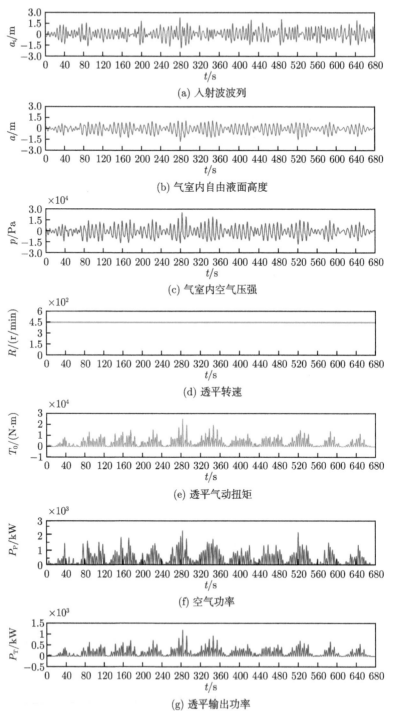

图 6-41　不规则波波况下，原型全尺度 OWC 电站各关键物理参量的时程曲线

由图 6-41(d) 可知，透平转速 R 始终保持在预设的 450 r/min。与规则波条件下的结果相似，透平的气动扭矩变化周期为临近入射波浪周期的一半，如图 6-41(e) 所示，统计时段内的扭矩最大值与平均值分别为 25.4 kN·m 与 2.8 kN·m，二者之间比值约为 9.0。

空气功率的时程变化曲线，如图 6-41(f) 所示。由于气室内压强与气流流速同相位变化，空气功率均为正值，最大值与平均值分别为 2350.2 kW 与 357.2 kW。透平输出功率的变化，如图 6-41(g) 所示。由于转速保持不变，功率的变化形式由扭矩决定。透平功率的最大值与平均值分别为 1198.2 kW 与 132.4 kW。在不规则波条件下，原型全尺度 OWC 电站的能量一级、二级及全过程转换效率分别为 51.0%、37.1% 和 18.9%。

为了考察空气压缩性对 OWC 电站能量转换性能的影响，在同样的工况下，将空气设置为不可压缩气体进行了相应计算。由计算结果可知，在规则波条件下，空气可压缩时气室内自由液面的平均振幅与压强幅值，分别为空气不可压缩时的 2.0 倍与 0.84 倍。这是因为空气可压缩时，其在往复运动过程中存在的"弹簧效应"，气压幅值变小，进而导致自由液面升沉幅度变大。

对于效率的预测，在规则波条件下，可压缩模型的一级、二级及全过程转换效率分别为不可压缩模型的 0.88 倍，0.77 倍及 0.68 倍。对于不规则波工况，上述三者的比值分别为 0.90、0.89 及 0.80。由此可见，在进行原型全尺度规模 OWC 装置研究时，若忽略空气可压缩性，将高估装置的能量转换效率，并带来性能预测上的误差。实际应用中，应根据研究对象的尺度确认是否考虑空气可压缩性。

6.4　总　　结

将冲击式透平置于多级能量耦合的全过程模型中，是合理预测透平乃至整个 OWC 装置工作性能的必由之路。本章首先开展了气室-透平双向耦合联动的 OWC 模型装置全过程运行的水槽试验，探索了透平阻尼对气室内自由液面升沉以及气压变化的影响规律，研究了两级能量转换过程的耦合联动机理，为 OWC 装置在不同波况以及控制策略条件下的全过程性能预测积累了基础数据资料。其次，本章构建了 OWC 装置的三维全过程全瞬态模型，并利用相应的试验结果对数值模拟的准确性与可靠性进行了验证。最后，构建了原型全尺度 OWC 电站的全过程模型，开展了耦合联动直接模拟，考察了装置在实海况条件下发电出力性能。以上结果将为未来工程样机的开发提供理论指导，具体研究结论如下。

(1) 空气透平转速对 OWC 装置一级能量转换过程影响明显。透平转速越高，其阻尼作用越强，导致气室内空气压强幅值变大而自由液面升沉幅度减小。将透平转速限定在一定范围内可使 OWC 装置的一级转换效率达到最优，高于或低于该转速范围，转换效率均将减小。

　　(2) 气室长度也将影响波能一级转换效率。研究发现，对于立方体型典型气室结构，当规则波波长与气室长度比为 7.1 时，气室与波浪共振效果明显，一级转换效率达到最优。在设计 OWC 电站时，建议根据波况条件合理设计气室的尺寸，以使其捕获更多的波浪能量。

　　(3) 在透平固定转速模式下，存在最优透平转速，使气室–透平耦合作用下的 OWC 装置二级及全过程转换效率最优。

　　(4) OWC 装置在不规则波条件下的全过程能量转换性能不同于规则波。在 OWC 电站的设计阶段，不能仅采用规则波作为设计波浪条件，否则将带来性能及效率预估上的偏差。

　　(5) 空气是否具有压缩性也将影响 OWC 装置的各能量转换过程。若忽略空气压缩性，往往将错误地高估装置的能量转换效率，并导致性能预测出现较大的误差。

　　6.3.3 节的算例表明，OWC 电站在不规则波中的全过程转换效率仅为 18.9%，特别是二级转换效率仅为 37.1%，低于第 5 章得到的冲击式透平最优性能。这是因为在设计初期，开发团队并没有对透平尺寸与气室结构尺寸进行优化匹配，特别是未开展气室–透平耦合条件下的全过程设计。

　　全过程效率存在的提升空间也对后续的 OWC 装置及空气透平设计与研究工作提出了新的要求：应根据设计波况合理选择空气透平尺寸，以使其发挥更好的能量转换作用；充分利用全过程全瞬态模型，探索气室与透平的尺度匹配机制、空气透平的控制策略方法等，寻求进一步提高 OWC 装置能量转换性能的方法，指导未来工程应用开发。

参 考 文 献

[1] Liu Z, Xu C, Kim K, et al. An integrated numerical model for the chamber-turbine system of an oscillating water column wave energy converter. Renewable and Sustainable Energy Reviews, 2021, 149: 111350.

[2] Liu Z, Xu C, Qu N, et al. Overall performance evaluation of a model-scale OWC wave energy converter. Renewable Energy, 2020, 149: 1325-1338.

[3] Liu Z, Xu C, Shi H, et al. Wave-flume tests of a model-scaled OWC chamber-turbine system under irregular wave conditions. Applied Ocean Research, 2020, 99: 102141.

[4] 中华人民共和国交通部行业标准. 波浪模型试验规程 (JTJ/T 234-2001). 人民交通出版社，2002.

[5] Thakker A, Dhanasekaran T S, Takao M, et al. Effects of compressibility on the performance of a wave-energy conversion device with an impulse turbine using a numerical simulation technique. International Journal of Rotating Machinery, 2003, 9(6): 443-450.

[6] Sheng W, Thiebaut F, Babuchon M, et al. Investigation to air compressibility of oscillating water column wave energy converters. France: Proceedings of the International Conference on Offshore Mechanics and Arctic Engineering, 2013, 55423: V008T09A005.

[7] Teixeira P R F, Davyt D P, Didier E, et al. Numerical simulation of an oscillating water column device using a code based on Navier-Stokes equations. Energy, 2013, 61: 513-530.

[8] Elhanafi A, Macfarlane G, Fleming A, et al. Scaling and air compressibility effects on a three-dimensional offshore stationary OWC wave energy converter. Applied energy, 2017, 189: 1-20.

[9] Simonetti I, Cappietti L, Elsafti H, et al. Evaluation of air compressibility effects on the performance of fixed OWC wave energy converters using CFD modelling. Renewable energy, 2018, 119: 741-753.

[10] Falcão A F O, Henriques J C C. The spring-like air compressibility effect in oscillating-water-column wave energy converters: Review and analyses. Renewable and Sustainable Energy Reviews, 2019, 112: 483-498.

[11] Gonçalves R A A C, Teixeira P R F, Didier E, et al. Numerical analysis of the influence of air compressibility effects on an oscillating water column wave energy converter chamber. Renewable Energy, 2020, 153: 1183-1193.

附录 A 符号定义

符号	含义
a	气室内自由液面高度
a_i	不规则波入射波波面
a/A	气室内自由液面相对高度
A	入射波振幅
A_c	气室截面面积
A_m	附加质量
A_p	推板面积
b	动叶片高度
B	辐射阻尼系数
c_a	声音在空气中传播的速度
C_A	输入系数
C_A^*	瞬时输入系数
C_g	入射波群速
C_T	扭矩系数
C_T^*	瞬时扭矩系数
C_x	轴向力系数
C_θ	切向力系数
C.V	变异系数
d	透平几何长度
d_a	梯形高度
d_t	输气管直径
d_w	气室吃水深度
D	透平动叶片所受拖曳力
E_a	吸力面椭圆弧长轴半径
E_e	吸力面椭圆弧短轴半径
E_k	波浪含有的动能
E_p	波浪含有的势能
E_t	波浪含有的机械能
f	气流 (波浪、推板) 频率
f_c	离心机变频器频率
f_e	活塞受到水体的激励力
f_r	水体对活塞的辐射力
f_ω	透平的旋转圆频率

F_A	拖曳力和升力的轴向合力
F_e	活塞受到水体的激励力的振幅
F_n	动叶片表面各网格上的压力
F_n^A	动叶片表面某网格上径向力
F_n^R	动叶片表面某网格上轴向力
F_n^T	动叶片表面某网格上的切向力
F_r	水体对于活塞的辐射力振幅
F_T	拖曳力与升力的切向力
g	重力加速度
G	动叶片与导流叶片间距
G/l_r	透平径间比
G_r	水动力学辐射系数
H	波高
H_{max}	入射波波高最大值
H_r	水动力学辐射系数
H_S	有效波高
h	气室内自由液面波峰到波谷的垂直距离
h_c	气室整体高度
h_S	气室内自由液面的有效振幅
h_w	水深
$\bar{h}/\bar{H}$	气室内自由液面升沉的相对振幅
i	气流入射角
I	透平动叶片转动惯量
I^*	无量纲转动惯量
k	湍动能
k_a	指数乘积式系数
k_f	非线性负载系数
k_L	恒定负载系数
k_R	负载系数
k_x	线性负载系数
K	L 型皮托管系数
l	气室长度
l_a	梯形上底长度
l_c	梯形下底部长度
l_g	导流叶片径向弦长
l_r	透平径向弦长
l_s	导流叶片直线段长
l_t	气室后方输气管道的长度
L	透平动叶片所受升力

L_C	恒定负载
L_{CW}	气室的宽度
L_f	非线性负载
L_x	线性负载
$()_m$	用作下标表示模型
m_0	方差
m_n	能谱的 n 阶谱矩
m_p	活塞的质量
m_r	透平管截面面积与气室截面面积的比值
Ma	流经空气透平的气流马赫数
n	波数
N_B	动叶片数目
N_G	导流叶片数目
p	空气压强
p_{at}	大气压强
p_A	透平下游端总压
p_C	透平上游端总压
p_m	模型的气室内空气的压强
p_{max}	压强最大值
p_S	压强有效值
$()_{pro}$	用作下标表示原型
P	气室内空气压强振幅
$\bar{P}$	压强振幅平均值
P_1	呼气阶段透平上游的总压
P_2	吸气阶段透平下游的总压
P_3	吸气阶段透平上游的总压
P_4	呼气阶段透平下游的总压
P_L	L 型皮托管总压口与静压口的压差值
P_P	入射空气功率
P_{P_R}	规则波波况下的空气功率
P_{P_IRR}	不规则波波况下的空气功率
P_T	透平输出功率
P_T^*	无量纲透平输出功率
P_{T_R}	规则波波况下的透平输出功率
P_{T_IRR}	不规则波波况下的透平输出功率
P_w	正弦波功率
P_{W_IRR}	不规则波的入射波功率
P_{W_R}	规则波的入射波功率
q	空气流量

q_e	波浪激励作用产生的空气流量
q_p	空气流量峰值
q_r	辐射力作用下产生的空气流量
Q	涡量 Q 准则
Q_{AMP}	空气流量振幅
Q_C	气流周期体积通量
Q_e	波浪激励作用产生的空气流量振幅
Q_r	辐射力作用产生的空气流量振幅
r_h	透平轮毂半径
r_r	动叶片压力面圆弧半径
r_R	透平中值半径
r_t	叶轮外径
R	透平转速
R_a	呼气侧的导流叶片圆弧段直径
R_b	吸气侧的导流叶片圆弧段直径
Re	雷诺数
R_i	动叶片缘倒角半径
R_R	电子负载电阻值
R_u	切向流速度
R_V	流速比
S	推板 (活塞) 行程
$S(\omega_w)$	谱密度函数
S^*	无量纲频率
S_a	动叶片稠度
S_g	中值半径截面处导流叶片间隔
S_r	中值半径截面处动叶片间隔
S_S	有效行程
St	透平的斯特鲁哈尔数
t	时间
t^*	无量纲时间
t_0	采集开始时刻
t_c	外径间隙
t_g	导流叶片厚度
T	周期
T^*	无量纲扭矩传感器读数
$\overline{T}$	平均周期
T_0	透平气动扭矩
T_0^*	无量纲透平气动扭矩
$\overline{T}_0$	透平气动扭矩平均值

T_{0E}	呼气阶段的透平气动扭矩
T_{0I}	吸气阶段的透平气动扭矩
T_1	定常试验第一次记录的扭矩传感器示数
T_2	定常试验第二次记录的扭矩传感器示数
T_{aS}	自由液面变化的有效周期
T_C	无量纲的外径间隙比
T_e	能量周期
T_F	发电机内部的机械摩擦扭矩
T_L	负载扭矩
T_L^*	无量纲负载扭矩
T_P	谱峰周期
T_R	电机反扭矩
T_S	有效周期
T_T	扭矩传感器示数
T_z	跨零周期
U_R	透平中值半径处的圆周速度
v	活塞推板运动速度
$\bar{v}_a$	气流流速平均值
v_a	气流流速
V_E	呼气阶段的流速幅值
v_i	第 i 个风速值
V_I	吸气阶段的流速幅值
v_n	流经透平的气流流速
v_{span}	气流流速极差
v_ω	透平旋转速度
V	气室内的空气瞬时体积
V_2	气流经过上游导流叶片后的速度
V_3	气流进入下游导流叶片的速度
V_a	轴向气流流速
V_A	峰值流速
V_f	原型气室内的空气瞬时体积
V_m	模型气室内的空气瞬时体积
V_0	静水面时气室内空气瞬时体积
w	流经空气透平的质量流量
W	轴向气流流速和切向流速度的合速度
W_2	进入动叶片的气流相对速度
W_3	流出动叶片的气流相对速度
X_L	无量纲系统负载
y	活塞推板的位置坐标

y_c	近壁处网格单元与壁面间的垂直距离
Y	活塞推板的位置坐标的振幅
$Y+$	第一层网格无量纲高度
α	动叶片攻角
α_2	轴向气流流速经过导流叶片后的速度的偏角
α_3	进入下游导流叶片的气流流速的偏角
α_t	动叶片在 t 时刻的角位移
β_2	进入动叶片的气流流速的偏角
β_3	流出动叶片的气流流速的偏角
γ	谱峰升高因子
γ_a	与透平转换效率有关的系数
γ_r	动叶片安装角
δ	动叶片入口角
δ_E	呼气侧的动叶片入口角
δ_g	导流叶片中心线弯曲角
δ_I	吸气侧的动叶片入口角
ζ_i	规则波入射波振幅
λ	波长
λ_L	模型与原型间的长度比尺
λ_S	不规则波有效波长
λ_ρ	水的密度比尺
η	透平转换效率
$\bar{\eta}$	透平的周期平均效率
η_1	OWC 装置的一级转换效率
η_2	OWC 装置的二级转化效率
η_o	OWC 装置全过程转换效率
θ	导流叶片安装角
θ_1	上游导流叶片的出口角
θ_2	下游导流叶片的入口角
θ_E	呼气侧的导流叶片安装角
θ_I	吸气侧的导流叶片安装角
κ	叶片稠度比
μ	黏性系数
ν	轮毂比
ρ_{at}	大气中的空气密度
ρ_{ch}	气室内空气密度
ρ_s	海水密度
ρ_w	水体密度
σ_t	叶片稠度
σ_v	标准差

τ_{w}　　　　　　　　壁面切应力

ω　　　　　　　　角速度

ω^*　　　　　　　无量纲角速度

ω_{k}　　　　　　　比耗散率

ω_{t}　　　　　　　瞬时角速度

ω_{t}^*　　　　　　　无量纲瞬时角速度

ω_{w}　　　　　　　波浪圆频率

ϕ　　　　　　　　流量系数

Δp　　　　　　　透平两端总压降

Δp^*　　　　　　无量纲总压降

$\Delta p_{\max}$　　　　　最大压差

Δp_{ave}　　　　　平均压差

Φ　　　　　　　　非定常流量系数

附录 B 缩写定义

ADCP	声学多普勒剖面仪
AMCA	国际通风及空调协会
ARENA	澳大利亚可再生能源理事会
BBDB	后弯管浮子
BiMEP	比斯开湾海洋能测试平台
BWGV	安装导流叶片的双翼式威尔斯透平
CAF	定常气流
CFD	计算流体动力学
CRWT	反转式威尔斯透平
CWR	捕获宽度比
EMEC	欧洲海洋能中心
FFT	快速傅里叶变换
FVM	有限体积法
IAGV	安装感应俯仰控制导流叶片的冲击式透平
IEA	国际能源署
IFGV	安装固定导流叶片的冲击式透平
IPCC	联合国政府间气候变化专门委员会
ISGV	安装自俯仰控制导流叶片的冲击式透平
JMSTC	日本海洋科学技术中心
LCoE	平准化发电成本
MCRT	麦考马克反转式透平
MP 模型	混合面模型
MRF 模型	多重参考系模型
NELHA	夏威夷自然能源实验室
NIOT	国家海洋技术中心
OES	海洋能系统
OPERA	地平线 2020—基于公开海域测试降低波浪能成本项目
OPT	海洋能技术
OSPREY	英国海洋涌浪动力可再生资源装置
OTEC	海洋温差能转换
OWC	振荡水柱式波能发电装置
PTO	能量摄取机构
RAF	正弦往复气流
SIMPLE	半隐式压力耦合方程组

SM 模型	滑移网格模型
SSG	海浪槽洞发电装置
TRL	技术就绪水平
TPL	技术绩效等级
TSCB	安装自俯仰控制动叶片的威尔斯透平
UDF	用户自定义函数
VOF	流体体积法
WTGV	安装导流叶片的威尔斯透平